엘리트생물학과
대중생물학
사이에서

이 저서는 2011년 정부(교육부)의 재원으로 한국연구재단의 지원을
받아 수행된 연구임(NRF-2011-812-H00001).

엘리트생물학과 대중생물학 사이에서

영국 · 독일 · 미국을 중심으로,
1800년–2000년

정혜경 지음

서문

본서는 근/현대 생물학의 발달과정을, 엘리트생물학(elite biology)과 대중생물학(popular biology)의 상호작용이라는 관점에서 분석한다. 1953년 DNA 이중나선 구조의 발견 이래 진행된 유전공학·생명공학의 급속한 발전에 힘입어, 생물학에 대한 인문사회학적 연구가 과학사·철학·사회학 등 다양한 분야에서 활발하게 진행 중이다. 그러나 생물학 분야에 대한 국내의 과학사 연구는 교양서에 치중된 경향이 있으며, 본격적인 학술적 연구는 분발을 필요로 하는 상태라고 볼 수 있다. 생물학의 발달에 관한 통사적 연구는 드문 것이 바로 그러한 현실의 반영이라 할 수 있겠다.

해외 학계의 경우 생물학 및 생물학자에 대한 내러티브가 지성사·제도사·사회사 등 다양한 포맷으로 꾸준히 시도되고 있으나, 주로 내러티브에 대한 미시사(micro history)적 분석이 주된 동향을 이루고 있다. 이러한 분석들 역시 귀중한 성과이지만, 거시적 관점에서 근/현대 생물학의 대서사(great epic)에 대한 분석의 필요성은 여전히 남아있다.

생물학에 대한 거시적·서사적 분석이 필요한 이유는 생물학은 전문 학자뿐 아니라 사회 일반과 대중과의 상호작용이 두드러지는 분야이며, 따라서 역사학자의 손길이 필요한 분야이기 때문이다. 근대 생물학은 18세기 스웨덴의 린네 분류학(Linnaean Taxonomy)으로부터 시작된 이래, 그 어느 분야보다도 분야 내적·학술적인 전문적 담론에 의해서만이 아니라 외부적·사회적인 연원을 지닌 대중 담론으로부터의 영향 위에 발달해 왔다. 18세기 박물학으로부터 19세기 진화론의 발달로 나아가는 과정에서 당대의 사회·문화적 가치는 생물학 이론으로 파고들어갔다. 20세기 초반 유전학·우생학·진화윤리학, 그리고 급진적 생물학의 새로운 등장은 생물학과 사회 간의 긴밀한 상호관계하에서 전개되었다. 오늘날 분자생물학·생명공학의 급속한 발전 역시 대중과의 끝없는 대화를 통한 합의(consensus) 과정을 통해 진행되고 있거나, 그러한 합의를 달성할 것을 요구받고 있다. 여느 과학이 공통적으로 그러하겠지만, 생물학은 향후의 발전적 진화를 위해서 과거와 현재, 그리고 미시적·거시적 분석을 아우르는 역사적 내러티브가 특히 강하게 요구되는 분야라고 할 수 있다.

생물학은 생명세계의 원리에 대한 이론들을 제공할 뿐 아니라 그 세계에서 드러나는 데이터를 서술화한다는 점에서 중요성을 지니는 과학이다. 생물학 또는 생물학자가 그려내는 이러한 서술, 즉 내러티브의 역사적 연속성을 고찰하면 생물학이 걸어온 여정에 대한 큰 그림을 만날 수 있다. 근대 이후 생물학의 역사를 들여다보면, 생물학의 발전은 이론을 둘러싼 전문생물학자 vs. 일반대중 각각의 네트워크는 물론 이들 간의 문화적 교류, 사회적 협상, 그리고 시대적 에토스가 반영된 복잡다단한 문화생태계를 배경으로 이루어져왔음을 알 수 있다. 생물학이 오늘날에 이르기까지 발달해온 과정은, 생물학 이론에 대한 전문적 담론을 형성한 엘리트생물학과 대중 담론을 끌어낸 대중생물학의 공존과 융화가 복합적·입체적으로 전개되어온 과정이기도 하다. 따라서 본서는 생물학의 지난 200여 년간의 발전사를 엘리트생물학과 대중생물학을 두 축으로 하여 영국·독일·미국의 사례를 중심으로 그려나갈 것이다.

역사적으로 중요한 지위를 차지하고 있는 주요 생물학적 내러티브들이 지니는 의미를 개별적인 차원에서 파악하는 것 역시 중요하지만, 이들 내러티브들이 그려내는 전체적인 그림에도 주목하는 것은 생물학의 역사적 연속성에 대한 고찰을 통해 생물학 발전과정에 대한 이해를 제공한다 하겠다. 과거 자연과학의 꽃이었던 물리학으로부터 왕관을 이어받은 생물학의 시대이자 생명과학의 어제와 오늘에 대한 역사적 분석이 필요한 지금의 시점에, 본서는 지난 200여 년에 걸쳐 이루어진 근/현대 생물학의 전개과정에 드러난 과학 대중화 담론의 추이와 그 특징을 분석함으로써, 과학 대중화 담론을 생물학, 나아가 과학 발전의 동력으로 활용하고자 하는 시도에 기여하기를 희망한다.

봉화산 신내동에서

2016년 2월

차례

2부

다원주의 대중화 이후의 생물학 대중화

프롤로그:

과학 속의 대중, 대중 속의 과학

과학자에게 대중은?: 멀어져서는 안 될, 그러나 멀어지기 쉬운 존재

과학활동이 지닌 전문적 특성으로 인해, 과학지식의 생산자인 과학자에게 가장 시급한 과제는 그 생산자 집단인 과학자 공동체 내에서 지적 권위와 정체성을 인정받는 것이다. 따라서 과학자들의 활동은 일차적으로는 전문가 집단인 과학자 공동체에 내향화될 수밖에 없으며, 그 성과 역시 소위 엘리트과학(elite science)의 형태로 결실 맺어진다. 그러나 동시에, 과학자들은 과학지식의 사회적・문화적 권위를 획득하는 외향적인 과정의 중심에도 서 있다. 과학자들은 과학자 공동체 내에서의 과학지식의 확립에 전념하는 한편으로, 때로는 과학활동 전반의 사회적 정당성과 중요성에 관한 사회적 인가뿐 아니라 자신들이 주장하는 특정한 과학지식・이론의 입지를 다지기 위해서도 대중적 지지를 필요로 한다. 즉, 과학은 과학의 관객(audiences)으로서 대중의 존재를 필요로 하기에, 대중 역시 과학의 주된 설득 대상이다. 이 때문에, 과학자들의 활동은 엘리트과학의 단계에 머무르지만은 않고 대중과학(popular science) 역시 수반하며, 과학자들은 대중과의 거리감 해소와 관계 증진을 위해 그들과 상호작용하지 않을 수 없다. 이러한 측면에서 볼 때, 과학지식의 관객에 해당하는 대중 역시, 과학지식의 생산자인 과학자와 더불어 과학의 발달과정에서 중요한 플레이어(player)의 하나라고 할 수 있을 것이다. 그렇다면, 과학자와 대중을 과학 발달의 두 축으로 하여 과학지식의 생성과 그 전개과정을 고찰하는 것은, 과학의 발달과정에 대한 유용한 프레임으로 활용될 수 있을 것이다.

근대과학에서 과학자들과 대중 사이에 해소가 힘든 격차가 존재해왔던 것은 사실이다. 과학자와 대중을 구분 지어주는 특징의 하나로는 과학기술/지식 역량의 차이를 들 수 있다. 일반적으로 과학계의 구성원들은 자연에 대한 이해와 연구관리 능력의 측면에서 일반대중이 따라가기 힘든 숙련도를 지닌다. 그러나 과학자와 대중 간의 격차가 모든 과학에서 동일한 정도로 나타나는 것은 아니다. 과학사학자 쿤(Thomas S. Kuhn)에 의하면, 대중과 전문과학자 사이의 차이는 특히 천문학・광학・통계학・수학 등을 포함하는 수리과학 분야에서 두드러졌다[1)]예를 들어, 16세기에 코페르니쿠스는 자신의 천문학이론은 동료 수학자들과의 교감을 위한 것이지 대중을 겨냥한 것은 아니라고 말한 바 있다. 뉴턴의 『자연철학의 수학적 원리』(Philosophiæ Naturalis Principia Mathematica, 일명 『프린키피아』 Principia)를 이해할 수 있었던 것은 극소수의 수학자들뿐이었다.

그러나 이와는 달리, 과학자와 대중 사이에 존재하는 이해불가능성의 근원을 과학자들의 사변적 성향으로부터 찾는 시각 역시 있어왔다. 예를 들어, 16세기 파라켈수스(Paracelsus)[2)]와 그 추종자들(Paracelsians)은 일상의 경험과 담을 쌓은 지식인들의 난해한 지식체계가 지니는 맹점을 지적했다. 이들은 자연에 대한 진정한 지식은 일상의 감각적 경험과 연관되어 나온다고 보았다. 정규 과학과정을 거치지 못한 광산업자, 실용적 화학자나 농부들이 제도권의 대학교수나 의사들보다 훨씬 더 많은 경험적 지식을 보유하고 있다는 것이다. 파라켈수스주의자들에게 있어, 온당한 지식이란 실천적인 활동을 통해 생성된 대중적 지식을 의미하는 것이었다.

가치 있는 과학지식의 생성을 둘러싼 과학자와 대중의 상호 유리의 근원을 과학자 집단으로부터 찾든지 아니면 그 반대편의 대중으로부터 찾든지 간에, 이러한 논의들은 근대과학의 초창기에 과학자 집단과 대중의 유리라는 기본적인 구도 자체는 상당히 견고했음을 보여준다. 그러나 17세기 과학혁명기에 들어서, 과학의 지적 활동 속에서 대중은 그 존재감을 드러내기 시작했다. 영국의 철학자 베이컨(Francis Bacon)에 의해 시작되고 아일랜드의 화학자・물리학자 보일(Robert Boyle)[3)]과 영국 왕립학회(The Royal Society)에 의해 구체화된 관찰・실험과학의 전통에 따르면, 실험활동에 대한 증인(a witness)에 해당하는 대중의 존재는 합당한 과학절차의 필수요건이자, 증인의 부재는 비과학적 활동으로 간주되었다. 예를 들어, 연금술에 가해진 회의적인 의심은 그것의 활동이 지닌 은밀함과 비밀성 때문이었으며, 중세로부터의 스콜라 철학(Scholasticism)은 실험검증에 대한 회피적 태도와 난해한 언어체계로 인해 비판받았다. 수리적・실험적 방법론에 근거한 경험과학의 모델을 제창한 근대과학의 열렬한 추종자들은 일상에서의 실험이 논리적・기하학적 추론보다 우월한 권위를 발휘한다고 보았다.[4] 근대과학이 보여주는 이러한 실증적 기치는 이전 시대에 비해 과학 종사자들만의 폐쇄성이 한결 완화될 여지를 드러내는 것이었다.

과학의 위상이 아직 제도적으로 확립되지 못한 시기에, 과학자 공동체는 과학의 합법성에 대한 대중적 인가를 얻기 위해 애쓰는가 하면, 자연과학의 연구야말로 가치 있는 활동이라는 점을 인정받고자 했다. 예를 들어 17세기 영국 과학과 청교도주의(Puritanism)와의 관계 고찰을 통해 과학과 종교의 상호작용을 분석한 머튼(Robert Merton)에 따르면,[5] 영국의 버튜오소(Virtuoso)[6]와 자연철학자(natural philosopher)들은 새로운 과학이 전통적인 제도권 문화와 종교적 감성, 특히 청교도와 양립 가능함을 보여줌으로써 과학활동에 종교적 합법성을 부여하고자 했다. 17세기부터 19세기에 이르기까지의 과학계가 자연신학(natural theology)을 도구로 과학연구에 신학적 정당성을 부여하고자 한 것 역시 이와 유사한 연장선상에서였다. 즉, 이성에 입각하여 자연의 진리의 근거를 구하는 과학이 신의 섭리를 전제로 하는 종교적 신념과 배치되는 것이 아님을 피력함으로써, 과학과 종교와의 마찰을 피하고자 한 것이다. 1692년부터 시작된 보일 강연(the Boyle Lecture)으로부터 1830년대의 『브리지워터 논집』(The Bridgewater Treatises)[7]에 이르기까지, 자연신학에 관한 과학자들의 대중 설득작업은 과학활동이 지닌 문화적・도덕적・종교적 가치를 대중들에게 각인시켰다.

이러한 과학자 집단과 대중 간의 상호작용은 엘리트과학자들과 대중을 연결하는 다양한 채널의 보급을 수반하였다. 또는 역으로, 그러한 채널들이 과학자와 대중의 상호작용을 촉발했다고도 볼 수 있을 것이다. 어느 것이 먼저인지를 따지는 것이 어려울 정도로, 17세기 이후 19세기에 이르기까지의 시기에 과학의 지적 활동 속에 부상한 '대중'이라는 존재는 과학 대중화를 위한 인프라의 성장과 함께 했다. 17세기에 영국 왕립학회의 ≪철학회보≫(Philosophical Transaction)와 프랑스의 ≪주르날 데 사방≫(Journal des Savants) 등은 유럽 과학자들 간의 과학정보 교환의 채널은 물론 아마추어 대중을 대상으로 한 과학 관련 여론 형성의 장으로도 기능했다. 이러한 인쇄매체들 이외에도, 17세기와 18세기에는 커피하우스와 선술집, 그리고 거래소와 같은 공공의 통로를 통해서도 과학자와 일반대중의 상호작용이 있었다. 18세기 영국에서 순회 강연자들은 과학 볼거리를 통해, 예를 들어 축전지의 일종인 라이든병(Leyden's jar)을 시연해 보이는 등의 방식으로, 자연에 내재된 신의 원리를 대중에게 드라마틱하게 보여주었다.[8] 뿐만 아니라, 18세기 박물학에는 전문과학자는 물론 비전문가인 아마추어과학자들 역시 능동적 · 적극적으로 참여하였다. 그 결과, 박물학에서는 전문과학자와 대중이 함께 협업하고 어우러지는 상호작용이 가능했다.

그러나 17세기 이후 격차를 좁혀 오던 과학/과학자와 대중 간의 간격은, 점진적으로 확립되어 온 인프라에도 불구하고 19세기에 접어들 무렵에는 과학의 전문화로 인해 다시 벌어지는 조짐이 나타났다. 예를 들어, 영국 빅토리아 시대 과학적 자연주의(Scientific Naturalist)[9]의 조류 속에서 동물학자 헉슬리(Thomas H. Huxley)와 물리학자 틴들(John Tyndall) 등과 같은 과학자 겸 과학저술가들은 과학에서 아마추어리즘을 불식시키고자 했다. 19세기에 나타난 과학의 변화된 지위와 더불어, 과학과 대중 간의 공통의 지적 · 문화적 맥락은 점점 파편화되어갔다. 19세기 진화론의 서술들을 보면 과학자는 은유(metaphor)와 유추(analogy)의 기법을 활용함으로써 과학의 진술을 일반인의 언어로 표현하고 있음을 발견할 수 있는데,[10] 이는 역으로 과학적 개념과 대중의 이해 간에 괴리가 상당했음을 보여주는 반증이다. 19세기 이후 본격화된 과학의 전문화는, 과학지식이 일반대중의 문화에서 이전만큼의 지위를 누리는 것이 어려울 가능성을 암시하는 것이기도 했다.

19세기의 시기에 다시금 벌어졌던 과학자와 대중 간의, 또는 엘리트과학과 대중과학 간의 간격은, 17세기 이전 시기에 있었던 간격에 비해 한층 더 어려운 구조적인 난제를 내포하고 있는 것이었다. 과학활동을 이해하거나 동참하는 데 필요한 과학지식과 대중의 일반적인 소양 사이의 간극은, 아직 과학 분야 간의 분화와 전문화가 본격화되기 전인 19세기 이전에는 상대적으로 덜했다고 볼 수 있다. 이는 18세기 유럽에서 성행했던 박물학의 경우 아마추어과학자들의 기여가 도드라졌던 점에서도 잘 드러난다. 즉, 19세기 이전에는 과학과 대중 간의 괴리는 사실 식자층과 비식자층 간의 차이에 준한다고 볼 여지가 있었다. 그러나 과학의 전문성이 강화된 19세기 이후에는 과학지식은 식자층에게도 감당하기 어려운 것이 되어갔다.

과학의 분화·전문화로 인해 한층 강화된 어려움에도 불구하고, 과학 대중화의 필요성 자체가 퇴색된 것은 아니었다. 후술하겠지만 다윈주의(Darwinism)의 경우처럼, 특정 이론과 그 추종 과학자들이 학문적·학자적 생존을 위해 대중이라는 존재를 포섭할 필요성이 매우 절실하게 대두되는 경우도 있었다. 그리고 수세기에 걸쳐 축적된 경험을 통해, 대중의 존재를 고려하지 않을 수 없다는 경험법칙은 과학자 집단에 내재화되었다. 따라서 과학의 전문화가 과학자와 대중 간의 괴리를 유발할수록 더더욱, 난해한 과학지식을 대중에게 전파하기 위한 다양한 문화적·일상적 수단들이 과학자들에 의해 동원되었다. 예를 들어 18세기와 19세기에는 과학지식 전파를 위한 인쇄매체의 약진이 두드러졌다. 영국에서 ≪숙녀 수첩≫(Ladies' Diary, 1704년), ≪신사 수첩≫(Gentleman's Diary, 1741년) 등은 수학의 대중화를 위한 채널이었으며, ≪신사지≫(Gentleman's Magazine, 1731년)은 의학정보를 보급했다. 이외에도 ≪에딘버러 리뷰≫(Edinburgh Review, 1802년)는 사회문화 속에서의 과학의 위상을 강조하는 등 인쇄 간행물들은 과학지식의 의미를 각각의 정치적·종교적 성향에 따라 다양한 해석을 통해 독자들에게 보여주었다.[11] 이미 19세기 초부터 영국과 독일, 그리고 미국에서 다양한 종류의 과학 텍스트·팸플릿(pamphlet)·정기간행물 등의 출간과 보급이 산업적으로 번창했다. 이들 간행물은 하층계층의 어린이를 위한 도덕교육 팸플릿에서부터 수공업자와 산업노동자를 위한 기술 매뉴얼까지 다양한 종류를 자랑했다. 이외에도, 필름·박물관·전시·라디오 등의 비인쇄매체는 과학의 대중적 인식을 형성하는 데 기여했던 중요한 채널들이었다. 요컨대, 근대 이후 과학에서는 과학의 전문화로 인해 엘리트과학자와 대중 간의 공통분모는 이전에 비해 한층 엷어졌음에도 불구하고, 이들 간의 대화 노력은 끊임없이 시도되었다.

과학의 탈대중화인가, 대중화인가

얼핏 당연해 보이는, 과학과 대중 간의 대화에 대한 위와 같은 융합적 견해는, 그러나 학계에서는 오랜 논쟁의 대상이었다. 먼저, 과학의 발달과정을 대중과의 교류 또는 과학에서의 대중의 역할로부터 분리하여 바라보는 시각은 매우 뿌리 깊다. 서구사회에서 과학이 발전한 발자취에는 엘리트주의의 족적이 도처에 드러나고 있음은 사실이다. 과학지식의 생성은 특별한 교육과 훈련을 받은 과학엘리트층의 독점적 활동이기에 과학자의 과학지식 생산은 일반대중과는 고립된 활동이라는 시각이 팽배하였다. 이러한 시각하에서는 대중은 단지 과학자라는 엘리트들이 밝혀낸 자연의 지식을 과학의 관객으로서 맹목적으로 수용하는 것뿐이기에, 엘리트과학과 대중 간의 상호작용은 상대적으로 얕은 주목을 받을 수밖에 없다. 예를 들어 17세기 근대 실험과학의 보급과 관련하여, 수공업자와 기술자의 증가세가 실험과학의 연구활동에 대해 유리한 여건으로 작용한 것을 두고도, 여전히 이들의 대중적 활동이 과학 자체에 기여했다고 보지는 않는 식이다.12) 이렇듯 과학지식의 생성이 엘리트 그룹에 의해서만 이루어진다는 시각을 깔고 본다면, 과학과 대중은 서로 분리된 영역(separate sphere)이라는 개념이 강화되는 것은 자연스럽고 불가피하다 할 수 있다. 예를 들어, 과학사학자 토마스(Keith Thomas)는 17세기 과학은 합리성을 추구하는 기계적 철학(mechanical philosophy)에 바탕을 두고 있었으며, 이는 마술적 요소가 건재했던 대중문화와는 괴리된 발달 양상을 보였다고 분석했다. 즉, 영국사회의 일상에 있었던 마술적 믿음(예: 점성술 · 요술 · 마술치료 · 예언 · 유령 · 요정 등)은 우주와 자연에 대한 기계적 철학을 추구하는 근대과학의 거센 도전에 직면하였으며, 과학의 발달은 미신의 쇠퇴로 이어졌다고 토마스는 강조했다.13)

그러나 이러한 분리적 · 개별적 시각과는 다르게 엘리트중심적 과학관에 대한 비판의 가능성을 제기하는 사실들 역시 꾸준히 보고되어 왔다. 16세기 근대과학의 등장 이래 엘리트과학과 대중이라는 두

요소 간의 관계에는 불가분(inseparable)과 균형(balanced)을 넘나드는 역동성이 잠재하고 있음이 드러난다. 가령, 17세기 영국 왕립학회가 관찰과 실험을 통해 얻어진 자연세계와 현상에 대한 광범위한 지식을 아우르는 보편적 박물학을 추구했을 때, 자연철학자(즉, 과학자)로부터 장인기술자에 이르기까지의 각계각층의 폭넓은 네트워크를 통해 이루어진 아마추어의 지적 활동은 아직 엘리트과학과 분리되지 않은 관계였다. 과학적 지식과 경험적 지식 간의 상호통약(commensurability)의 관계는 18세기에서도 확인된다. 예를 들어, 과학자 겸 발명가・정치가・철학자・출판인으로서 미국의 프랭클린(Benjamin Franklin)이 쌓았던 업적들은, 과학은 물론 여러 영역에서의 그의 활동들이 복합적으로 작용한 결과였다. 또 다른 예로, 산소 발견의 주역인 영국 화학자 프리스틀리(Joseph Priestley)는 독실한 기독교 성직자로서 종교저술에도 족적을 남겼다. 그의 『자연・계시 종교 강습회』(Institutes of Natural and Revealed Religion)는 성경의 이야기를 자연세계의 원리에 따라 분석한 저술이었다. 18세기 계몽시대를 통해 교육의 수혜를 받은 일부 대중은 아마추어과학자로서 도시행정에 참여하였다. 이러한 시기에 과학활동은 보편적 합리성과 시민참여를 추구한 계몽운동의 한 단면이었으며, 그리고 자연연구와 사회연구는 상호통약이 가능한 정도를 넘어 서로 불가분의 관계에 있는 영역들이었다.[14] 나아가 19세기 초 과학의 전문화가 가시화되면서 복잡하고 난해해진 과학이 더 이상 일반대중과 공유하기 어려운 지식체계가 되었을 때조차, 엘리트과학은 대중과 괴리되지 않은 균형(balanced) 관계를 유지하기 위해 부단히 노력했다. 19세기를 통해 다양한 매체의 대중문화가 등장하고 민주주의 이데올로기와 시민권 의식이 싹튼 데 힘입어, 엘리트과학의 대중 전파와 소통은 보다 다양한 형태로 시도될 수 있었던 것이다.

엘리트과학과 대중의 관계를 보여주는 이러한 역사적 사례들은, 과학과 사회 또는 과학과 대중 간의 관계에 대한 다음과 같은 틀들을 검토해 볼 필요성을 암시한다. 첫째, 과학의 문화적 연구(science as culture)는 '문화활동'으로서의 과학이라는 관점을 제시한다. 이러한 시각에 따르면 과학의 발전과 성공은 과학자 공동체가 다양한 종류의 동맹자·관객·대중·소비자·계급 등과 지니는 사회적 관계와 연계되어 이루어진다는 것이다. 이러한 관점의 예로는 19세기 중반 파리와 런던에서의 하층계급의 과학문화에 대한 시츠-파인슨(Susan Sheets- Pyenson)의 연구를 들 수 있다. 19세기 초반 사회개혁가·출판업자·자발적 단체(voluntary associations) 등은 파리와 런던 등의 도시를 중심으로 지식 습득활동을 대중문화로 승화시켰다. 이들이 발행한 대중과학 간행물들은 내용적으로는 교양 있는 계층의 다양한 필요성을 충족시킬 정도의 수준이었으며, 가격적으로는 하층계층도 구매할 수 있을 정도로 저렴하게 제공되어 하층계급에서 과학문화가 조성되는 데 기여했다.[15]

둘째, 과학지식 사회학(sociology of scientific knowledge, SSK) 연구조류 역시 과학과 대중의 관계를 조명하는 데 기여하고 있다. 이 관점은 과학지식의 생성이 이루어지는 과정에서 자연(과학)과 사회의 상호작용을 강조하며, 과학적 지식이 사회적 요인에 의해 구성되는 과정에 주목한다. 물론 역으로, 만약 모든 과학이 사회의 모습이 충분히 반영된 활동이라면 과학의 사회성을 추구하는 과학의 대중화에 관해 굳이 연구할 필요성은 없다는 회의론이 대두될 수도 있을 것이다. 그럼에도 불구하고 SSK 관점의 연구는, 과학은 자가적으로 구성되고 과학적 진실은 사회적 영향과는 무관하다는 믿음의 허구성을 보여줌으로써, 과학의 권위가 획득되고 유지되는 과정과 사회적 요인과의 관계를 조명해왔다. 이와 관련하여 과학사회학자 휘틀리(Richard Whitley)가 1985년에 내놓은 주장은 눈여겨볼만하다. 휘틀리는 전문과학자들을 비과학적 관객들, 즉 지식생산자에 대비되는 여타의 수동적인 그룹들과는 유리된 존재로 상정하는 대중화 모형에 대해 비판적이었다. 휘틀리는 과학자 공동체 내에서 그리고 다양한 대중을 대상으로 과학정보의 교류와 전파가 이루어지는 광범위한 기법과 전술에 대해 고찰했다. 대중화란 단지 과학정보의 일방적 전파가 아니라 대중을 설득하기 위한 일종의 '설명의 과학'(expository science)이라고 휘틀리는 주장했다.[16)]

셋째, 과학의 사회사(social history of science) 관점은 사회 속의 과학에 연구 초점을 맞춘다. 커리(Patrick Curry), 데스먼드(Adrian Desmond), 이오(Richard Yeo), 그리고 시코드(James Secord) 등의 과학사학자들은 과학에서의 권위 문제를 둘러싼 정치적 협상이나 사회적 전유 과정을 사회문화의 맥락에서 분석하고자 했다. 근대 초기의 점성술에 대한 연구에서 커리는, 17세기 영국사회에서 문화의 중심에 있었던 점성술이 뉴턴 자연철학으로부터 가해진 영향으로 인해 대중들의 문화 속에서 쇠퇴하는 과정을 보여준다.[17)] 데스몬드는 19세기 초 영국 하층 수공업자들이 부르주아 지식을 수동적으로 수용한 것이 아니라 자신들만의 실용적 지식을 만들어내기 위해 환경결정론적인 라마르크주의 진화사상에 기반한 지적 체계를 만들어간 방식을 보여주었다.[18)] 커리와 데스몬드의 연구는 비(非)엘리트 또는 주변부 그룹의 정치적・사회적 공간이 과학의 구성에 대해 지니는 의미에 주목하면서,

아래로부터의 과학의 형성, 즉 사회 하부의 대중문화에서 과학이 이루어지는 방식에 관심을 기울였다.

넷째, 대중문화 속의 과학이라는 연구 흐름도 주목을 끌고 있다. 과학사학자 섀퍼(Simon Schaffer)는 뉴턴 물리학의 실험과 법칙 이면에 담겨 있는 이데올로기적 메시지들이 18세기 도시의 불평분자들에게 옮겨졌을 때 발생하게 되는 무신론적 급진적 메시지를 조명한 바 있다.[19] 섀퍼의 초점 자체는 대중들의 역할보다는 과학지식의 사회적 정당성 획득에 관여했던 과학자들에 있었다. 그러나 섀퍼의 시각에 자극 받은 후속연구들은 과학자와 과학실험실을 넘어 과학의 관객인 대중에 연구 초점을 맞추고, 대중이 변화하는 맥락과 함께 과학이 구성되고 변형되어가는 방식에 주목함으로써 대중 또는 대중문화 속의 과학을 다루었다. 1962년 하버마스(Jurgen Habermas)의 '공적 영역'(public sphere)에 대한 연구는 바로 대중문화에서의 과학의 의미에 관한 실마리를 제공하고 있다. 또한 하버마스는 17세기 유럽의 과학이 '퍼블리시티'(publicity, 대중적 확산)라는 새로운 장치에 적극적으로 의존하고 있었다고 분석한다. 실제로 17세기 근대과학의 등장의 시기에는 과학협회와 저널, 그리고 대중문헌이 크게 증가했다. 이들 장치들은 일반대중을 대상으로 과학에 대한 설득과 동의를 목적으로 하는 과학의 퍼블리시티 전략을 보여주는 단면이며, 이러한 전략은 근대사회가 과학 중심으로 재편되는 동력이 되었다는 것이 하버마스의 분석이다.[20]

이상과 같은 분석 틀들은 지난 18~19세기를 통해 엘리트과학과 일반대중의 관계에 대한 분석의 당위성과 가능성을 제공한다. 즉, 과학 대중화는 과학의 진보에 있어 필요한 본질적인 중요한 요소의 하나로 보아야 한다는 것이다. 엘리트과학은 과학지식의 생산이 전문가 집단인 과학자들에 의해 일방적으로 주도될 뿐 아니라 그러한 지식의 생산에 대중을 향한 전파 또는 대중으로부터의 피드백이 고려되지 않는 고립된 과학활동을 의미한다. 반면 대중과학(popular science)이란 전문과학자들의 과학지식을 대중들에게 전파하기 위하여 대중의 눈높이로 재구성/가공한 과학을 지칭하거나, 대중들이 과학활동에 참여하는 경우를 지칭한다. 그리고 과학 대중화(popularization of science)란 어떠한 과학지식 또는 이론이 전문과학자들만의 전유물로 머무르지 않고 대중과학으로 진화하는 과정을 의미한다. 과학 대중화를 하나의 획일적이고 보편적 과정으로 여기는 데는 한계가 있을 것이며, 위에서 소개된 분석 틀들 역시 엘리트과학과 대중과의 관계를 각자의 다양한 시각에서 고찰하고 있다. 그러나 그러한 개별성과 다양성에도 불구하고 그 공통적인 주장의 요체는 과학의 발전은 엘리트과학의 발전만으로 달성되어 온 것은 아니라는 것이다. 즉, 과학의 권위가 정점에 달하고 실험과학이 점점 더 전문화됨에 따라 역으로 과학의 전문성과 대중성 간의 간격을 메울 필요가 있었기에, 이로 인한 과학 대중화, 또는 대중과학의 양상은 서구과학이 발전해 온 역사적 과정의 도처에서 확인되는 것이기도 하다.

대중과학(popular science)의 재구획: 지향점과 주체성을 중심으로

과학 대중화, 그리고 대중과학에 관련된 연구들을 일괄적으로 구획하기는 어렵지만, 이와 관련하여 다음과 같은 다양한 모델들이 시도되어 오고 있다. 첫째, 과학기술의 대중적 이해(Public Appreciation of Science and Technology, PAST) 모델은 일명 결핍－확산(Deficit-Diffusion) 모델로도 알려져 있다. 이 모델에 의하면, 과학지식에 무지한 일반대중의 소양을 고양하기 위하여 엘리트과학자로부터 대중에게 과학 메시지와 과학적 관점이 유입된다는 것이다. 그러나 결핍－확산 모델에 따른 과학 대중화는 과학의 수동적 전파를 의미하는 것으로, 이는 엘리트과학자와 일반대중의 상호작용에 대한 입체적인 분석이 결여되어 있다.

둘째, 결핍－확산 모델의 외연을 넓힌 것이 과학기술의 대중적 참여(Public Engagement with Science and Technology, PEST) 모델로, 이 모델에서는 엘리트과학자들은 단순히 과학에 대한 대중적 이해 증진을 도모하는 데 그치지 않고 일반대중이 지닌 과학의 관심과 이해에 대한 조정자로서의 역할을 시도한다. PEST주의자들은 과학은 절대성을 지닌 지식이라는 전제하에, 과학과 대중과의 교류 과정에서 발생하는 괴리와 불협화음은 과학 자체의 문제라기보다는 과학에 대한 대중의 오해로부터 비롯된다고 본다. 따라서 PEST 모델에서 과학 대중화는 일반대중이 과학에 대해 지니는 오해를 불식하고 대중의 과학지식 결핍을 보완하는 데 초점을 둔다. 여기서 엘리트과학자들은 대중을 '위한' 과학으로서의 대중과학(popular science as science 'for' the people, SfP)을 실현하기도 한다.

셋째, 대중 속 과학의 비판적 이해(Critical Understanding of Science in Public, CUSP) 모델은, 엘리트과학에 대한 일반대중의 직접적·참여적 활동이 정확한 과학지식의 전파는 물론 과학지식의 의미 생성에도 기여하는 과정에 주목한다. 가령, 원자력발전의 지속성, 원자력발전소 추가건설 가능성, 핵폐기물 방치장 입지 선정, 기후변화에 대응하는 정책 결정 등의 과학적 이슈에 대하여, PEST 모델은 전문과학자들이 원자력 정책에 관하여 일반대중을 대상으로 정확한 과학지식과 정보 제공을 모색하는 과정에 초점을 맞춘다면, CUSP 모델은 대중의 민주적・비판적 참여가 원자력정책과 원자력연구 활동에까지 영향을 주는 과정에 주목한다.[21] 즉, CUSP 모델은 대중에 '의한' 과학으로서의 대중과학(popular science as science 'by' the people, SbP)이 구현되는 과정에 주목한다고도 할 수 있다.

상술한 PAST에서부터 PEST를 거쳐 CUSP에 이르는 다양한 모델들은 엘리트과학자와 대중 간의 소통의 제면모를 보여주는 분석틀들이지만, 한 가지 경계해야 할 점은 어느 한 모델이 다른 모델보다 우위에 있다는 인식은 편협할 수 있다는 것이다. 이들 모델들은 생물학의 역사에서 엘리트생물학(elite biology)과 대중과의 복잡다단한 관계를 분석하는 데도 적절하게 활용될 잠재력이 크지만, 그렇다고 해서 본서는 생물학의 역사적 사례들을 상기 모델들 중 어느 특정 모델에 따라 분석하는 것이 목적은 아니다. 그러한 접근은 특정 분석 틀에 대한 이해의 깊이를 제공할 수 있다는 장점은 있으나, 근대 이후 생물학의 발전과정을 생물학의 대중화(popularization of biology), 그리고 엘리트생물학과 대중생물학(popular biology)과의 관계를 중심으로 그려내는 데는 제약으로 작용할 소지가 크기 때문이다. 예를 들어 PAST/PEST 모델들은 대중의 역할을 과학지식의 수동적/교화적 수용자로서의 역할에 한정할 가능성이 상대적으로 크다. 이러한 관점에서 보는 대중과학이란, 대중을 '위한' 과학으로서의 대중과학(SfP)에 해당하는 반면, CUSP 모델에서의 대중에 '의한' 과학으로서의 대중과학

(SbP)과는 대비되는 개념에 해당한다고 할 수 있을 것이다. 물론 SbP와 SfP 양자 간에는 공통지대가 존재할 수 있을 것이며 전자는 후자의 튼실한 토대 위에 가능성이 더 높아질 수 있다는 점에서, 이 둘이 반드시 상호배반적이거나 독립적이라고 할 수는 없을 것이다. 그러나 적어도 이 둘 중 어느 한 쪽에 초점을 맞추고 있는 PAST/PEST나 CUSP에 의존하는 것보다는 이 둘을 포괄할 수 있는 통합적인 개념틀을 고안하여 사용하는 것이, 생물학 대중화에 대한 통사적 분석이라는 본서의 방향과 일치할 것이다. 따라서 본서는 과학과 대중의 상호관계를 고찰하는 데 있어 다음의 두 가지 요인을 일관되게 고려할 것이다.

첫째 요인은, 과학 대중화 활동의 지향점, 즉 궁극적 목적은 무엇인가에 관한 것이다. 이는 과학 대중화 활동의 초점이 과학 분야 자체 또는 특정 과학이론의 입지를 다지거나 아니면 대중들을 보다 과학 친화적으로 만드는 데 맞추어졌는가, 아니면 어떠한 다른 과학 외적인 이데올로기나 사회적·국가적 어젠다의 달성을 위한 부차적인 도구로서 과학 대중화가 활용되었는가 하는 구분이다. 전자의 경우 과학 대중화의 목적이 과학 또는 과학이론 그 자체에 조준되어 있다는 면에서 '본질적 과학 대중화'(*essential* popularization of science)로, 후자의 경우는 과학 대중화가 과학 또는 과학이론이 아닌 다른 어떤 가치를 위한 도구로서의 성격을 띤다는 면에서 '도구적 과학 대중화'(*instrumental* popularization of science)로 구분하기로 한다. 과학 대중화 활동을 본질적 대중화와 도구적 대중화로 구분지어 성찰하는 것은, 과학 대중화의 동기를 파악하는 데 도움을 줄 뿐 아니라 과학 대중화의 추진력이 사회 내의 어떠한 집단으로부터 기인하였는지를 파악하는 데도 기여한다. 예를 들어 어떤 과학 대중화 사례는 과학자 집단 자체의 대중화 노력에 집중적으로 의존했던 반면, 또 다른 과학 대중화 예로는 정부의 전폭적인 지원과 계획 아래 수행되었다면, 그러한 서로 다른 유형의 과학 대중화가 가능했던 것은 각자의 대중화 노력이 지향하는 목적이 달랐기 때문일 가능성이 크다.

둘째 요인은, 과학 대중화의 주체성, 즉 과학 대중화에서 대중의 역할은 무엇이었느냐는 것이다. 상기 서술한 SfP의 극단적인 사례 또는 PAST의 전형적인 예로는, 과학에 무지한 일반대중의 과학의 소양을 고양하기 위하여 엘리트과학자들이 대중을 상대로 과학지식을 전파하는 과정을 통해 일반대중의 과학적 지식과 세계관이 확장되는 경우를 들 수 있을 것이다. 이러한 경우는 과학 대중화는 엘리트과학자들에 의해 대중이 교화되는 방식으로 이루어지기 때문에, '계몽적 과학 대중화'(*enlightening* popularization of science)라고 칭할 수 있을 것이다. 반면, 이와는 대조적으로 대중이 과학지식의 수용과 향유뿐 아니라 스스로 그러한 지식의 생산에 관여하고 기여하는 경우 역시 드물지만 발견할 수 있는데, 이러한 과학 대중화의 경우는 '참여적 과학 대중화'(*participatory* popularization of science)라고 칭할 수 있을 것이다. 계몽적 과학 대중화와 참여적 과학 대중화는 그 의미상, 각각 수동적/피동적 과학 대중화와 능동적/주체적 과학 대중화로 칭할 수 있을 것이다. 아울러 계몽적 과학 대중화는 PAST/PEST의 개념과, 참여적 과학 대중화는 CUSP의 개념과 각각 맞닿아 있다. 본서에서는 근대 이후 생물학의 대중화 과정을 보여주는 역사적 사례들을 고찰하는 데 있어, 대중화의 지향점과 주체라는 위와 같은 두 요인을 각 과학 대중화 사례의 성격을 규정하는 차원(dimension)들로 사용할 것이다. 이러한 논리적 틀에 따라, 우리는 과학 대중화 활동의 유형들을 다음과 같이 구획한다.

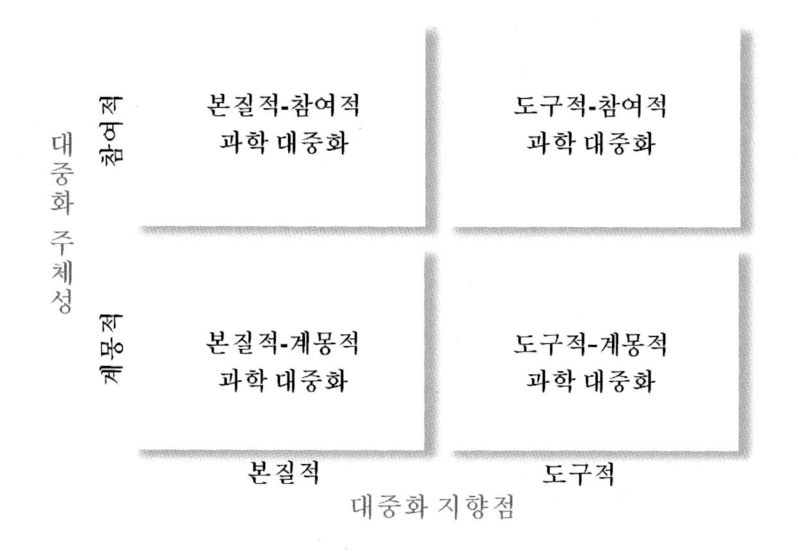

수평축과 수직축은 각각 개별 과학 대중화 활동의 궁극적인 목적과 그 안에서의 대중의 역할을 나타낸다. 따라서 전체적으로는 2 (본질적 vs. 도구적) × 2 (계몽적 vs. 참여적) = 4 가지 유형의 조합이 가능하다. 어떤 분석 대상이나 사안을 개념적 정의나 구분에 따라 칼로 자르듯이 명확하게 분류하는 것은 불가능에 가깝다. 그러나 적어도 어떠한 과학 대중화 활동을 위와 같은 개념적 틀에 따라 재정의하는 것은 해당 과학 대중화 활동의 동기와 범위를 파악하는 데 도움이 된다는 측면에서, 해당 활동의 본질에 접근하는 데 기여할 것으로 예상된다.

이러한 구조적인 접근과 더불어, 본서는 사료가 허락하는 한 다음의 세부적인 사항들 역시 최대한 조명할 것이다. 첫째, 생물학 대중화 활동가들은 누구였던가? 즉, 엘리트생물학자와 대중을 이어주는 매개자 역할을 했던 이들은 누구였는가? 전문생물학자, 생물학자 겸 저술가, 생물학에 조예가 깊은 일반 지식인, 아마추어과학자, 과학저술가, 생물학 교사 등 대중화 활동가들의 면모는 어떠했는가? 둘째, 본서의 각 생물학 대중화 사례에서, 엘리트과학자의 반대 지점에 해당되는 소위 '대중'들은 누구인가? 기본적으로 본서에서는 대중이란 과학 엘리트가 아닌, 즉 전문과학자가 아닌 집단을 지칭하지만, 이러한 대중 역시 사회 내의 비(非)과학자, 교육받은 교양인, 종교인, 여성, 사회주의자, 노동자, 초·중·고등학교 학생, 정치인, 아마추어, 문외한 등등 다양한 집단들로 나뉠 수 있다. 대중은 단순히 엘리트층과 뭔가 '다른' 존재일 뿐 아니라 엘리트층과의 상호작용의 주체로서 '다양한' 특성을 띤 존재라고 볼 수 있을 것이다. 이러한 상호작용의 주체가 지니는 다양한 특성은 바로 상호작용의 지향점과 과정에 있어서의 특징적인 성향으로 나타날 수 있을 것이다. 셋째, 또한 본서는 대중 저술·강연·토론, 전시, 시각적 매체, 학생 대상 교육, 노동자 대상 교육 등 다양한 유형의 생물학 대중화 활동을 조명할 것이다. 그 과정에서, 생물학의 대중화에 활용되었던 수단들에 대한 조명 역시 이루어질 것이다. 도서·신문·잡지 등의 인쇄매체와 더불어, 박물관·전시·라디오·필름 등 비(非)인쇄매체의 역할은 어떠했는가? 이상과 같은 요인들과 세부사항들을 염두에 두고, 본서에서는 지난 19세기부터 현재에 이르는 200여 년간의 생물학의 역사 속에서 생물학이 대중화되어 온 과정과, 엘리트생물학과 대중생물학이 공존해온 과정을 영국・독일・미국을 무대로 하여 고찰한다.

---

1) Thomas S. Kuhn, "Mathematical versus Experimental Traditions in the Development of Modern Science," idem, *The Essential Tension: Selected Studies in Scientific Traditions and Change* (Chicago: Univ. of Chicago Press, 1979), 311-365.

2) 스위스에서 태어난 의사 파라켈수스는 종군의사로서 유럽각지를 전전했다. 그의 의학관은 의학박사는 물론, 이발사・욕탕사・산파・주술사・연금술사・수도승 등의 현장전문가와 기술자들로부터 얻은 의학기술과 지식에 바탕을 두고 있었다. 그는 사변적 이론이 아닌 실천적이고 경험적인 지식의 중요성을 설파했다.

3) 보일은 1646년 런던에서 창립된 과학자 그룹 인비저블 칼리지(invisible college)로부터, 자연과학은 인간생활에 유용해야 한다는 베이컨의 정신을 이어받았다. 그는 보일의 법칙(Boyle's law) 발견, 실험 방법론과 입자철학(corpuscular philosophy)의 도입 등을 통해 화학을 하나의 독립된 학문으로 만든 장본인이었다.

4) Steven Shapin and Simon Schaffer, *Leviathan and the Air-Pump: Hobbes, Boyle, and the Experimental Life,* reprinted. (Princeton: Princeton Univ. Press 2011); Steven Shapin, "Robert Boyle and Mathematics: Reality, Representation, and Experimental Practice," *Science in Context* 2 (1988), 25-61.

5) '머튼 명제'(Merton Thesis)로 불리는 이 주장은 1938년에 처음 발표되었으며, 17세기 영국에 등장한 과학이 개신교, 특히 '청교도 윤리'(Puritan ethic)에 부합하고 그로부터 도움을 받았다는 것을 골자로 하고 있다. Robert K. Merton, *Science, Technology, and Society in Seventeenth-Century England*, new ed. (Harper Torchbooks, 1970), 4-6장.

6) 16~17세기 과학혁명기를 통해서 많은 사람들이 과학에 종사하게 되었다. 과학자들의 숫자가 증가했을 뿐 아니라 사회적인 지위도 상승해갔다. 과학자들 중 자신들의 활동과 당시 사회의 규범이었던 기독교 신앙과의 상호적응을 꾀한 이들이 있었는데, 이른바 '기독교도 버튜오소'(Christian Virtuoso)라고 불리는 계층이었다. 버튜오소의 대표적인 인물의 하나가 보일이었다. 버튜오소들은 17세기 영국사회의 상류 지식계층에서 상당한 비중을 차지하였으며, 왕립학회의 회원으로 참여하는 등 학계에서의 영향력도 큰 경우가 많았다.

7) 영국의 브리지워터 백작(Earl of Bridgewater) 애거튼(Francis H. Egerton)은 세계의 창조과정에 드러난 신의 권능・지혜・선함에 관한 지질학자・생물학자・화학자 등의 학술논문을 출판하는 데 자신의 전재산을 기부함으로써, 과학을 통해 신의 존재를 옹호하는 데 동참했다.

8) Simon Schaffer, "Natural Philosophy and Public Spectacle in the Eighteenth Century," *History of Science* 21 (1983), 1-43.

9) 과학적 자연주의(Scientific Naturalism)란 가설을 세우고, 예측하고, 실험하는 과학적 방법만이 진실을 규명하는 데 효율적인 방식이라는 관점을 의미한다.

10) Gillian Beer, *Darwin's Plots: Evolutionary Narrative in Darwin, George Eliot and Nineteenth-Century Fiction*, 3rd ed. (Cambridge: Cambridge Univ. Press, 2009), 73-96.

11) Robert M. Young, *Darwin's Metaphor: Nature's Place in Victorian Culture* (Cambridge Univ. Press, 1985), 5장 참조.

12) Rupert A. Hall, "Merton Revisited, or Science and Society in the Seventeenth Century," *History of Science* 2 (1963), 1-16.

13) Keith Thomas, *Religion and the Decline of Magic: Studies in Popular Beliefs in Sixteenth and Seventeenth Century England* (Oxford Univ. Press, 1997).

14) Bernadette Bensaude-Vincent, "A Genealogy of the Increasing Gap between Science and the Public," *Public Understanding of Science* 10 (2001), 99-103.

15) Susan Sheets-Pyenson, "Popular Science Periodicals in Paris and London: The Emergence of a Low Scientific Culture, 1820-1875," *Annals of Science* 42 (1985), 549-572.

16) Richard Whitley, "Knowledge Producers and Knowledge Acquirers: Popularisation as a Relation between Scientific Fields and Their Publics," in Terry Shinn and Richard Whitley, eds., *Expository Science: Forms and Functions of Popularization, Sociology of the Sciences* 9 (Boston: D. Reidel Publishing Company, 1985), 3-28.

17) Patrick Curry, *Prophecy and Power: Astrology in Early Modern England* (Princeton: Princeton Univ. Press, 1989).

18) Adrian Desmond, "Artisan Resistance and Evolution in Britain, 1819-1848," *Osiris*, n.s. 3 (1987), 77-100.

19) Schaffer, op. cit., 1-43.

20) Jurgen Habermas, *The Structural Transformation of the Public Sphere: An Inquiry into a Category of Bourgeois Society* (Cambridge: The MIT Press, 1991).

21) Sarah T. Perrault, *Communicating Popular Science from Deficit to Democracy* (New York: Palgrave Macmillan, 2013), 11-17.

1부

다원주의를 통해 본 생물학 대중화

과학이 과학자의 연구활동뿐 아니라 과학연구를 지원하는 대중의 이해와 지지를 함께 추진력으로 삼고자 해왔음은 근대생물학의 발전 과정을 통해서도 확인할 수 있다. 19세기를 통해 점차적으로 근대생물학은 전문성을 갖춘 엘리트과학자에 의해 수행되어 갔지만, 그러한 연구 성과에 대한 일반대중의 지지를 획득하고자 하는 노력 역시 줄기차게 병행되었다. 즉, 생물학은 그 관객(audiences)으로서 대중의 존재를 필요로 했으며 대중은 생물학의 주된 전달 대상이자 생물학의 전개를 둘러싼 핵심변수의 하나였다. 그 결과, 엘리트생물학과 대중과의 거리감 해소와 관계 증진을 위한 노력은 생물학 대중화(popularization of biology)를 통한 대중생물학(popular biology)의 형성으로 이어졌다.

무엇보다도, 19세기 유럽과 미국 사회의 지적 체계에 생물학이 파괴력을 가질 수 있었던 배경에는 식자율(識字率)의 증가, 인쇄매체의 성장, 독서시장의 형성 등을 통한 대중문화의 성장이 생물학의 대중화를 위한 장치를 마련해 주었던 점이 있었다. 이러한 장치들을 채널로 삼아, 생물학의 과학적 성과는 시대의 에토스를 반영하는 과학 이데올로기로 정교화되기 시작했다. 예를 들어, 자본주의와 제국주의 경쟁에서의 우위를 유지하는 데 여념이 없었던 19세기 말 영국에서는 다윈주의(Darwinism), 즉 다윈 진화론은 사회다윈주의(Social Darwinism) 이데올로기의 학술적·문화적 토대가 되었다. 독일에서 다윈주의는 진보적 세계관(Weltanschaung)과 대중철학의 지적 토대가 되어 독일 사회·문화 개혁의 상징적 이데올로기가 되어 갔다. 미국에서는 진화론 등의 생물학 이론이 20세기 초 사회주의 이데올로기 확산의 대중적·지적 토대가 되기도 했다. 나아가, 새로운 세대의 엘리트과학자들은 이른바 과학사학자 터너(Frank Turner)가 언급한 '공공과학'(public science)의 영역에도 적극적으로 참여했다. 엘리트생물학자 역시 생물학 연구활동 이외에도 과학의 사회적 영향과 과학적 방법론·결과에 대한 대중의 관심과 이해 증진을 도모하는 공공과학 활동가의 역할을 수행했다. 요컨대, 19세기 엘리트생물학은 과학지식이 그 자체의 고립된 원형으로서가 아니라 사회화·대중화된 맥락에서 대중들에게 제시되었기에 더욱 큰 반향을 불러일으킬 수 있었다.

1부에서는 생물학 대중화의 여러 사례들 중, 다윈주의의 대중화 사례를 통사적으로 조명한다. 이는 일차적으로는, 다윈주의는 19세기를 대표하는 생물학 이론이었기 때문이다. 영국에서, 독일에서, 그리고 미국에서 다윈주의를 둘러싼 논란, 그리고 다윈주의의 수용과 확산은 전문과학자층뿐만 아니라 교양인과 노동자 계급을 대상으로까지 전개되었다. 유럽과 미국 등의 구미권에서 다윈주의의 학술적 진전은 그에 대한 대중적 반향을 거의 실시간으로 불러일으켰는데, 어떠한 이론의 정착과 진보 과정이 다윈주의만큼 대중들의 이목과 관심 속에서 진행된 경우는 찾기 어렵다.

생물학 대중화에 대한 통사적 분석 사례로서 다윈주의가 지니는 또 다른 장점의 하나는, 다윈주의의 토양이 되었던 박물학(natural history)까지 분석의 범위를 확장할 경우, 박물학과 다윈주의가 관통하는 역사적 시기는 근대 이후의 여러 세기들을 아우르고 있다는 점이다. 즉, 과학이론을 둘러싸고 진행되었던 대중화 활동을 통사적·장기적 관점에서 고찰하는 데 있어 다윈주의는 매우 적절한 소재이다. 아울러 과학 대중화의 유형에 관한 본서의 분류 틀에 비추어 볼 때에도, 다윈주의의 대중화 과정은 매우 다채로운 면모를 보여준다. 후술하겠지만, 박물학은 다분히 대중생물학의 성격을 강하게 지니고 있었는데, 그 대중화 과정에는 본질적 대중화와 도구적 대중화의 측면이 함께 공존하고 있었다. 아울러 대중의 역할 측면에서는, 박물학은 대중 참여적 성격이 강하게 드러나는 분야였다. 이와 비교하여 다윈주의의 경우 본질적 대중화와 도구적 대중화의 측면이 함께 공존했던 점은 박물학의 경우와 유사하나, 어느 측면이 더욱 부각되는지는 다윈주의의 정착 단계에 따라 상당한 차이가 있다. 아울러 다윈주의의 대중화는 다윈주의 이론이 지닌 난이도로 인해서, 박물학과는 달리 참여적 과학 대중화의 성격은 거의 찾아보기 어렵다. 즉, 다윈주의는 근대생물학에서의 대중화의 무게 중심이 참여적 대중화에서 계몽적 대중화로 옮겨가는 추세를 보여주는 사례라고 할 수 있다. 그럼에도 불구하고, 즉, 대중이 다윈주의와 관련하여 직접적으로 지식의 창출에 참여하거나 다윈주의 연구활동을 스스로 체험해 볼 기회는 제한되었음에도 불구하고, 대중사회 도처에서 다윈주의에 대한 호응이 가히 폭발적이었던 점은 매우 흥미롭다고 할 수 있다.

뿐만 아니라 다윈주의의 대중화는 근대생물학에서의 과학 대중화 과정에 대한 시초 격에 해당하는 사례이자, 19세기 말~20세기 초반의 다른 생물학 대중화 사례들에도 짙은 영향을 드리웠다. 이전의 시기에 전문과학 분야 또는 이론에 대중의 접근과 참여가 가능했던 것은, 근대과학의 전문화와 분화가 성숙하지 않았던 것에 힘입은 바가 크다. 반면, 다윈주의의 경우 대중의 접근과 참여를 저해하는 전문성과 난해함에도 불구하고, 과학자들의 적극적인 대중화 활동과 대중의 관심이 어우러져 폭발적인 반응을 이끌어냈던 사례에 해당한다. 그리고 다윈주의의 대중화 과정에서 확립되었던 다양한 대중화 전략들은 이후의 생물학 대중화 사례들에서도 십분 활용되었다. 이러한 측면에서, 다윈주의의 대중화 과정에 대한 집중적인 분석은 근대 이후 생물학의 대중화 과정을 이해하는 데 있어 필수적이고 선결적인 과제라고 할 것이다.

01 근대 유럽사회와 대중생물학의 등장: 18세기 박물학을 중심으로

들어가면서

유럽사회가 지적 변혁과 흥분으로 차 있던 18세기 계몽시대에 생물학의 지형도는 박물학에 의해 그려지고 있었다. 박물학자 또는 자연철학자들은 자연물에 대한 분류와 분석을 통하여 자연세계의 신비를 캐내는 데 열중하고 있었다. 17세기 뉴턴 역학이 소수 엘리트 과학자들의 귀족적 지식체계가 되었던 것과는 대조적으로, 18세기~19세기의 박물학은 일반인에게도 열려 있는 '평등한' 과학이었다는 점에서 특이한 분야였다. 당시에 박물학 분야 베스트셀러 도서가 출간되고 유통되었다는 사실은 박물학이 당시 유럽인들의 흥미를 끈 대중과학으로서 발달을 이루었음을 보여준다. 아울러 1793년 프랑스에서 자연사박물관(Museum d'Histoire Naturelle)이 개관되고, 대중잡지·대중강연에서 박물학 토픽이 인기를 누렸던 점은 이 시기의 대중들로부터 박물학이 누렸던 관심을 잘 보여준다.[1] 뿐만 아니라, 박물학은 전문박물학자와 아마추어박물학자 간의 지적 격차를 둘러싼 긴장과 대립을 양자 간의 학술적 협업관계를 통해 조정하고 아마추어에게도 문호를 개방함으로써, 참여적 대중생물학(participatory popular science)의 면모를 보여주었다.

대중에게 열려 있던 박물학

동・식물과 광물의 표본에 대한 생생한 기술・분류와 연관된 일련의 연구를 일컫는 박물학은, 18세기 계몽시대를 통해 대중들에게서도 상당한 인기를 누렸다. 주변에서 또는 이국적 환경에서 발견된 진기한 식물・동물・곤충에 대한 박물학자의 관심사는 물리과학의 전자기・화학반응에 대한 논쟁보다도 훨씬 강한 흡인력이 있었다. 가령, 자연의 보고(寶庫)의 탐험가로서의 박물학자의 이미지는 상당한 인기를 끌었다. 향상된 목판기술을 이용한, 이국적 풍경에 대한 박물학 도서들의 생생한 삽화는 감성적 산문과 더불어 일반대중의 관심과 흥미를 끌기에 충분했다. 특히, 박물학의 신비적 이미지는 어린이 독자층에게도 통했는데, 어린이용 박물학 책들은 동식물의 의인화와 전통적인 요정이야기, 그리고 경이로운 자연세계의 묘사 등 어린이 독자를 사로잡기 위한 장치들을 활용하기도 했다.[2)]

이러한 박물학의 대중화는 어떻게 전개되었는가? 18세기 후반에 과학의 전문화 과정이 가시화되었던 프랑스에서 전문박물학자는 명명법과 분류학으로 대변되는 난해한 연구에 전념하고 있었다. ≪철학회보≫(Philosophical Transaction) 같은 학술간행물을 보면, 박물학 논문에는 실험과학의 논문만큼이나 엄격한 서술의 관행, 철저한 조사와 비평이 수반되었음을 알 수 있다. 종의 단순한 기술은 기록(reporting)으로 불리었던 반면 종(種)·속(屬)의 분류는 해석(interpreting)으로 간주되었다. 프랑스의 대표적 박물학자 퀴비에(Georges Cuvier)는 당시의 많은 대중박물학 저술에서 드러난, 종에 대한 정확성이 결여된 기술과 분석은 과학의 진보에 걸림돌이 될 뿐이라고 비판했다. 따라서 퀴비에는 과학과 일반대중 간의 지향점의 차이를 부각시킴으로써 전문박물학 연구의 학문적 입지를 정당화시켰다.

그러나 아이러니하게도 박물학 분야의 전문화와 더불어 대중화 역시 왕성하게 전개되었다. 박물학 대중저술가들은 전문박물학자의 학술적 연구를 더 생생하고 이해 가능한 형태로 대중에게 전달하고자 하는 한편으로, 때로는 전문박물학의 논문과 마찬가지로 엄밀하고 학술적인 저술 내용을 보여주기도 했다. 예를 들어, 프랑스의 과학자·저술가인 피귀에(Louis Figuier)의 『자연의 전경』(Tableaux de la Nature)은 생명의 세계에 대한 생생한 기록으로서 박물학의 정수를 보여주었다. 20권 시리즈의 이 책은 광물학으로부터 동식물계(미생물에 대한 1권을 포함하여)까지 아우르는 종합저술로, 다양한 종류의 화석과 식물을 포함하였다. 동시에 대중저술가는 그들의 저작에 전문박물학자의 논쟁을 포함시켜 지적 권위의 획득에 도전하는가 하면, 역으로 전문박물학자들이 대중적 저술의 주요 특징을 활용하기도 했다. 전문박물학자와 대중저술가들이 과학명(라틴명)과 보통명(common name)을 함께 공유함으로써 서로 소통이 용이해지는 가운데, 대중저술가는 그들이 직간접적으로 획득한 박물학의 성과를 대중에게 제공할 수 있었다. 화이트(Gilbert White)의 『셀본의 자연사』(The Natural History of Selborne, 1789년) 등이 대중박물학의 대표적 산물이다.[3)]

대중박물학의 발달에서 핵심적인 역할은 능동적 전문박물학자와 수동적 일반대중 사이에 위치한 중간그룹이 쥐고 있었다. 이들 중간그룹은 대학과 박물관에서 재직한 정규 박물학자나 과학에 헌신한 전문가가 아니라, 이들 전문가들과 일반인 사이에 위치한 활동가들이었다. 예를 들어, 전문박물학자에게 호의적인 협력을 제공하던 아마추어박물학자는 이러한 중간그룹의 활동가로 분류할 수 있다. 전문박물학자는 식물・곤충・바닷조개・암석을 수집하고 조류의 이동 및 연관 행동에 대해 보고하는 등 필드, 즉 자연현장에서의 자료수집활동을 필요로 했는데, 이에 도움을 제공할 수 있는 이들이 바로 아마추어박물학자들이었다. 대학교수와 같은 전문박물학자들은 표본의 분류와 분석에 초점을 두었던 반면, 아마추어박물학자는 필드활동을 통해 수집된 표본을 전문가에게 제공하는 상보적 관계에 있었다. 즉, 전문박물학자와 아마추어박물학자 간의 상호 필요와 협력에 바탕을 둔 분업을 통해서, 대중박물학은 나름의 존재 의의와 정체성을 획득할 수 있었다. 이런 면에서 볼 때 식물원은 전문박물학자와 아마추어박물학자, 나아가 일반대중들이 활발하게 연계할 수 있는 이상적인 장소였다. 식물원은 식물재배 실험을 위한 조건이 구비되어 있어 식물학으로의 입문처였던 동시에, 일반인의 즐거운 산보를 위한 공공의 장소이기도 했기 때문에 그 곳에서 전문박물학자・아마추어박물학자・대중의 조우는 용이하게 이루어질 수 있었다.[4] 아마추어활동가들 중에는 대중박물학의 수용자로부터 진화한 일반인들도 있었다. 박물학, 특히 식물학에서 적극적인 활동을 벌였던 여성들은 박물학 대중강연의 열렬한 참여자였으며, 박물학 도서의 주요 구매층이기도 했다. 이들 중 어머니들은 매일같이 자녀들에게 식물학의 기본지식을 가르쳤다. 일부 여성은 남편과 아버지를 통해 과학자 서클과 연계를 맺었으며, 심지어 익명으로 저술에 참여하기도 했다.[5)]

대중박물학의 발달은 18세기 말에서 19세기 초 유럽의 사회문화적·종교적·과학적 배경과 무관하지 않았다. 우선, 대중박물학은 인간의 마음의 상태와 자연의 전경 간의 불가사의한 조화에 대한 낭만주의적 감성을 고양시키고, 영혼과 자연과의 교감을 촉진하여 미학적 즐거움을 선사함으로써 이성의 능력을 고양시키는 데도 기여하는 것으로 이해되었다. 독일의 훔볼트(Alexander von Humboldt)는 그의 『자연론』(Views of Nature)을 통해 자연에 대한 낭만주의 미학을 정착시켰으며 그의 책은 불어와 영어 등으로 번역되었다. 유럽인들은 수학과 물리학이 분석적 이성을 발달시키는 데 도움을 주는 반면 박물학은 논리적 이성을 발달시키는 데 필수적이라고 보았다.

종교적 요인 역시 작용했다. 박물학은 물리학이나 화학과 같은 과학 분야들에 비해 훨씬 쉽게 종교적 합법성을 강조할 수 있었다. 예를 들어 고생물학은 종의 기원에 관한 문제를 다루기에 성서의 창조 이야기와도 연관성을 쉽게 찾을 수 있으며, 따라서 종교적 공감과의 직간접적인 연관성하에 이해되었다. 멸종한 파충류 종을 위시하여 원시 고대의 종(種)들은 대중박물학의 단골 주제였다. 대중박물학을 받아들이는 일반대중의 종교가 무엇이었든지 간에, 자연의 질서는 신의 존재를 암시하는 것으로 받아들여졌다. 지구의 연령에 대한 성경적 연대기의 문제를 제기했던 층위학(stratigraphy)의 등장은 종교적 담론과 과학적 발견 간의 융합을 한층 가속화시켰다. 예를 들어 피귀에는 지질학만큼 종교와의 완벽한 조화를 보여주는 것은 없다고 주장했다. 즉, 지질학은 신의 창조능력의 현재진행성을 보여주기에 신의 영원성

과 유일성을 보여주는 데 있어 지질학 연구만큼 적합한 것은 없다는 것이다.[6)]

박물학은 그 전성기였던 18세기 이후에 물리・화학의 경우처럼 제도화된 과학 분야로서 자리매김하지는 못했지만, 상대적으로 비전문가 대중에게도 열려 있었다. 전문박물학자와 아마추어박물학자 간의 상호 분업은 비전문가에 의한 대중박물학에 존재 의의를 부여하였으며 박물학 연구에도 기여했다. 대중도서・대중잡지・대중강연 등의 형태로 박물학 토픽은 전문가들만의 연구대상이 아니라 대중들의 지적 유희의 대상이 되었으며, 이러한 대중박물학의 인기에는 박물학 대중저술가들의 기여가 있었다. 즉, 자연과학으로서 정체성을 확립하기 위한 박물학의 전문화가 진행되는 가운에서도, 박물학을 둘러싼 각 주체들은 서로 유리되어 있었던 것이 아니라, 협업 혹은 상호작용하는 관계에 있었던 것이다. 특히 아마추어들의 왕성한 지적 호기심과 활동이 박물학의 성장을 가져왔던 점은, 박물학의 대중화는 참여적 과학 대중화, 나아가 대중에 의한 과학으로서의 대중과학(SbP)의 전형적 사례에 해당함을 보여준다.

다원주의를 향하여

18세기 계몽시대에 꽃을 피운 박물학 연구는 오늘날까지도 영향을 미치고 있는 중요한 이론적 성과들을 내 놓았다. 복잡한 생물의 세계를 이해하기 위해서는 체계적인 분류를 통해 생물계의 큰 틀을 이해하는 것이 필수적인데, 이러한 틀을 확립한 학자가 바로 18세기 스웨덴의 생물학자 린네(Carl von Linné)이다. 린네 체계의 중요한 요지, 즉 가장 낮은 계층에 종을 두고 점차 증가하는 순서로 속(genus)・과(family)・목(order)・강(class)・문(phylum)・계(kingdom)로 생물을 단계적으로 분류하는 체계는 현대의 생물학자들 역시 사용하고 있는 방식이다. 더욱 중요한 것은, 린네의 분류학 연구의 목적은 종의 고정성(fixity of species)을 확인하는 것이었지만, 정작 린네는 속(屬)과 종(種) 단계에서 새로운 형태의 생물이 나타날 수 있음을 관찰했다는 사실이다. 종의 고정성에 대한 개념이 차츰 흔들리는 단초가 제공된 것이다.

영국의 다윈(Charles R. Darwin)과는 또 다른 진화론의 태두(泰斗)였던 프랑스의 라마르크(Jean Baptiste Lamarck)는 '생물학'(Biology)이라는 용어를 최초로(1802년) 사용한 인물이기도 하다. 라마르크는 동물 분류 체계에는 가장 하등한 것으로부터 고등한 것에 이르는 생명체의 변화가 배열되어 있다는 결론을 내렸는데, 라마르크의 이러한 생각에는 당시 18세기 계몽사상의 흔적을 찾을 수 있다. 여기에는 진보의 개념이 명백하게 나타나는데, 마치 인류문명이 진보하듯이 동물계 역시 진보한다는 것이다. 생물의 진화가 일어나는 기제에 대하여 라마르크는 첫째, 개개 생물은 어떤 식으로든 보다 발전한 방향으로 변화하고자 하는 의지력 또는 욕망을 가지고 있다고 보았다. 둘째, 진화의 메커니즘은 신체기관의 사용 및 불사용을 통한 적응이라고 보았다(용불용설: 用不用說, use and disuse of organ theory). 용불용설 주장은 생물의 진화 메커니즘에 대한 최초의 체계적인 설명이었다. 장기적으로 볼 때 라마르크의 진화론은 받아들여지지 않았다. 그러나 처음으로 완결된 체계를 갖춘 진화론이자 처음으로 환경의 역할까지 포함하여 다루었던 진화론으로서, 라마르크의 이론은 다윈 진화론, 즉 다윈주의가 배출될 수 있는 토양이 되었으며 체계적인 진화론의 가능성을 보여주었다.

박물학이 다윈주의에 미친 영향은, 단순히 다윈이 박물학자였다는 사실에 있지 않다. 생물의 종이 고정적이지 않을 수 있다는 의구심은 박물학 연구의 발견들을 체계화한 린네의 생물 분류체계로부터 시작되었으며, 라마르크는 동물 분류체계 상에서 생물 종류 간의 관계는 생명체가 변화해 온 과정과 관계가 있을 가능성으로부터 출발하여 최초의 체계적인 진화론의 아이디어를 구체화했다. 즉, 박물학 연구 성과와 거기로부터 출발한 진화의 아이디어는 훗날 다윈주의가 탄생할 수 있는 토대를 마련해 주었다.

나가면서

다윈주의의 탄생 토양이 되었던 박물학은 엘리트과학자들은 물론 아마추어과학자들 역시 능동적/적극적으로 지식 생산에 기여할 수 있었던 드문 사례라고 할 수 있다. 본서의 이후 부분에 등장할 자연학습(nature study)을 제외하고는 비전문가적 대중이 생물학 지식의 생성에 직접 뛰어들거나 과학활동을 직접 수행하는 경우는 발견하기 힘들다. 그런 의미에서, 대중박물학의 사례는 참여적 과학 대중화의 전형이자 희귀사례라고 할 수 있다. 이러한 대중 참여가 가능했던 것은, 필드에서의 관찰과 수집이 박물학 연구의 중요한 부분을 구성했던 데서 기인하는 바가 크다고 할 수 있다. 전문박물학자의 손길만으로 박물학 연구에 필요한 동식물・광물 표본을 수집하기란 역부족이었다. 그러한 수집 활동이 벌어지는 필드는 머나먼 이국의 오지와 같은 경우도 있었지만 생활 근거지의 강과 바다와 같이 아마추어박물학자도 접근할 수 있는 자연공간 역시 포함하고 있었다. 전문박물학자와 아마추어박물학자 간의 상호 필요와 협력에 바탕을 둔 분업의 용이함으로 인해, 대중박물학에서는 전문과학자에 의한 대중의 일방적인 계몽이 아니라 전문과학자와 대중이 함께 협업하고 어우러지는 독특한 상호작용이 가능했다.

아울러 이러한 대중적 과학활동의 궁극적 목적과 관련해서는, 대중박물학은 본질적 대중화의 사례로 분류할 수 있을 것이다. 앞서 상술했듯이, 박물학에 대한 대중의 관심과 참여의 동기가 되었던 것은 인간 감성을 충족시키자 하는 자연적 인간으로서의 욕구, 이성적 능력을 고양하고자 했던 근대적 인간으로서의 욕구, 그리고 창조주의 섭리를 이성적으로 이해하고자 했던 종교적 신앙인으로서의 욕구 등이었다. 대중박물학의 융성 또는 박물학의 대중화가 이러한 욕구들에 의해 견인되었던 사실을 두고, 박물학의 대중화가 종교 이데올로기를 위시한 어떤 외부적인 목적을 위한 부차적인 도구로서 이루어졌다고 보고 박물학 대중화를 도구적 과학 대중화의 사례로 간주하는 시각 물론 가능할 것이다. 그러나 과학 현상을 통해 감성과 이성을 고양하는 것은 과학 자체로부터 효용을 찾는 것에 보다 가깝다. 아울러 '자연의 창시자 및 조종자 = 신'이라는 관념이 여전히 팽배하던 현대 이전의 서구세계에서 신의 섭리에 대한 입증의 욕구는, 오늘날의 관점에서는 자연의 원리를 규명하고자 하는 순수한 탐구욕에 비견될 수 있을 것이다. 따라서 18세기의 대중박물학은 다른 어떤 생물학 대중화 사례에 비교해서도 과학 자체에 대한 대중의 순수한 탐구욕을 추진력으로 삼은 사례에 해당한다 할 것이며, 따라서 본질적 대중화의 전형적인 사례라고 할 수 있을 것이다. 즉, 이 시기의 대중박물학은 본질적-참여적 과학 대중화의 특징을 강하게 보여주는, 역사적으로 매우 희귀한 생물학 대중화 사례라고 할 수 있다.

1) Charles C. Gillispie, "The Encyclopedia and the Jacobin Philosophy of Science: A Study in Ideas and Consequences," in Marshall Clagett, ed., *Critical Problems in the History of Science* (Madison, 1959), 250-289.

2) Harriet Ritvo, "Learning from Animals: Natural History for Children in the Eighteenth and Nineteenth Centuries," *Children's Literature* 13 (1985), 72-93.

3) Jean-Marc Drouin and Bernadette Bensaude-Vincent, "Nature for the People," in Nicholas Jardine, James Secord, and Emma Spary, eds., *Cultures of Natural History* (Cambridge: Cambridge Univ. Press, 1996), 410-416.

4) Ibid., 417-419.

5) Ann B. Shteir, "Botany in the Breakfast Room, Women and Early Nineteenth-Century British Plant Study," in Pnina G. Abir-Am and Dorinda Outram, eds., *Uneasy Careers and Intimates Lives: Women in Science, 1789-1979* (New Brunswick, Rutgers Univ. Press, 1987), 31-44.

6) M. J. S. Rudwick, *Scenes from Deep Time: Early Pictorial Representations of the Deep Past* (Chicago: Univ. of Chicago Press, 1992), 173-218.

02 영국 빅토리아(1837~1901) 시대에서의 다윈주의 대중화

들어가면서

영국의 빅토리아 여왕이 즉위한 1837년은 박물학자 다윈(Charles Darwin)이 4,000마일에 걸친 5년간의 비글호(the Beagle) 항해로부터 돌아온 다음해이기도 했다. 이 탐사는 다윈이 종의 변화라는 수수께끼를 푸는 데 있어 결정적인 자극제가 되었다. 영국으로 돌아온 직후부터 다윈은 종의 문제에 대한 아이디어를 구체화하는 데 착수했으며, 마침내 20여 년이 지난 1859년에 그는 『종의 기원』(On the Origin of Species by Means of Natural Selection)을 출간하였다. 이 책은 진화론의 결정판으로, 다윈주의(Darwinism) 즉 다윈의 진화론은 당시 시대에 지배적인 관념으로 자리하고 있던 종의 고정성, 즉 동식물 종은 본질적으로 창조 이후 불변해 왔다는 생각에 전면으로 이의를 제기하는 것이었다. 다윈주의의 핵심은 종이 시간의 흐름에 따라 변화한다는 생물진화(evolution)의 원리와, 그러한 진화는 자연선택(natural selection)에 의해 일어난다는 자연선택설이었다. 즉, 생물체가 자연 안에서 생존을 위해 서로 치열하게 경쟁을 벌인 결과(생존경쟁), 조금이라도 우수한 형질을 지닌 개체는 살아남아 자손을 남기게 되지만(적자생존) 열등한 것은 도태되는 자연선택의 과정을 거쳐 최적의 변이가 결국 종의 진화로 이어진다는 것이었다. 다윈의 『종의 기원』은 종의 고정성 및 특별창조를 가르치던 종교적 전통 및 이에 부역하던 과학의 흐름에 철퇴를 가했다.

19세기 영국 빅토리아 시대만큼 과학이 대중적 관심과 주목을 끌었던 시기는 그 이전의 역사에서 찾기 힘들다. 그리고 그러한 유례없는 관심과 주목의 중심에는 다윈주의가 있었다. 『종의 기원』 출간에 이어 1860년에 다윈의 동료 헉슬리(Thomas H. Huxley)와 옥스퍼드 주교 윌버포스(Samuel Wilberforce) 사이에 벌어진 유명한 진화론 찬반 논쟁은 일반대중까지 사로잡았던 최고의 볼거리였다. 다윈주의라는 전문생물학의 이슈가 생물학계에 국한된 찻잔 속의 태풍이 아니라 거대한 변화의 폭풍이 되었던 데는 여러 가지 요인들이 배경으로 작용했다. 첫째, 빅토리아 시대에 대중의 지적 관심은 난해한 수학이나 물리과학보다는 생물학 분야에 집중되었는데, 이는 당시의 생물학 분야에는 다양한 시대적 맥락들과 맞물려 일반대중의 상상력에 불을 지피는 요소들이 충만했기 때문이다. 둘째, 빅토리아 시대에 생물학이 사회 전반의 지적 체계에 걸쳐 파괴력을 가질 수 있었던 배경에는 19세기 새로운 산업사회의 등장으로 인한 식자율의 증가, 정기간행물·대중잡지의 융성 등에 힘입어 일반대중이 과학의 관객 역할을 할 수 있는 역량과 여건을 크게 신장시킬 수 있었던 점이 크게 작용했다. 셋째, 한편으로는, 다윈주의에 모아진 과학계의 뜨거운 반응과 관심은 진화사상의 메시지 자체가 자유방임적 개인주의 이데올로기와 제국주의적 팽창이라는 시대적·현실적 화두에 해결의 실마리를 제공할 수 있다고 여겨졌기 때문이기도 했다. 이 과정에서 생물학은 과학의 문제인 동시에 일반사회의 문제로 다가갔기에, 더욱 큰 반향을 불러일으킬 수 있었다.

다윈주의의 전야: 맬서스주의·자연신학·생물학을 관통하던 공통의 지적 맥락

18세기 미국 독립혁명과 프랑스 대혁명을 지지했던 영국 지식인 사회에서는 고드윈(William Godwin)·콩도르세(Marquis de Condorcet) 등이 전파한, 진보적 사회개혁에의 믿음이 확산되어갔다. 이들과 같은 낙관론자들은 인간사회는 무한한 진보를 통해 투쟁·질병·걱정이 전혀 없는 상태를 완성할 수 있다고 보았다. 영국의 사회철학자이자 정치평론가였던 고드윈은 그의 저작 『정치적 정의』(Political Justice, 1793년)에서, 이성에 대한 강력한 믿음을 토대로 인간 미래의 완전성에 관한 낙관론을 폈다. 고드윈은 사유재산제야말로 가난과 하층계급의 참상을 일으키는 주원인이라고 간주하면서 사회제도의 개혁이 인류에게 생활의 개선과 향상을 선사할 것이라고 보았다. 이와 비슷하게, 경제적 자유, 종교적 관용, 법률·교육의 개혁, 노예제 폐지 등을 주장했던 완전한 계몽주의자 콩도르세는 인간의 이성적 사유능력이야말로 인류를 무한한 완성을 향해 끊임없이 진보시켜 줄 것이라는 낙관론을 폈다. 자유와 정의는 전제정치·미신·편견 등의 장애물들을 극복하게 해 줄 것이며, 과학은 인간계몽의 자극제가 되면서 인간의 육체적·정치적 요소는 무한하게 개선될 것이라는 것이 그의 전망이었다. 인구의 증가가 생산수단의 발전을 앞지를 가능성이 있기는 하지만 그것이 인류의 무한한 완성가능성에 위협이 되지는 않을 것이라고 콩도르세는 보았다.

고드윈에 대한 반박논리를 폈던 맬서스(Thomas R. Malthus)는 『인구론』(An Essay on the Principle of Population, 1798년)의 초판에서, 사람들의 생활을 개선시켜보려는 노력을 방해하는 것은 사회제도가 아니라 인구와 자연의 균형을 무너뜨리는 일종의 자연법칙의 힘이라고 역설했다. 그에 따르면, 세대가 계속됨에 따라 인구는 기하급수적으로 증가하는데, 식량은 산술급수적으로 증가한다. 저 유명한, '인구가 128명으로 증가하는 동안 7명분으로밖에 증가하지 않은 식량'이라는 메타포는 인구증가가 억제되지 않을 경우 그러한 증가와 인간의 식량생산 증대 사이에 따라잡을 수 없는 잠재적인 격차가 존재할 가능성을 압축하여 보여주는 것이었다. 인간의 성적 탐욕을 억제할 수 없는 이상, 기근과 죽음은 자연법칙만큼이나 불가피해 보이는 결과라는 것이다. 맬서스는 자연의 조화는 완벽하지 않다면서 신의 자비로움과 인간의 번영에 대한 회의적인 시각을 제기했다. 신은 모든 인간들에게 충분한 식량을 제공해주지 않으며, 모든 식량이 감당할 수 있는 것보다도 더 많은 인구를 내놓았다는 것이다. 맬서스는 심지어 이러한 상황하에서는 개인이나 정부의 자선은 도리어 가난한 자의 고통을 더 악화시킨다는 과격한 주장까지 망설이지 않았다. 낙관론자들과는 반대로 맬서스는 자연의 상(像)을 온화한 조화의 상 대신, 식량에 대한 인간의 필요와 자연으로부터의 공급 사이에 필연적으로 존재하는 불균형의 상으로 바꾸어 놓았다.

맬서스의 이론은 19세기 자연신학(natural theology)의 대부였던 페일리(William Paley)에게도 영향을 끼쳤다. 인구증가는 절대적인 선(善)이라 믿었던 페일리였지만, 자연의 원리와 인간의 원리 사이에는 모순이 있다는 점은 인정할 수밖에 없었던 것이다. 그러나 이는 어디까지나 낙관론적 시각을 근본 전제로 한 상태에서의 부분적인 궤도 수정이었다. 페일리의 세계에서 자연과 인간 사이에 작용하는 기조는 어디까지나 경쟁이 아니라 조화였기에, 페일리는 인구와 식량이 같은 비율로 증가했더라면 역설적으로 인간은 결코 야만적인 상태에서 벗어나지 못했을 것이라고 대응하면서 맬서스의 비관적인 전망에 맞섰다. 그리고 그는 맬서스의 원리는 주기적으로 자연의 조화가 재확립되는 방식이며, 고통·죽음·멸종 역시 궁극적으로는 조화를 재정립하기 위한 조절기능이라는 점을 강조하였다.

맬서스와 페일리 두 사람 모두 다윈에게 영향을 주었으나, 각자가 끼친 영향은 크게 달랐다. 비글호 탐사여행에서 돌아온 직후 우연히 접한 맬서스의 책은 다윈에게 생존경쟁을 통한 자연선택의 과정을 통해 종의 진화가 일어난다는 진화론의 원리를 구상하는 데 영감을 주었다. 인간과 자연 간의 갈등 자체를 강조한 맬서스의 원리는 다윈에게 경쟁을 통한 자연선택이라는 아이디어에 대한 영감을 주었던 반면, 갈등이 조화의 재정립을 위한 조절기능이 구현되는 방식의 하나라는 것을 강조한 페일리의 주장은 생물의 적응에 관한 다윈의 견해에 강한 영향력을 끼쳤다. 절묘하게도 다윈은 공존하기 어려운 이 두 가지 관점들을 조화하여, 페일리가 주장한 소위 '훌륭한 적응들'(remarkable adaptations)이 어떻게 출현했는가에 대한 해답을 도출하는 데 있어 맬서스의 이론을 적용하였다. 요컨대, 환경에 완벽하게 적응하고 있는 다양한 생명체의 존재는 태초에 주어진 것이거나 자동적으로 생겨난 것은 아니라고 보고, 그에 대한 합리적인 원인의 설명을 찾고자 했다. 이 무렵에 다윈은 비둘기 육종가들의 비둘기 잡종교배 연구를 분석하면서, 육종가들이 인위적인 선택을 통해 얻은 변종들의 형질이 세대에 걸쳐 안정적으로 유지되는 것을 알고 있던 상태였다. 다윈은 이러한 사실에 맬서스적 투쟁의 기제를 결합하여, 경쟁에 의한 자연선택이 종의 변화의 근본 원리라는 결론에 도달했다. 즉, 자연에서의 환경변화에 대한 생명체 간의 맬서스적 투쟁이 기제가 된 자연선택의 결과로 인해 최적의 변이가 종의 분화로 나아간다는 것이다.[1)]

사회이론이었던 멜서스의 인구론이 다윈주의의 논쟁의 일부가 된 것은, 자연과 사회에서의 인간의 지위에 대해 진화론과 인구론이 공통의 지적 맥락을 지녔음을 보여주는 것이었다. 하지만, 진화론과 인구론이 각각 대변하는 자연과학과 사회과학의 공통의 지적 맥락과는 대조적으로, 자연과학과 종교 간의 공통의 지적 맥락은 붕괴되어 갔다. 앞에서 그려진 박물학의 예에서 보듯이, 그러한 공통의 지적 맥락은 한때 자연과학과 종교 사이에도 존재하던 것이었다. 19세기 초 영국 과학의 발달은 상대적으로 침체되어 있었다. 이웃나라 프랑스의 과학아카데미(Academie des Sciences)와 같은 명성의 국립연구소가 없었던 영국에서는 과학은 영국 국교회를 지탱하기 위한 종교적 맥락에서 그 존재 의의의 상당 부분을 찾고 있었다. 바로 그 중심에 페일리의 자연신학이 있었다. 자연신학이란 신의 계시가 아닌 인간의 경험·기억·성찰·추론 등으로 신의 존재와 본질을 이해하고 신의 존재를 증명하는 데까지 나아가는 일련의 지적탐구체계로서, 자연에 대한 탐구는 자연 속에 숨어 있는 신의 설계를 찾아내기 위한 활동이었다. 자연신학에 대한 페일리의 열정은 1833년부터 1840년에 걸쳐 8권의 『브리지워터 논집』(Bridgewater's Treatises)의 출간으로 이어졌다. 천지창조에 명시되어 있는 신의 권능・지혜・선함을 타당한 근거를 들어 예증하기 위해 기획된 이 논집에서 지질학자・생물학자・화학자 등의 기고자들의 과학연구는 신학의 계시에 배치되거나 무관한 것이 아니라 오히려 보완적 증거를 제공하는 것으로 이해되었다.

당시 자연신학의 전통에 충실했던 인물들 중에는, 과학계를 대표할 정도의 명성을 누렸던 과학자이자 철학자인 휴얼(William Whewell) 역시 포함되어 있었다. 그의 주장은 섭리론(攝理論, providential view)으로 요약될 수 있는데, 즉 신은 자연활동의 모든 과정에 개입한다는 것이다. 박물학에도 식견이 있던 휴얼은 다윈 이전에 라마르크가 주장했던 류의 변이론(transformism)을 받아들였지만, 동시에 자연의 과정에 대한 초자연적 설명체계 역시 인정했다. 휴얼은 종이 변이한다는 가설을 받아들이기 위해서는, 한 지질학적 시대의 종이 어떤 지속적인 자연의 작용으로 다른 지질학적 시대의 다른 종으로 변화되어 가는 추이과정에 대한 설명이 필요하며, 아울러 종의 창조와 멸종이 지속적으로 이루어지는 현상이 자연의 일반적인 과정을 통해서 설명 가능해야 한다고 보았다. 휴얼은 그러나 그 어느 진화론자도 한 종이 다른 종으로 나아갔다는 자연적 증거를 내놓지는 못했으며, 반면에 과거와 현재에 이르기까지 종의 영속성을 보여주는 증거는 도처에 풍부하다고 지적했다. 따라서 휴얼은 생물계가 현재와 같은 상태에 이르기까지는 초자연적 원인과 요소가 개입되었을 수밖에 없다고 주장했으며, 유기체의 연원과 관련하여 생물의 발생보다도 창조에 의존한 설명을 선호했다.

그러나 새로운 과학연구 결과들이 축적되면서 점차 과학은 신학적 해석의 영역을 잠식해 나갔다. 만약 창세기 이야기가 과학적으로 불가능한 것이라면 창조와 인간 영혼의 본질에 대한 성경의 이야기 전반이 의심스러워질 수밖에 없다. 노아의 홍수와 같은 지질학적 대격변 현상이 자연의 법칙으로 설명되지 않는 것이라면, 성경상의 모든 기적들 역시 마찬가지로 의심을 받을 수밖에 없다. 이런 식으로, 과학의 진보가 신학적 믿음을 확증시키는 것이 아니라 반박하게 되는 빈도는 점점 늘어났다. 그러한 빈도가 늘어감에 따라, 페일리류(類)의 섭리론은 과학을 감내해내기에는 점점 역부족이 되어갔다.[2] 과학과 종교가 지니는 공통의 지적 맥락이 붕괴되는 조짐은 이미 다윈 이전 19세기 초반 진화론의 등장과 궤를 같이한다고 할 수 있다. 당시에 적잖은 지지를 받고 있던 변이론 개념은 진화론의 도래를 향한 가교로 작용했다. 1840년대 중반에는 진화론에 대한 논란이 폭넓은 관심을 끌기 시작했는데, 이러한 관심의 기폭제가 된 것은 1844년 영국의 체임버스(Robert Chambers)가 저술한 『창조의 자연사적 흔적』(Vestige of the Natural History of Creation)이라는 저서로, 기본적으로 이 책은 지구 및 생명체의 기원에 대한 논쟁을 다룬 대중과학서였다. 체임버스에 의하면 자연의 현재 모습은, 태양계의 지구는 우주의 물질 집단인 성운으로부터 형성되었다는 성운 가설(Nebular Hypothesis), 그리고 생명체는 지구 역사의 과정 중에 저절로 생겨난 것이라는 자연발생설 등을 통해 과학적으로 충분히 설명 가능한 것이었다. 비록 전문적인 과학자 집단은 여러 가지 이유를 들어(가령 자연발생이나 종의 기원을 설명하지 못한 것 등) 체임버스의 주장을 인정하지 않았다 하더라도, 체임버스가 변이설이 내포하고 있는 인간과 동물 사이의 관계를 노골적으로 표현한 것은 커다란 반향을 불러일으켰다. 그것은, 생물이 점진적 단계를 거쳐 높은 지능을 가진 동물에 이르는 것 자체가 신의 의지에 따른 것이라는 주장이었다. 체임버스에 따르면 신은 발생의 법칙을 만들었고, 이 법칙은 단계적으로 고등한 종의 출현을 유도하였을 따름이지 각 단계마다 신이 새로운 종을 만든 것은 아니라고 하였다. 따라서 그는 인간이 신이 직접 창조한 피조물의 정점에 해당하는 존재이기 때문에 존귀한 존재라는 기존 신학의 관점에 수정을 가하여, 인간이 모든 자연발생의 종착점이기 때문에 그 독자적인 위상이 돈독해진다는 논지를 펼쳤다. 흔히 '흔적주의'(Vestigianism)로 알려진 이 책은 1860년 24,000부가 팔려 나가고 이후 11쇄를 거듭하는 성공을 누렸는데, 이는 영국 대중이 진화론을 접한 첫 번째 사건으로 남게 되었다. 체임버스의 이러한 시도가 있고 10여 년이 지나서야 다윈의 과학적 진화론이 탄생했다.[3)]

『종의 기원』이 출간된 후 진화론에 대한 과학계와 대중의 수용 과정 역시 과학과 종교가 지니는 공통의 지적 맥락이 붕괴되는 과정을 보여주는 것이기도 하다. 다윈주의의 수용을 둘러싼 논란에는 이론 자체의 과학적인 측면은 물론 과학 외적인 측면 역시 매우 크게 작용했는데, 다윈주의의 확산에 절대적인 역할을 한 것은 동물학자인 헉슬리(Thomas H. Huxley)였다. '다윈의 불독'(Darwin's Bulldog)이라는 별명으로 유명한 헉슬리는 대중강연과 토론을 적극적·전략적으로 활용하여 다윈주의를 전파하였다. 세부적으로는 다윈의 자연선택 개념에 동의하지 않았던 탓에 '유사 다윈주의자'(pseudo-Darwinian)로 알려지기도 하지만,[4)] 헉슬리는 영국의 과학자 집단과 대중을 다윈주의의 지지자로 끌어들이기 위한 정치적 전선의 선봉에 선 인물이었다. 1860년 영국 과학진흥회(British Association for the Advancement of Science, BAAS) 주최로 옥스퍼드에서 개최된 논쟁에서 헉슬리와 윌버포스(Samuel Wilberforce) 양자는 각각 다윈주의에 대한 찬반의 입장에 서서 격렬한 싸움을 벌였다. 종교계를 대변하는 옥스퍼드 주교 윌버포스의, 진화론을 인간에게 적용시킬 경우 원숭이가 인간의 선조가 되는가라는 악의 섞인 반론에 대해 헉슬리가 내놓은 위트 있는 풍자와 달변으로 유명한 이 논쟁의 가장 중요한 성과는, 다윈주의에 대한 보수적 노선의 종교계와 그 동조자들의 악의적인 비판을 잠재움으로써 다윈주의가 대중 속으로 파고들어가는 데 있어 난관이 되는 중요한 장애를 제거했다는 점이었다.

정기간행물을 통한 다윈주의의 보급[5)]

다윈의 『종의 기원』은 세상에 나오자마자 센세이션을 일으켰다. 1859년 1쇄본 1,250부가 하루 만에 다 팔려나가고 1860년 2쇄본은 3,000부나 출간되는 등의 성공은, 그 책이 사실 기술과 논증으로 가득한 두꺼운 과학도서라는 점을 감안하면 실로 놀라운 것이었다. 19세기의 잡지들은 새로운 급진사상이 세상 속으로 나올 수 있게 해 주는 창구 역할을 했는데, 다윈주의의 전파 역시 이러한 잡지들의 지면에 힘입은 바가 컸다. 출간 직후부터 ≪타임스≫(Times), ≪모닝 포스트≫(Morning Post), ≪데일리 뉴스≫(Daily News)와 같은 고급 조간 일간지(morning dailies)에 서평이 나왔다. 데일리 뉴스에 실린 서평은 거의 악평 수준이었는데, 이유인즉 『종의 기원』은 체임버스의 흔적주의가 이미 범한 바 있는 진화이론이라는 오류를 반복한 것에 불과하다는 것이었다. 반면 당시 영국 최고의 신문으로 최대의 구독층을 보유하고 있던 ≪타임스≫의 서평은 호평 일색이었는데, 그 서평자는 다름 아닌 헉슬리였다. 『종의 기원』에 대한 주간신문(weekly newspaper)들의 반응 역시 다양했다. 저명한 문예평론지(literary weekly)인 ≪애서니엄≫(Athenaeum)의 서평은 격렬하게 비판적이었지만, 대체로 다른 주간신문들은 우호적이거나 신중하게 미지근한 반응을 보였다. 영향력 있는 계간지들(quarterlies) 역시 비평에 동참하였다. ≪급진적 웨스트민스터≫(the Radical Westminster)에서는 헉슬리가 서평자로 나서 친다윈적 성향을 드러냈지만, ≪에딘버러≫(the Edinburgh)와 ≪쿼털리≫(the Quarterly)는 다윈의 가설에 대한 공격을 실었다. ≪에딘버러≫에서의 서평자는 오언(Richard Owen)으로, 그는 다윈에 적대적인 반진화론자로 유명세를 날리게 되었다. ≪쿼털리≫에는 옥스퍼드 주교인 윌버포스에 의해 다윈의 이론에 대한 악평이 자주 실렸다. 반면, 과학 문외한인 일반독자를 위한 간행물의 경우 다윈의 책에 대하여 거의 지면을 할애하지 않았다. 이유인즉, 1파운드(pound) 가격대의 『종의 기원』은 당시 중간계층 이하의 독자들로서는 구매하기도 쉽지 않았으며 내용 역시 다소 난해했기에, 일정한 교육 수준과 경제력을 지니지 못한 독자들에게는 이 책은 관심권 밖에 있었던 것이다. 예를 들어 대중 일요신문인 ≪주간 타임즈≫(Weekly Times)나 ≪주간 디스패스≫(Weekly Dispath)의 경우 이 책에 대한 언급을 찾아볼 수 없었다.

다윈주의가 과학이론을 넘어 사회담론으로 자리 잡은 과정을 살펴보기 위해서는, 위와 같은 반응의 기저에 위치한 당시 영국의 출판문화에 대해 좀 더 자세히 살펴볼 필요가 있다. 빅토리아 시대의 영국

사회는 출판문화가 비약적인 성장을 거둔 시대였다고 할 수 있다. 1800년부터 1900년에 이르는 시기에 정기간행물의 종류는 1,000여 종에 달했다. 이와 같은 간행물의 양적 증가는 다음과 같은 요인에 힘입은 바가 컸다. 우선, 종이 인지세가 1836년에 폐지되면서 저렴한 종이가 넘쳐났으며, 증기인쇄기를 통해 대량 인쇄가 가능해지면서 인쇄 비용도 하락했다. 이상과 같은 공급 측면에서의 여건의 개선에 더하여, 일반인의 식자율이 증가하면서 수요처인 독자층 역시 증가했다.

간행물 출판의 양적 팽창과 더불어, 독자층의 세분화에 따른 내용 및 질적인 측면에서의 다양화 역시 주목할 만하다. 고가의 간행물은 노동계층의 독자에게 효과적으로 다가가는 데 어려움을 겪었지만, 반대로 저렴한 간행물은 상류계층의 관심을 끌지 못했다. 교양층은 주로 문예・과학평론지를 선호했다면, 고등고육을 받지 못한 하층계층은 저렴한 주간간행물을 구매했다. 종교적・이데올로기적 성향에 따라서도 독자가 선호하는 간행물의 구분은 뚜렷했다. 예를 들어 토리당 보수주의자는 ≪쿼털리≫(the Quarterly)를, 휘그당 자유주의자는 ≪에딘버러≫(the Edinburgh)를, 그리고 개혁주의자들은 ≪웨스트민스터≫(the Westminster)를, 카톨릭교황주의자는 ≪더블린≫(the Dublin)을, 엄숙동맹(Solemn League and Covenant)의 스코틀랜드 후손들은 ≪노스 브리티시≫(the North British)를, 그리고 영국 비국교도들은 ≪브리티시 쿼털리≫(the British Quarterly)를 주로 구독하는 경향을 보였다.

대중간행물별로 각기 다양한 성향을 드러내며 고유의 독자층을 거느리고 있던 만큼이나, 이들 간행물에 실린 다윈주의에 대한 견해 역시 다양한 논조를 보여주고 있다. 1860년 4월 ≪웨스트민스터 리뷰≫(the Westminster Review)에서 『종의 기원』에 대한 헉슬리의 논평은 다음과 같은 호평이었다.

> 모든 이들이 다윈의 책을 읽었거나, 최소한 그 책의 장단점에 대해 견해를 지니고 있다. 경건주의자의 경우는, 평신도든지 성직자든지 간에 다윈의 책을 점잖게 비난한다. 편협한 사람들의 경우는 다윈의 책에 대해 무시무시한 독설을 퍼붓는다. 늙은이들은 남녀불문하고 다윈의 책을 명백하게 위험한 책으로 간주한다. 학자들조차도 딱히 이들과 다른 것은 아니어서, 원숭이는 (주: 인류의 조상이 아니라) 다윈 자신 아니냐고, 한물간 저작들을 본떠서 말한다. 반면에 모든 철학사상가들은 다윈의 책을 자유주의를 수호해 줄 진정한 무기로 환영한다. 역량 있는 박물학자와 생리학자들이라면 다윈의 가설이 결국에는 어떻게 될 것인지에 대한 예측은 각기 다를지언정, 다윈의 주장이 (중략) 박물학의 새로운 시대의 개막을 알리는 지식에 기여한다는 점만큼은 인정한다.[6)]

헉슬리와 비슷한 견해들이 곳곳에서 나타났다. ≪토요 리뷰≫(the Saturday Review)와 ≪콘힐≫(the Cornhill)지는 다윈의 책이 촉발한 논란은 학계를 넘어 일반인들의 관심까지 얻게 되었으며 다윈의 책은 일반인의 수중에도 있게 되었다고 지적했다. 그러나 엄밀히 말하면, 『종의 기원』이 과학자·철학자·신학자들 등 과학계와 지식인층에 센세이션을 일으켰다고는 할 수 있었을지 몰라도, 일반인의 반응은 그 정도까지는 아니었다. 예를 들어 중간계급을 대상으로 하는 주간잡지(weekly magazine)였던 ≪펀치≫(the Punch)는 1860년 당시에 다윈주의를 소개한 바가 없으며, 다른 대중간행물들 역시 이와 유사했다. 반면에 고급 간행물들은 다윈주의에 대한 논쟁에 많은 지면을 할애했다. ≪스펙테이터≫(the Spectator)는 다윈은 현존하는 종들의 기원에 대한 문제를 당대의 주요한 철학적 이슈로 격상시켰다고 평했으며, ≪에딘버러 리뷰≫(the Edinburgh Review)는 『종의 기원』은 전문박물학자들뿐 아니라 그 밖의 과학지식인들에 의해서도 열광적으로 탐독되고 있다고 전했다. 그러나 이러한 관심과는 별도로, 다윈주의에 대한 수용은 쉽지만은 않았다. 종교계는 대체로 새로운 진화론에 대하여 상당히 신경질적인 반응을 보였으며, 과학계에서도 대부분의 저명한 박물학자들은 진화론에 반대하고 있었다. 1860년 ≪맥밀란 메거진≫(the Macmillan's Magazine)은 과학계는 다윈주의자와 반(反)다윈주의자로 뚜렷하게 양분되는 양상을 보여주고 있다고 지적했다.

저널들에 드러난 논조들을 살펴보면, 다윈주의에 대한 과학계의 견해를 단순히 찬반 여부의 구분을 넘어 상당히 구체적인 수준의 지형도로 그려낼 수 있다. 한쪽에서는 전통적 입장의 절대창조의 견해가 지배적이었다. 이러한 견해는 다분히 종교적인 색채를 띤 것으로, 각 종을 독특한 매순간의 창조의 결과로 보고 있었다. 이러한 입장에 따르면 종이 지닌 생물구조의 점진적인 복잡화는 결코 일어나지 않았다는 것이다. 또 다른 한쪽에 있던 것은 영국의 고생물학자・해부학자 오언 등의 견해로, 소위 '유래를 통한 창조'(Derivation)를 지지하는 입장이었다. 새로운 종의 형성이 창조주의 활동에 의해서인 것은 맞지만, 창조활동이 무에서 또는 지구상의 먼지로부터 새로운 종이 형성되는 식으로 일어났다기보다는 유기체의 배아발생의 메커니즘 단계에서 창조주의 이차적인 개입을 통해 발생했다는 것이다. 다른 한편에 위치한 것이 바로 다윈 이론의 핵심인 자연선택을 지지하는 입장으로, 이는 유기체의 진화에 대한 설명은 과학적・자연주의적・비목적론적이어야 한다는 견해였다.

다윈주의자로는 헉슬리, 식물학자 헨슬로(J. S. Henslow, 다윈의 스승 중 하나), 식물학자 후커(J. D. Hooker), 지질학자 라이엘 경(Sir Charles

Lyell) 등이 널리 알려졌으며 반다윈주의자로는 오언, 지리학자 세지윅(Adam Sedgwick, 아이러니하게, 다윈의 스승 중 하나), 생리의학자 브로디 경(Sir Benjamin Brodie) 등이 있었다. 반다윈주의 성향의 간행물들은 지적 권위를 앞세워 다윈주의를 전면적으로 부인했다. 로마 카톨릭교도들을 독자로 지닌 ≪램블러≫(the Rambler)는 다윈의 『종의 기원』은 이미 오언 등에 의해 논파된 바 있는 체임버스의 흔적주의 이론과 다를 바가 없음을 강조하는가 하면, 1863년 ≪레저 아우어≫(the Leisure Hour)는 다윈주의를 쓰레기에 비유하여 혹평했다. 1865년에 ≪브리티시 쿼털리 리뷰≫(the British Quarterly Review)는 오언과 세지윅 등 반진화론 권위자의 견해를 인용하여, 다윈주의는 2류급 박물학자들의 망상에 불과하다고 비판했다.

그러나 1864년경에 접어들면서 대중간행물에서 다윈주의에 대한 시각에 변화가 관측되었다. 반다윈주의 성향을 보인 간행물, 심지어 종교적 간행물에서도 다윈주의를 직간접적으로 인정하기 시작했다. 예를 들어, ≪에딘버러 리뷰≫(the Edinburgh Review)는 진화론의 약진은 특별창조에의 불신 때문이라면서, 진화론의 수용은 다윈이라는 일개 박물학자의 연구의 산물이라기보다는 지난 50년간 박물학 진보로 인한 피할 수 없는 결과였다고 에둘러 평가했다. 다윈주의의 수용은 곳곳을 통해서 감지되기 시작했다. 무엇보다도, 다윈주의는 적어도 과학자 공동체에서는 대체적으로 수용이 완료되었다. 1870년 당대 최고의 과학 종합잡지인 ≪네이처≫(Nature)에서 "다윈주의가 제시하는 흥미로운 가설은 지난 수년 간 이 나라뿐 아니라 독일의 과학자들의 마음까지도 사로잡아, 아마도 신진과학자들이라면 거의 모두가 다윈의 학설에 공감하고 있다고 할 것이다. 아마도 뉴턴 이래 다윈만큼 과학사상의 발달에 큰 영향력을 떨친 인물은 없을 것이다"[7]고 평가했다. 반다윈주의 입장이었던 ≪애서니엄≫(the Athenaeum)도 다윈 이론이 신진 과학자들에 의해 수용되었다고 소개하는가 하면, ≪인콰이어러≫(the Inquirer)와 같은 종교 간행물도 다윈 이론은 더 이상 거부의 대상은 아니라고 소개했다. 반다윈주의 입장이 팽배했던 ≪쿼털리≫(the Quarterly) 역시 다윈의 견해에 무지와 편견을 가지고 반대했던 이들도 이제 다윈의 이론에 호의를 보이게 되었음을 지적했다. 무엇보다도, 진화론과 유물론 사이에 밀월관계가 조성되면서 다윈주의는 신학적 철학자들을 격분하게 했던 반면 자유사상가들로부터는 환호를 얻었다. 유물론은 세계의 근본적 실재는 정신・관념이 아니라 물질(또는 자연)이라고 보며, 그 결과 인간과 그 정신은 단지 물질의 작용이나 그 산물이라고 이해하기 때문에, 자연선택을 통한 종의 진화라는 다윈주의의 핵심원리는 유물론적 관점과 통할 수밖에 없었다. 다윈주의는 유물론적 세계관에 대한 시대적 별칭이 되었으며, 따라서 종교계의 큰 반발을 살 수밖에 없었다.

종교계 저널에서도 다윈의 진화론에 대한 반응은 복잡한 지형도를 보여주고 있었다. 감리교는 정치적 보수주의를 지향하면서 보통 이상의 교육수준을 지닌 복음주의적 근본주의자들을 신도로 지녔던 최대의 비(非)국교회 그룹이었으며, 대체로 반다윈주의적 태도를 견지했다. 또한, 영국 국교회의 한 부류인 저교회파(Low Church)는 신학적으로는 복음주의적 개신교로 분류되는, 교회가 재생산해 낸 신학보다도 성경 원전의 직접적인 탐독에 전념한 그룹으로, 다윈주의에 관해 적대적인 입장을 보였다. 이에 비해 국교회의 또 다른 부류인 광교회파(Broad Church)는 신학의 합리주의를 표방하고 정치적으로는 자유주의에 기울어져 종교적 문외한들에게 열려있던 그룹이었는데, 이 광교회 그룹은 그 어느 종교적 그룹보다도 다윈주의에 우호적이었다. 국교회에 속하는 고교회파(High Church)는 기질적으로 혁신을 꺼리며 교회의 권위를 따르는 성향이었음에도 다윈주의에 대해서는 중도적 입장을 취했다. 이는 로마 카톨릭도 마찬가지였다.

이렇듯 종교계 내에서도 서서히 변화가 일어나 다윈주의에 대한 거부감은 점차 완화되어갔다. 로마 카톨릭교의 간행물인 ≪태블릿≫(the Tablet)에 의하면, "개신교 교리가 인간 지성의 힘에 몰려 무너짐에 따라, 합리주의(rationalism)는 온건한 형태로든 절대적 형태로든, 대학, 기술자 집단, 그리고 당대 문단계의 대다수를 장악하게 되었다. 그 결과 기독교는 점점 더 사람들의 마음속에서 영향력을 잃어가고 있다. 과학이 독단적인 종교를 대신하고 자연 숭배가 신에 대한 숭배를 대신하게 되었다. 헉슬리는 이 새로운 교의의 가장 인기 있는 사도가 되었다."[8]라고 썼다.

상술한바, 정기간행물의 잡지들은 다윈주의를 소개하고 그에 대한 지지자들과 반대자들의 의도를 해석해냄으로써 다윈주의라는 과학의 아이디어가 대중문화의 담론으로 자리 잡는 데 일조했다. 따라서 다윈주의라는 특정의 지식이 대중적 상품으로 다양한 독자층을 흡수할 수 있었던 데는, 정기간행물의 인쇄매체를 통한 퍼블리시티(publicity) 전략이 기여했다고 할 수 있다.

과학저술과 다윈주의 대중화

다윈주의가 세간의 관심을 끌었던 시대적 배경에는 빅토리아 시대 생물학의 대중화가 과학저술·강연을 통해서도 활발히 이루어졌던 점 역시 빠트릴 수 없다. 헉슬리와 식물학자 후커(Joseph Hooker), 그리고 물리학자 맥스웰(James Maxwell)과 같은 저명한 과학자들은 저술가·강연가로서도 명성을 누렸다. 다음은 섬의 식물상(植物相, insular flora)을 주제로 한 후커의 강연의 일부이다.

> 여러분들은 모두 문명화되지 못한 야만족에 대해 읽으신 적이 있을 것입니다. 매달 신들이 달을 먹어버리고 새로운 달을 창조한다고 믿는 야만족에 대해서요. (중략) 저는 그 종족의 연례 회합에 가본 적이 두 번 있습니다. 두 번의 방문 모두, 그 종족이 가장 문명화된 나라에서 온 선교사들과 접촉한 이후의 일이었습니다. 선교사들은 그 종족에게 달의 운동에 관한 참된 이론을 우선 가르쳐 주려 노력했습니다. 제가 참석한 첫 번째 회합에서 선교사들이 이 이론을 설명하자, 그 종족의 추장은 고개를 절래 흔들더니 창까지 흔들어 대면서 위협했습니다. (중략) 제가 그 땅을 다시 방문해서 그 종족의 연례 회합에 두 번째로 참가하기까지는 6년의 세월이 흘렀습니다. 이때는 추장은 선교사들이 가르쳐준 달의 운동 이론을 검증된 사실로 받아들이고 있었고, 부족원들은 추장이 새로운 교리를 천명한 것에 대해 갈채를 보내고 있었습니다.
> 이 종족이 누구이며 제가 참석한 회합들이 언제 있었느냐고 물어보신다면, 첫 번째 회합은 종에 관해 분석한 다윈의 이론이 1860년 옥스퍼드의 영국 과학진흥회에 처음으로 선보였던 그때라는 것을 상기시켜드리고 싶습니다.[9)]

이상의 우화(parable)를 통해 후크가 보여주었듯이, 빅토리아 시대에 종교(신학)와 과학담론 간의 불편한 관계를 융화하려는 시도는 계속되었다. 진화론자인 다윈이 젠틀맨(gentleman: 영국의 낮은 귀족계급) 과학자이면서도 종교적으로는 독실한 국교회 신앙인이었던 것처럼, 영국 국교회의 신앙인이기도 했던 일군의 지식인들은 과학저술가 활동을 전개해갔다. 과학자는 다양한 독자들에게 접근하기 위해 우화라는, 빅토리아 시대의 저술에 흔히 애용되던 내러티브를 십분 활용했다. 과학저술들은 문학적 인유(引喩)를 불러일으키고자 우화를 논쟁에 가미했는데, 우화는 흔히 풍자의 의도로서 활용되었다. 특히 후커는 우화를 잘 활용했는데, 후커의 강연을 경청하고자 모인 그룹에는 전통적인 교양교육, 특히 고전어에 경도된 주류교육과는 동떨어진 부류가 다수 있었으며, 여기에는 새로운 전문적 직업군으로 부상한 과학자 그룹 또한 포함되어 있었다.

빅토리아 시대 과학 대중화는 '돈'의 논리와 함께 활기를 띠었다. 대체로 당시의 과학자들은 유복한 가정에서 태어난 다윈처럼 경제적인 자립 토대를 갖추지는 못했으며, 물리학자 맥스웰처럼 대학교수직을 가지고 있던 경우도 소수였기 때문에 연구를 수행하기에는 재정적으로 부족한 상황에 처해 있는 경우가 많았다. 저명한 동물학자로서 헉슬리는 연구활동에 기반한 전문저술은 물론 신문·잡지 기고, 그리고 순회강연에 이르기까지 다양한 대중화 활동을 활발하게 수행했다. 틴들(John Tyndall) 역시 종교와 유물론과의 논쟁에 관한 그의 불가지론적(agnostic) 논증을 대중저술을 통해 전개했다. 이들 과학자 겸 저술가들은 과학자로서의 명성은 전문저술을 통해 얻었던 반면 경제적 이익은 과학저술을 통해 추구했기 때문에 전문저술과 대중저술 활동을 엄격하게 구분하여 가리지는 않았다.[10)]

빅토리아 시대 과학자·과학저술가들은 동시대 지식인들과 이상

(ideal)을 공유하는, 서로 소통이 가능한 상대였다. 당대 여러 종합간행물에서 철학자・법률가・진화론자・정치가・천문학자・물리학자・소설가・신학자・시인・언어학자들은 함께 어우러져 다양한 합작품을 만들어냈다.11) 빅토리아 시대의 과학저술은 문학과 가까웠다. 철학자이자 역사가인 동시에 최고의 문학저술가였던 칼라일(Thomas Carlyle)의 저작은 과학자・소설가・정치가・노동운동가들에 의해 널리 읽혀졌는데, 다윈 역시 칼라일과 친분이 두터웠다. 헉슬리 역시 문학자와 친분이 있었다. 헉슬리가 고대 로마의 시인 루크레티우스(Titus Lucretius Carus) 이래 최고의 시인으로 과학자의 연구와 경향을 이해하고자 애를 쓴 시인이라고 평했던 테니슨(Alfred Tennyson)은 과학자 단체인 영국 왕립학회의 회원이었으며 과학자 사회의 일원으로 칭송 받았다. 인적 교류뿐 아니라 저술 측면에서도 문학가와 과학자와의 조우가 빈번하게 이루어졌다. 특히, 문학의 고전은 과학저술가들에 의해 자주 인용되었다. 예를 들어, 다윈의 스승이자 당대 최고 지질학자였던 라이엘 경은 고대 로마의 시인 오비디우스(Publius Ovidius Naso, 영어권에서는 흔히 Ovid로 알려졌다)의 고전을 인용하기도 했다. 과학저술가들은 시인들의 작품으로부터 자신들의 과학저술을 위한 영감을 얻기도 했다. 대시인 밀턴(John Milton)의 서사시 『실낙원』(失樂園, Paradise Lost)은 과학의 상상력을 위한 자극을 얻고자 하는 이들을 끌어당겼으며, 틴들은 자연과학의 연구는 상상력의 문화와 더불어 이루어진다고 주장했을 정도이다.12) 틴들이 밀턴의 서사시로부터 지적 영감을 얻어 "우리가 볼 수도 없고 들을 수도 없는 원자・분자・진동・파동을 그려낼 수 있었던 것은 오로지 상상력에 의해서이다"13)라고 쓴 것은 이러한 맥락을 이해하면 놀랄 일이 아니다. 밀턴

과 테니슨 등의 문학에 대한 인용은 빅토리아 시대의 과학저술에서 쉽게 찾아볼 수 있는 것이었다.

과학과 문학의 융화는 전자가 후자의 내러티브를 차용하는 식으로만 나타난 것은 아니었다. 문학작품 역시 과학저술의 영향을 받았다. 예를 들어, 다윈의 『종의 기원』과 『인간의 유래』(The Descent of Man, 1871년)는 인간의 삶과 본질을 도덕적·종교적인 차원을 넘어 자연주의적 차원에서 이해할 수 있는 토대를 마련해 주었는데, 이는 디킨스(Charles Dickens)와 트롤럽(Anthony Trollope)에서부터 콘래드(Joseph Conrad)에 이르기까지 여러 소설가들에게 상당한 영향을 미쳤다. 빅토리아 시대의 사회상에 대한 이들의 사실주의(realism)적 묘사에는 다윈 진화론이 드리운 영향이 짙게 작용하고 있었다.[14] 영국의 대표 소설가로 명성을 누렸던 엘리엇(George Eliot), 빅토리아 시대의 사회적 인습과 종교인의 작태를 비판했던 소설가 하디(Thomas Hardy) 등은 진화론에 강력한 영향을 받았으며, 이들의 작품 상당수에는 진화론적 세계관이 직간접적으로 투영되었다.[15] 과학과 문학의 융화가 용이했던 이러한 시대적 분위기에서 교육받은 교양인들은 비전문적·비수학적 형태의 과학저술에 쉽게 다가갈 수 있었다.

생물학의 이데올로기화

19세기 말에 이르러서는 다윈주의는 생물학 이론으로서의 성공 궤도에 올랐을 뿐 아니라, 과학계를 넘어 일반사회로까지 깊게 파고들어갔다. 19세기 영국은 산업혁명의 성공으로 인한 물질적 번영을 구가하고 있었지만, 대외적으로는 경쟁국가의 성장으로 인해 이전의 독보적 지위를 위협받고 있었다. 대내적으로는 산업자본주의의 극성으로 인한 폐해가 만연하여 과잉생산과 과잉자본이 대공황을 야기하여 대규모 실업과 빈곤이 발생했다. 이는 자본가와 노동계급 간의 첨예한 대립구도를 낳았다. 이러한 암울한 상황으로 인해, 산업사회의 기반인 자유주의 이데올로기는 설득력을 잃게 되었다. 번영과 자유의 허울 좋은 기치 아래 한편으로 첨예해져가는 사회적·경제적 갈등은 체제에 대한 비판을 불러일으켰다. 이에 기득권 계층의 필요를 충족시키는 새로운 이론이 요구되었다. 이 새로운 이론이란 자본주의적 경쟁과 대중의 빈곤을 자연적인 것으로 합리화시키는 것이어야만 했다.

한편으로는, 19세기를 통해 부르주아 시민사회가 누적적으로 쌓아 올린 번영은 지식의 진보에 대한 과신을 낳았다. 이와 더불어 자연과학의 비약적 발전으로 모든 현상을 과학의 관점에서 해석하는 담론도 강력한 힘을 얻었다. 그 결과 과학이론은 학문적 경계를 넘어 정치적·경제적·사회적 이데올로기 역할을 부여받거나 자처하기도 했다. 다윈주의 역시 19세기 후반의 사회현상에 적용되기 시작했는데, 이 과정에서 생물학자들은 적극적으로 엘리트생물학의 이론적·학술적 논리를 정교화하는 한편으로, 다윈주의 이론을 시대의 에토스와 열망에 부합하는 이데올로기로 변환시켰다. 그 중심에 사회다윈주의(Social Darwinism)가 있었다. 사회다윈주의는 다윈주의에 나타난 생존경쟁과 적자생존의 메커니즘을, 자본주의의 경쟁 에토스를 떠받들던 자유방임적 개인주의 이데올로기를 뒷받침하고 소위 열등인종에 대한 제국주의 지배를 정당화하는 데 활용하였다. 사회다윈주의에 의하면, 다윈주의의 생존경쟁은 인간의 자유방임적 경제사회에 팽배해 있는 '투쟁'(struggle)과 일맥상통한다. 생존(survival)이라는 단순한 목표를 위해 인간 개개인이 상호 투쟁하는 과정은, 필연적으로 사회부적합자가 제거되는 결과를 낳는다는 것이다.

그러나 자본주의적 경쟁을 합리화했던 자유방임적 개인주의 이데올로기가 다윈의 생존경쟁을 통한 자연선택설에만 기반한 것은 아니었으며, 이러한 이데올로기가 반드시 태생적인 부적합자의 제거를 정당화한 것은 아니었다. 예를 들어 영국 진화철학자인 스펜서(Herbert Spencer)는 사회발달의 궁극적인 목적은 도덕적인 것에 있다고 강조하면서, 자유방임적 경쟁사회에서 투쟁의 목적은 타고난 부적합자의 제거가 아니라 모든 이들을 보다 적합하도록 만드는 것이라고 주장했다. 스펜서는 자기능력 향상이야말로 모든 사회진보의 근거가 된다고 강조했다. 물론 스펜서는 일부 사회적 부적합자는 환경에 적응하지 못한 결과로 퇴보할 수 있다고 보았기에, 그리고 『생물학의 원리』(Principles of Biology, 1864년)를 통해 '적자생존'(survival of the fittest)이라는 단어를 만들어 낸 당사자였기에 그는 사회다윈주의자(social Darwinist)로 알려지기도 했다. 그러나 정작 스펜서의 관점에 따르면 적자생존은 단지 부차적인 메커니즘에 불과하며, 보다 중요한 것은 개체가 경험을 통해 달성한 성장을 생존과 번식을 통해 미래세대로 전달해주는 메커니즘이었다. 이는 명백히 다윈주의적 발상이라기보다는, 획득형질의 유전을 지지하는 라마르크주의적 발상이었다. 이러한 관점에서는, 생존을 위한 투쟁은 자기능력 개발을 가능케 해주는 것이며, 사회의(또는 종의) 진화는 한 개체가 달성한 획득 형질의 사회/종 수준에서의 총합에 달려 있게 된다. 놀랄 것도 없이, 스펜서는 '사회적 라마르크주의자'(social Lamarkianism)였으며, 그는 자연선택이 아니라 자기능력 향상을 독려하는 원동력으로서의 투쟁에 기반한 사회를 정당화했다.[16] 스펜서와 비슷한 논조는, 영국의 일부 진보사상가들이 지지했던 스마일스(Samuel Smiles)의 『자조론』(自助論, Self-Help, 이 책은 공교롭게도 1859년 『종의 기원』과 동시에 출간되었다)[17]에서도 찾아볼 수 있었다.

19세기 후반 자유경제체제의 철학은 모든 인간은 협동의 윤리체계를 통해 환경에 맞서 투쟁하여 이겨낼 수 있다는 개혁 다윈주의(reform Darwinism)의 논리를 연상시키는 것이었다. 사회다윈주의자였던 미국 브라운 대학(Brown University)의 워드(Lester Frank Ward)는 현명한 존재로서의 인간은 스스로 최적화된 자연선택에 영향을 미칠 수 있으며, 나아가 정부와 사회가 최대한의 노력을 경주한다면 최적자가 아니라 사회적응의 적합자들이 최대한 생존할 수 있게 된다는 요지의 개혁 다윈주의를 내놓았다.[18] 그러나 굳이 다윈주의의 메타포를 활용하지 않고서도 이미 수많은 생물학자와 사회이론가들은 환경에 대한 투쟁을 강조해 온 바 있었다. 생물학자들은 생명의 역사에서 진보의 주요한 원인은 도전적인 환경에 대한 노출이었다고 주장했던 것이다. 예를 들어, 다윈주의자였던 랭케스터(E. Ray Lankester)와 발생학자이자 라마르크주의자였던 맥브라이드(E. W. MacBride)는 도전적인 환경이야말로 진보로 나아가는 원동력이라고 보았다. 랭케스터에 의하면, 도전적 환경이 생물체의 진보를 낳은 반면, 기생충과 같은 수동적 생활패턴은 종의 침체뿐 아니라 보다 하등의 생물체로의 퇴행으로 이어진다는 것이다. 맥브라이드는 이러한 아이디어를 가다듬어 진화의 철학을 내놓았는데, 이에 따르면 진화의 주요 줄기는 환경에의 적응을 통해 척추동물에의 진화로 나아가며, 여러 무척추동물들은 이 줄기에서 곁가지로 뻗어나간 것에 해당한다는 것이다. 랭케스터와 맥브라이드는 환경에 맞선 투쟁의 개념을 인간의 영역에까지 확장했다. 랭케스터는 한때 세계를 정복했던 로마인의 몰락을 생물학적 퇴행에 비유했으며, 인류의 미래 역시 도전적 환경에 대한 투쟁에 달려 있다고 설명했다. 심지어 맥브라이드는 그 조상들이 온화한 지중해의 환경에 안주했던 아일랜드인은 결국 오늘날에는 강제적 단종이 필요한 열등인종으로 전락한 반면, 오히려 북유럽의 거친 기후조건에 노출되었던 앵글로 색슨(Anglo-Saxon)족은 대영제국의 성공을 낳은 지배적 인종으로 등극했다는 해석까지 내놓았다. 즉, 처해진 환경에 대해 투쟁하는 종이라는 개념은 널리 퍼지게 되었다.[19]

진화의 메타포는 20세기 초 제국주의적 패권 경쟁에도 적극적으로 반영되었다. 일부 진화론자들은 전 인류가 공통의 조상에 기원을 두고 있음을 주장하면서도 일부 인종들이 여타 인종들보다 더 진보했다고 확신했다. 이러한 주장을 정당화하는 데 이용된 것은, 다윈이 지리적 제약으로 인해 분리되어 있던 두 개의 종이 서로 접촉하게 되는 경우 종들끼리의 경쟁을 통해 고도의 진화된 종이 열등 종을 대체해 버린다고 강조했던 대목이었다. 비슷한 주장은 다윈의 자연선택설의 동시발견자였던 진화론자 월리스(Alfred R. Wallace)로부터도 나왔다. 월리스는 생물지리학(biogeography), 즉 동식물의 지리적 분포 연구를 도구삼아, 현재의 대륙별 인종 분포는 북부세계 특히 유라시아로부터 기원한 고도의 진화된 침략자들이 각 대륙으로 지속적으로 이동한 결과라고 설명했다. 이는, 마치 식물 종이 자신의 중심지(headquarters)로부터 기원하여 다른 구역을 '침범'하거나 '식민화'함으로써 해당 구역의 서식생물을 대체하거나 절멸시키는 것처럼, 인간의 역사에서도 북부 유라시아에서 보다 고등의 진화된 형태의 종들이 나와 전세계로 흩어졌다는 것이다.[20] 월리스는 진화의 메커니즘을 자연선택에서 찾았다는 점에서 다윈주의자였으나, 그가 생물지리학을 인종 간의 경쟁과 격차를 이해하는 중요한 단초로 삼았던 것은 다윈주의와는 무관하게 이루어졌다. 20세기 초반 제국의 건설에 필요한 전쟁을 통한 정복과 식민화의 논리를 정당화시킨 메타포들은 생물지리학에도 있었던 것이다. 요컨대, 20세기로의 전환기 산업사회의 체제 유지와 제국주의 건설의 논리적 정당성을 지탱하는 이데올로기를 정교화하는 도구로서, 다윈주의를 비롯한 과학이론들이 사회적으로 활용되었다.

엘리트과학과 '공공과학'(public science) 사이에서

엘리트과학자는 과학지식의 생산자로서 그들의 일차적인 과제는 과학자 공동체 내에서 지적 권위와 정체성을 인정받는 것이다. 과학자들의 이러한 활동은 소위 엘리트과학의 형태로 결실 맺어진다. 그러나 20세기 초, 엘리트과학자가 과학의 창의적 연구와는 무관해 보이는 듯한 일련의 대중화 활동을 수행하는, 이른바 터너(Frank Turner)가 지칭한 '공공과학'(public science)의 역할이 두드러졌다. 공공과학 활동은 과학이 사회적・정치적・종교적 목적과 가치를 지닌 활동이며 시민의 관심과 격려와 지원을 받을 만한 가치가 있다는 것을 영향력 있는 시민 계층을 대상으로 설득하는 것에 주안점을 두었다. 다양한 계층의 비과학계 엘리트들을 대상으로 로비를 펴거나, 시민・정부를 대상으로 과학은 바람직한 사회적・경제적 기능을 수행할 수 있다는 점을 피력하며, 과학자의 지식과 전문성을 통해 공공의 이슈를 개진하며 과학자가 준수해야 할 전문성 수준을 강조하는 것은 공공과학의 중요한 활동이었다. 따라서 공공과학의 활동가는 과학자인 동시에 대중화 활동가로서, 그들의 주장과 활동은 과학의 위상 제고를 돕는 견해를 전파하는 것으로부터 시작했다.[21]

1867년 파리 만국박람회 이후 영국사회는 독일의 위협에 대해 상당한 위기감을 지니게 되었다. 특히 영국의 과학자들은 독일 과학의 공적 지위와 재정적 후원을 부러워했으며, 나아가 독일과 유사한 연구 장려정책만이 영국의 경제적·군사적 지위를 보전할 수 있다고 주장했다. 과학자들은 국가는 산업과 전쟁에서의 승리를 위해 조직되어야 하며, 따라서 국가의 경제적·군사적 우위는 전통적인 사회적·정치적 엘리트에 의해서가 아니라 새로운 중산계급의 엘리트과학 전문가에 의해 수호되어야 한다고 주장했다.[22] 이러한 주장이 현실화된 사례, 즉 과학자이기도 한 공공과학 활동가들이 그들의 정치·사회적 영향력을 발휘하기 시작한 사례가 19세기 말 생체해부 반대운동에서 나타났다. 공공과학 활동가들은 의회와 유권자 대중을 대상으로 지속적인 정치적 여론을 조성하여 1876년 동물학대방지법(Prevention of Cruelty to Animal Act)의 통과를 견인함으로써, 과학적 연구에서 동물 생체해부에 대한 법적 제한을 관철시킬 수 있었다.[23]

생체해부 반대운동의 성공을 통해 자신들의 활동역량을 확인한 공공과학 활동가들은 국가적 차원에서 과학이 지니는 실용성을 피력하기 시작했다. 1870년대 말경부터 공공과학 활동가들은 과학진흥을 위한 국가의 의무에 대한 무관심 세태와 그러한 세태를 방치한 정치권을 비판하기 시작했다. 과학자들은 당대 영국의 정치구조는 과학적 절차에 대한 인식이 결여되어 있어 국가가 직면한 명백한 문제를 해결하지 못하고 있다고 주장했다.[24] 1880년에 ≪네이처≫ 편집인인 천문학자 로키어(Norman Lockyer)는 영국 정치 캠페인에 드러난 과학적 정신의 결여를 비판했다. 공공과학 활동가들은 만약 영국의 정치가들과 정치적 과정에 과학·과학적 태도가 자리 잡는다면 모든 정치문제에 대한 합리적 해결책의 제시가 가능해 질 것이라고 주장하면서, 소위 '정치가의 과학'(science of statesmanship)이라는 것을 제안했다. 즉, 정치인들이 단순한 당파적 편견 대신 과학적 정치력을 공공의 대소사에 대한 지침으로 삼는다면 국가는 그 어느 때보다도 세계사에서 중요한 역할을 구사하는 데 적합하게 될 것이라고 공공과학 활동가들은 강조했다. 이를 위해, 중고등학교와 대학에서의 과학교육이야말로 과학적 정치력의 고양을 위해 필요하다고 그들은 주장하였다.[25]

다른 한편으로 과학과 시민권에 대한 논의도 제기되었다. 1892년 생물통계학자·우생학자인 피어슨(Karl Pearson)은 그의 『과학의 문법』(The Grammar of Science)에서 과학적 마인드는 훌륭한 시민권의 본질 중 하나라고 주장했다. 아울러 피어슨은 과학적 방법론을 공공의 영역에 적용하면 마치 물리적 자연에 대한 과학적 연구가 그러하듯 문제에 대한 실용적 합의를 이끌어낼 수 있다고 주장했다. 피어슨은 또한 시민에 대한 과학교육의 함양이야말로 유권자들의 개별적 이기심을 극복할 수 있는 강력한 엔진이라고 역설했다. 과학은 사실에 기반하여 개개인의 편견으로부터 자유로운 판단을 위한 절차를 제공하기에, 시민이 개별적 이해관계로 얼룩진 정치적 난국을 해결하고 사회적 선(善)을 향해 나아가는 데 도움을 준다는 것이었다.[26]

1880년대에 들어서는 공공과학 활동가들은 과학의 문제에 대한 정치가와 공무원의 무지에 대한 비판의 목소리를 한층 높여갔다. 공공과학 활동가들은 정치·행정 엘리트를 대상으로 한 과학교육의 강화가 필요하다고 주장하면서, 옥스퍼드·케임브리지 대학에서의 희랍어 필수교육과 같은 시대에 뒤떨어진 교육에 대해서도 비판을 제기하였다. 물론 과학교육은 이미 시립대학 수준에서도 이루어지고 있었고 옥스퍼드·케임브리지 대학은 당시에도 탁월한 과학연구의 산실이었지만, 영국의 대학 교과과정 전반을 개정하려는 공공과학 활동가들의 목소리는 과학연구와 과학교육의 비중을 늘림으로써 미래의 예비 정치엘리트들에 대한 교육을 강화할 것을 주장했다.[27]

공공과학 활동가들은 일부 정치가의 동조를 이끌어내는 데 성공했다. 영국 수상으로 보수당 지도자인 밸푸어(Arthur Balfour)가 영국 과학진흥회 회장을 역임하는가 하면, 보수당 수상인 솔즈베리 경(Lord Salisbury)은 국립물리학연구소(National Physical Laboratory, 1899년) 설립에 도움을 주었으며, 노동당 정치인 홀데인 자작(Viscount Richard. B. Haldane)은 제국과학기술대학(Imperial College of Science and Industry)을 설립하는 데 주요한 역할을 했다. 공공과학 활동가에게 공감을 표한 정치가들은 영국 과학자길드(British Science Guild, BSG)의 회합에 참석하기도 했다. 기존의 과학협회와는 차별화된 이 길드의 목적은 대영제국의 복지 향상과 진보, 과학의 문제에서의 대(對)정부 로비, 제조업에서 과학 활용의 촉구, 과학교육의 진전 등에 있었다. 1912년 이 길드는 회원수가 약 900명에 이르는 압력집단(pressure group)으로 발전했다.[28]

1914년 제1차 세계대전의 발발과 함께 공공과학 활동가는 전쟁 수행에 있어 과학의 효율성을 강조했다. 전쟁 중에 발간된 ≪네이처≫지의 지면에서, 이들은 전쟁의 승리는 참호 속의 군대나 당파적 정치가가 아니라 정예 과학자들에 달려 있다고 주장했다.[29] 옥스퍼드 대학의 생물학자 포울턴(E. B. Poulton)은 과학에 대한 국가적 무관심과

의회 내 팽배한 반과학적 정서를 비판했다. 결국 제1차 세계대전 직후 과학자 공동체는 정부의 제도적인 지원을 확보하는 데 성공하여, 과학 진흥을 위한 기회는 영국의 국가적 차원에서 증대되었다. 정부 내에 과학산업연구부(Department of Scientific and Industrial Research)가 설립되었으며, 옥스퍼드와 케임브리지 대학은 희랍어 의무교육을 폐지하는 대신 과학교육의 증강은 보다 자유로워졌다.[30] 공공과학 활동가들은 제1차 세계대전의 후폭풍으로 영국 산업의 좌절감을 극복하는 과정에서 더욱 더 활력을 띠었으며, 과학과 과학적 방법론이 지니는 사회적 영향 및 중요성에 대한 대중적 관심과 이해를 고양했다.

나가면서

생물학 이론으로서 다윈주의 자체는 이전 시기의 박물학과는 달리, 전문과학자들이 아닌 대중들이 이론적 지식 생산에 기여할 여지는 미약했다고 할 수 있다. 즉, 전문화가 이루어지 않아 근대과학의 반열에 들지 못한 박물학과는 달리 다윈주의는 전문과학의 영역에 속했기에, 그러한 과학활동에 참여할 역량을 대중으로부터 기대하기란 어려웠다. 그럼에도 불구하고 다윈주의가 대중의 관심과 이목을 끌 수 있었던 데는 몇 가지 요인들이 배경으로 작용하고 있었다. 첫째, 다윈주의의 주제 자체가 지닌 폭발력이다. 앞서 언급했듯이, 다윈주의 이전의 과학활동은 종교적 믿음의 추구와 부합했거나 적어도 배치되지는 않았으며, 과학활동에 대한 관심 역시 종교적 관심으로부터 기인하는 경우 역시 허다했다. 그러나 다윈주의는 종의 기원에 대한 전통적인 기독교의 견해, 즉 종의 고정성과 특별창조를 반박함으로써, 당대 사람들의 관념을 통째로 바꾸어놓을 잠재력을 지니고 있었다. 물론 다윈주의 이전에도 진화론은 있었으나, 다윈주의는 그것이 지니는 방대한 실재적 증거와 진화의 원리로서 자연선택 이론이 지니는 설득력으로 인해 이전의 진화론과는 비교할 수 없는 파장을 불러일으켰다. 그 결과 다윈주의는 박물학과는 달리 전문과학자로부터 대중으로의 일방적인 지식 전달에 의존할 수밖에 없음에도 불구하고, 과학계에 국한된 찻잔 속의 태풍이 아니라 거대한 변화의 폭풍으로 기능할 수 있었다. 즉, 다윈주의가 지닌 전문성으로 인해 다윈주의 대중화는 대중들의 자발적 참여를 끌어내기는 어려웠음에도 불구하고, 다윈주의 컨텐츠가 지녔던 폭발력으로 인해 다윈주의는 대중의 관심과 주목을 끌 수 있었던 것이다.

다윈주의의 대중화가 계몽적 대중화로 비교적 명확하게 분류될 수 있는 것과는 달리, 그러한 대중화가 본질적 대중화에 가까우냐, 아니면 도구적 대중화에 가까우냐의 문제는 다윈주의의 정착과 전파 단계에 따라 구분이 필요한 문제이다. 다윈주의를 지지하는 전문과학자들이 정기간행물을 비롯한 다양한 수단을 동원하여 다윈주의를 대중에 소개하고 지지자들의 세를 늘려가는 한편 반대자들의 예봉에 맞선 것은, 다름 아닌 다윈주의의 생존과도 직결된 문제였다. 즉, 이 단계의 다윈주의의 대중화는, 종교적 반대와 비판에 맞서 다윈주의라는 새로운 이론의 생존을 확보하기 위해 대중이라는 존재를 우군으로 끌어들인 부단한 설득 작업이었다고 할 수 있다. 다시 말해, 이 단계에서의 다윈주의 대중화는 그 목적이 다윈주의 자체에 조준되어 있다는 점에서, 본질적 대중화의 사례로 분류할 수 있을 것이다.

그러나 다윈주의가 성공적인 생물학 이론으로서 위상을 확립한 이후의 시기에 벌어진 다윈주의의 대중화, 즉, 다윈주의가 생물학과 자연과학의 영역을 넘어 정치적·경제적·사회적 이데올로기의 기저 이론으로서 대중에게 보급된 일련의 사례들은 다윈주의 자체의 정착과 발전과 관련하여 벌어진 것이라고 보기는 어렵다. 그보다는, 그러한 움직임들은 자연선택과 생존경쟁이라는 다윈주의의 메커니즘을 인간사회에 투영함으로써 당시의 시대적 조류이던 무한 자본주의와 제국주의의 추구를 정당화하는 데 다윈주의를 응용한 것으로, 다윈주의라는 생물학 이론을 과학 외적인 다른 어떤 가치를 위한 도구로서 활용했다는 점에서 도구적 대중화의 성격이 강하다. 즉 다윈주의 대중화에는 본질적 대중화와 도구적 대중화의 성격이 공존하며, 그러한 대조적인 성격은 다윈주의 대중화의 시기에 따라 각기 두드러지는 정도에 차이가 있다고 할 수 있다.

다윈주의의 도구적 대중화를 대표하는 사회다윈주의의 융성은, 도구적 대중화가 지닌 명암을 잘 보여주는 사례라고 할 수 있다. 어떤 과학이론이 과학 외적인 무언가에 대한 도구로서 지니는 유용함이 클수록, 예를 들어 사회적 이데올로기의 정당성을 지지해주는 정도가 클 경우 그러한 이론은 다음과 같은 수혜를 누릴 수 있는 가능성이 크다. 첫째, 해당 과학이론은 그것이 지지해 주는(또는 지지해 주는 것으로 이해되는) 사회적 이데올로기의 수혜자들로부터 열렬한 응원과 후원을 받을 수 있을 것이다. 둘째, 뿐만 아니라, 그러한 수혜자들은 일반대중에게 자신들의 이데올로기를 전파하는 과정에서 그것을 지지해주는 과학이론 역시 열정적으로 전파할 가능성이 크다. 즉, 어떤 과학이론이 도구적으로 이용될 가치를 지닌다는 것은, 그것을 대중화하는 데 앞장설 우군을 얻게 된다는 것과 일맥상통한다. 그 구체적인 사례물이 바로, 사회다윈주의가 다윈주의의 원리를 확대재생산했던 일련의 역사적 사례들이다.

그러나 동시에 오늘날까지도 사회다윈주의로 인해 다윈주의에 가해지고 있는 오해에서 비롯된 비판들은 다윈주의에 어두운 그림자를 드리우고 있다. 오늘날에도 여전히 종의 기원에 대한 지배적인 이론으로 군림하고 있는 다윈주의와는 달리, 사회다윈주의는 한 때의 영광을 뒤로 한 채 학술적으로도 정치적으로도 패배한 이론으로 간주되고 있다. 다윈주의에서 '적자'는 환경에 적응한, 또는 적응할 수 있는 종을 의미하는 것이지, 보다 우월한 종을 가리키는 것은 아니다. 즉, 어느 한 환경 조건에서의 적자는 다른 환경 조건에서는 도태될 수 있다. 이를 두고 『다윈 이후』(Ever Since Darwin)의 저자 굴드(Stephen J. Gould)는 다윈주의의 본질은 자연선택이 적자를 창조한다는 주장이라고 한 바 있다. 이는 풀어 말하면 '적자가 살아남는 것이 아니라, 살아남았다면 그것이 바로 적자'라는 의미이다. 그러나 사회다윈주의자들은 자연선택에 의해 살아남은 적자를 '보다 진보한 자'로 해석하고 가치중립적인 진화의 개념 역시 지능이나 키와 같은 특정 형질 상에서의 증가를 가리키는 진보(progress)로 등치시키는 우를 범했으며, 그러한 해석에 따라 자본주의 사회의 계급 대립, 착취와 피착취의 현실을 옹호하였다.[31] 사회다윈주의자들이 자신들의 사회적/정치적 이데올로기에 부합하는 방향으로 다윈주의를 변형하여 전파한 결과, 오늘날 사회다윈주의에 쏟아지는 비난의 화살의 상당수는 다윈주의를 향해서도 조준되어 있다. 예를 들어, 다윈주의의 적자생존 원리가 인간사회 내에서의 약육강식의 원리를 대변한다는 류의 오해 등이다. 이상에서 보듯, 사회다윈주의자들에 의한 다윈주의의 도구적 대중화는 비록 단기적으로는 다윈주의가 대중 속에 뿌리 내리고 사회적 영향력을 확보하는 데 기여했을 수는 있으나, 장기적으로는 다윈주의에 대한 저항의 뿌리를 탄생시켰다고 볼 수 있다. 즉, 과학이론의 도구적 대중화는, 그 이론을 도구로 사용하는 과학 외적인 요인의 성격에 따라 해당 과학이론이 엉뚱한 방향으로 악용될 위험을 수반하며, 그러한 과학 외적인 요인의 생명력이 고갈될 경우 그에 따른 동반 피해를 입을 수 있다는 점이다.

---

1) Robert M. Young, "Natural Theology, Victorian Periodicals, and the Fragmentaion of a Common Context," idem, *Darwin's Metaphor: Nature's Place in Victorian Culture* (Cambridge: Cambridge Univ. Press, 1985), 25-31.

2) Ibid., 136-140.

3) Alvar Ellegard, *Darwin and the General Reader: The Reception of Darwin's Theory of Evolution in the British Periodical Press, 1859-1872* (Chicago: Univ. of Chicago Press, 1990), 11.

4) Peter J. Bowler, *Darwin Deleted: Imaging a World without Darwin* (Chicago: Univ. of Chicago Press, 2013), 287.

5) 영국 빅토리아 시대의 정기간행물에 드러난 다윈주의에 대한 반향에 관해서는 엘가드의 연구를 주로 참조한다. Ellegard, op. cit., 18-61.

6) *Westinster Review* 17 (1860), 541, in Ellegard, op. cit., 40에서 재인용.

7) Alfred W. Bennett, "The Theory of Natural Selection from a Mathematical Point of View," *Nature* 3 (1870), 30.

8) *Tablet* (Nov. 4, 1871), 582, in Ellegard, op. cit., 61에서 재인용.

9) Joseph Hooker, "Insular Flora," *Report of the British Association for the Advancement of Science, Nottingham Meeting*, 1866 (Nottingham, 1866), 22, in Gillian Beer, *Open Fields: Science in Cultural Encounter* (Oxford: Oxford Univ. Press, 1999), 198-199에서 재인용.

10) Gillian Beer, "Parable, Professionalization, and Literary Allusion in Victorian Scientific Writing," idem, *Open Fields* (1999), 196-197, 199, 202.

11) Ibid., 203.

12) Gillian Beer, "Science and Literature," in R. C. Olby and et al. C*ompanion to the History of Modern Science* (London: Routledge, 1996), 783-785; Beer, *Open Fields* (1999), 211-215.

13) John Tyndall, "On the Scientific Uses of the Imagination," Fragments of Science: A Series of Detached Essays, Addresses and Reviews, 2 vols. (London, 1899), ii. 202 in Beer, *Open Fields* (1999), 211에서 재인용.

14) 디킨스는 산업사회의 비판의 성격의 소설 작품들(예: 『올리버 트위스트』(Oliver Twist), 『어려운 시절』(Hard Times), 『위대한 유산』(Great Expectations)을 통해 생존투쟁의 삶의 모습을 사실주의를 통해 보여주었다. 트롤럽의 연작소설 『바셋주 연대기』(The Barsetshire Chronicle)는

19세기 중엽 영국사회를 냉정하고 정확하게 전하는 사실주의 작품이며, 소설가 겸 해양 문학의 대표적 작가였던 콘래드는 『나르시서스호(號)의 흑인』(The Nigger of the Narcissus)에서 실존주의적 인간관을 제시했다. George Levine, *Darwin the Novelists: Patterns of Science in Victorian Fiction* (Chicago: Univ. of Chicago Press, 1992), 5-9장.

15) Gilian Beer, *Darwin's Plots: Evolutionary Narrative in Darwin, George Eliot and Nineteenth-Century Fiction,* 2nd ed. (Cambridge: Cambridge Univ. Press, 2009), Pt 3 (5-9장).

16) Peter J. Bowler, "Social Metaphors in Evolutionary Biology, 1870-1930: The Wider Dimension of Darwinism," in Sabine Maasen et al., eds., *Biology as Society, Society as Biology: Metaphors* (London: Kluwer Academic Publishers, 1995), 112-114.

17) 스마일스는 『자조론』에서 당시의 방임적인 영국 정부와 물질만능주의를 통렬하게 비판하는 한편, 빈곤은 무책임한 습관으로부터 비롯되며 따라서 개인은 근면과 성실, 용기와 불굴의 노력으로 자신의 운명을 개척할 수 있다는 기조를 내놓았다. 스마일스는 개인주의와 자유주의 이념을 지속적으로 전파함으로써, 당시 노동자 계층에게 현재보다 더 나은 위치로 올라서고자 하는 열망을 심어 주었다.

18) Greta Jones, *Social Darwinism and English Thought* (London: Harvester, 1980).

19) E. Ray Lankester, *Degeneration: A Chapter in Darwinism* (London: MacMillan and CO, 1880), 33; Peter J. Bowler,"Development and Adaptation: Evolutionary Concepts in British Morphology, 1870-1914," *British Journal for History of Science* 22 (1989), 283-297; idem, "E. W. MacBride's Lamarckian Eugenics and the Social Construction of Scientific Knowledge," *Annals of Science* 41 (1984), 245-250.

20) Martin Fichman, "Wallace, Zoogeography, and the Problem of Land Bridges," *Journal of the History of Biology* 19 (1977), 45-63.

21) Frank M. Turner, "Public Science in Britain, 1880-1919," *Isis* 71 (1981), 590.

22) D. S. L. Cardwell, *The Organization of Science in England* (London: Heinemann, 1972), 111-120.

23) Richard D. French, *Antivivisection and Medical Science in Victorian Society* (Princeton: Princeton Univ. Press, 1975), 159-176.

24) G. R. Searle, *The Quest for National Efficiency: A Study in British Politics and Political Thought, 1899-1914* (Oxford: Basil Blackwell, 1971), 18-20.

25) Anonymous, “The Science of Statesmanship,” *Nature* 21 (1880), 295-297.

26) Karl Pearson, *The Grammar of Science* (London: J. M. Dent, 1951), 11-13, 22.

27) John Perry, “England's Neglect of Science,” *Nature* 62 (1900), 221-226.

28) Turner, op. cit., 600-602.

29) Anonymous, “Science and the State,” *Nature* 94 (1914), 221-222.

30) E. B. Poulton, *Science and the Great War* (Oxford: Clarendon Press, 1918), 4, 10, 13.

31) Steven J. Gould, *Ever Since Darwin: Reflections in Natural History* (W. W. Norton & Company, 1992).

03 독일 제2제국(1871~1918)에서의 다윈주의 대중화

들어가면서

19세기 영국뿐 아니라 유럽에서도 생물학계 최고의 화두는 다윈주의였다. 독일에서 다윈주의의 수용은 유럽 어느 나라와 비교해도 수월하게 시작되었다. 예를 들어 프랑스에서는 다윈주의는 본격적인 비판의 대상조차 되어 보지 못하는, 어쩌면 무시에 가까운 대접을 받았는데, 그 원인의 하나로 최초의 본격적인 진화론을 표방한 라마르크의 위상을 들 수 있다. 다윈주의가 등장할 무렵 이미 라마르크 진화론은 프랑스 과학자 공동체 내에서 상당한 인지도와 위상을 선점하고 있었던 것이다. 그러나 독일의 경우는 달랐다. 19세기 독일에서는 서로 다른 종류의 동물도 발생 초기에는 비슷한 형태를 가지며 점차 이들은 각자 다른 모습으로 성숙한다는 요지로 발생학자 베어(Karl Ernst von Baer)가 내놓은 생물발생 이론으로부터 시작하여, 각종 동물의 발생과정을 연구하는 비교발생학 연구집단 사이에 공유되던 발생 개념에 이르기까지, 유기체의 변이(transformation)를 주장하는 각종 이론들이 널리 퍼져 있었다. 이러한 변이 이론들은 종의 변화라는 개념과 용이하게 연결될 수 있었기에, 독일에서 다윈주의가 수월하게 수용될 수 있는 토대로 작용했다. 특히, 동물학자 헤켈(Ernst Haeckel)이 이론화했던 발생반복설(theory of recapitulation), 즉 생물의 개체발생(ontogeny)은 계통발생(phylogeny)을 되풀이한다는 이론은 독일의 생물학 공동체가 다윈주의를 수용하는 데 선도적인 역할을 수행했다.

19세기 독일에서는 자연과학의 위상이 정립되는 가운데, 과학의 제도화·전문화 과정이 이루어지는 한편으로 과학 대중화 역시 싹을 틔우고 있었다. 잘 갖추어진 과학 대중화의 자양분은 다윈주의가 대중에 의해 용이하게 그리고 우호적으로 수용되는 데 기여했다. 독일에서 다윈주의 대중화는 당시 독일사회 내에 팽배해 있던, 반(反)종교적 성향의 인본주의 철학에 기반한 유물론적 일원론(Monism) 세계관에 힘입은 바가 컸으며, 다윈주의는 다양한 정치·사회·경제적 가치관과의 결합을 통해 다양한 스펙트럼의 사회다윈주의(Social Darwinism)로 외연이 확대되었다. 독일에서 다윈주의 대중화는 정치·사회와 문화의 발전을 위한 계몽의 차원에서 지적 엘리트층의 주의주장이 일반대중에게로 일방적으로 흘러 전파되는 낙수효과 전략을 수반했다. 그 결과 19세기 초 독일의 과학 대중화 조류 속에서 대중과 사회 일반의 과학적 소양은 급격한 신장을 보여주었지만, 다윈주의를 둘러싼 대중화 활동은 사회 일반대중으로부터의 피드백을 아우르지는 못했다. 일반대중의 자발적·적극적 참여와 피드백이 수반되지 않은 소극적·수동적 대중과학이 보여주는 사례를 독일에서의 다윈주의 대중화 과정을 통해 발견할 수 있다.

독일 제2제국 이전의 사회문화와 과학 대중화 토양

19세기 독일에서 과학 대중화의 태동이 가능했던 것은 과학의 제도적·전문적 분화가 증대되었을 뿐 아니라, 식자(識字, literacy) 능력이 더 이상 귀족이나 학자층에 국한된 능력이 아니게 되었기 때문이다. 여기에 계몽시대 자연과학의 발달에 힘입어 자연과학 도서들이 대거 선을 보이면서, 과학의 대중화 기조는 한층 탄력을 받게 되었다. 나아가 자연과학이 거의 모든 사회적 영역에서 진보의 동력으로 여겨지면서, 과학 대중화는 각계각층에 영향을 끼치는 시대적 조류가 되었다.

독일에서 본격적인 과학 대중화는 19세기 훔볼트로부터 시작되었다. 훔볼트는 당대 최고 명성의 과학자였을 뿐 아니라 과학 대중화의 선봉에 선 활동가라고 할 수 있다. 남아메리카 열대지역 과학탐험가로서 명성을 얻은 훔볼트의 대중강연(1827년)에는 당시 1,400명의 관객이 참여하였으며, 그의 강연내용을 책으로 엮은 『코스모스』(Kosmos)는 대중과학서의 진수였다. 『코스모스』는 일반대중을 대상으로 박물학의 대중화를 펴는 것, 나아가 자연에 대한 낭만주의적 감성을 전파하는 것을 목적으로 하고 있었다. 자연의 관찰자로서 훔볼트는 자연에 대한 개별적인 사실의 나열과 백과사전적 수집을 넘어, 자연에 대한 유기적·통합적 지식을 추구하고 이러한 지식을 미학적인 즐거움의 대상으로 격상시키고자 했다.[1)]

1810년대만 해도 독일의 지적 분위기에서 학문의 대세는 철학과 언어학에 있었다. 대학에서 과학은 단지 철학의 일부로 편성되어 있었을 뿐이며, 국가 역시 과학진흥의 문제에 큰 관심을 기울이지 않고 있었다. 이는 당시 대학의 주요 관심사가 공무원 양성에 있었던 것에 기인한 바가 컸다. 이외에도 독일은 프랑스의 에콜 폴리테크닉(Ecole Polytechnique)에 비교될만한 과학연구기관 역시 없었다. 게다가 과학 지식의 수용 세력이 될 만한 부르주아(Bourgeois) 계층의 존재는 영국이나 프랑스에 비해 미약한 수준이었다. 따라서 독일에서 과학 대중화는 과학의 진보에 관심을 지닌 과학자들이 과학활동에 대한 사회적 지원을 확보하기 위한 노력의 형태로 시작되었다. 예를 들어, 1822년에 생물학자 오켄(Lorenz Oken)이 과학포럼, 일종의 학술대회를 개최하기 시작한 이래, 다양한 학술대회들이 매년 다른 지역에서 개최되었다. 학술대회는 과학에 대한 논의와 정보의 교류를 촉진했으며, 이는 특히 대도시에서 활동하지 못했던 과학자들에게 큰 혜택이 되었다. 주목할 것은, 학술대회는 과학자 상호 간의 교류뿐 아니라 과학자의 업적을 일반대중에게 알리는 과학 홍보의 필요성을 과학자들에게 심어주는 장치로도 활용되었다는 점이다. 예를 들어, 1869년에 물리학자 헬름홀츠(Hermann von Helmholtz)는 인스브루크(Innsbruck)에서 열린 자연과학자 학술대회(Congress of Natural Scientists)의 강연에서 과학의 대중적 확산과 과학의 지원 간의 연관성을 강조했다.[2)]

역설적으로, 과학의 전문화는 많은 과학자들로 하여금 과학 대중화 활동에 뛰어들게 하는 아이러니를 낳았다. 19세기를 통해 과학자들이 수적으로 증가하고 과학이 점점 고도의 전문적 활동으로 변모해 가면서, 과학활동은 그 이전보다도 더 외부의 지원을 필요로 하게 되었던 것이다. 태생적으로 부유했던 훔볼트 경우 재정적 걱정 없이 연구를 수행할 수 있었다. 남아메리카 5년의 과학탐험에 소요된 비용은 물론, 탐험의 성과를 36권의 저술로 출간하는 데 필요한 비용 역시 스스로 충당했다. 그러나 모든 과학자들이 훔볼트처럼 좋은 여건에 있었던 것은 아니었다. 독일의 화학자 리비히(Justus von Liebig)는 직업이 교수였지만 연구를 위해서는 아버지의 경제적 도움을 받아야 했으며, 대부분의 과학자들은 실험연구실의 장치들을 자비로 마련해야만 했다. 이와 같은 제도적 지원의 부재는 과학자들로 하여금 대중 저술을 통해 과학의 위상을 정립하기 위한 시도로 몰았으며, 이를 통해 과학 대중화가 진전되었다. 리비히는 저술을 통해 프로이센에서 과학자가 처한 현실을 개탄했으며 특히 국가 차원의 지원 부재를 비판했다. 일련의 잡지 기사들을 통해 리비히가 과학으로서의 화학의 중요성은 물론 과학의 사회적 실용성을 강조한 데서도 나타나듯이, 그의 과학 대중화는 대중적 지원의 향상을 위해 과학의 명성을 고양하는 데 전력하는 것이었다. 리비히는 혼자가 아니었다. 다른 과학자들 역시 대중의 지원을 통한 과학의 발달을 위한 전략적인 방법을 가동했다. 독일의 생리학자・의학자 뒤 부아-레이몽(Emil du Bois-Reymond)은 프로이센 과학아카데미 개혁의 당위성을 역설하면서 아카데미의 회합을 일반대중에게 공개해야 한다고 주장했다.

물론 19세기 독일에서의 과학 대중화 노력이 단지 재정・물질적인 지원의 확보에만 치중한 것은 아니었다. 과학자들은 과학의 경제적 실용성을 인정받는 데 그치지 않고 사회적 명성까지 확보하기 위해, 과학자에게 칠해져 있던 기존의 이미지를 쇄신하고 지적으로 충만한 문화인으로서 과학자의 이미지를 정착시키고자 하는 데까지 생각이 이르렀다. 궁극적으로 그들이 추구했던 과학의 위상이란 철학・인문학에 버금가는 가치 있는 활동, 그것이었다. 예를 들어 세포생물학자인 슐라이덴(Matthias Schleiden)은 대중강연집을 출간하면서 식물학자들의 숭고한 이미지를 독자들에게 알리는 전문가적 자부심(professional vanity)을 보여주었다. 슐라이덴을 위시하여 과학 대중화를 강조했던 과학자들은 기존의 과학지식체계에 새로운 사실이나 정리(theorems) 하나를 더하는 것이 아니라 과학 정신의 확산이야말로 과학의 미래에 필요한 것일 수 있다고 본 것이다. 요컨대, 정부의 물질적 지원, 과학자들의 전문적 이미지의 향상, 그리고 그 문화적 가치의 고양을 위해 과학자들은 과학 대중화 전략을 전개했다.[3)]

독일에서 과학 대중화의 이면에는 강력한 정치적 동기 또한 있었다. 애초에 독일에서 과학의 전문화·제도화 노력은 프로이센과 그 밖의 봉건국가로 하여금 전근대적 후진성을 타파하여 근대 독일 민주주의 국가로 향하게 하는 데 그 목적이 있었다. 뒤 부아-레이몽이 1848년 프로이센 과학아카데미에서 입헌국가와 과학 간의 관계를 설파한 것은 우연이 아니었다. 1848년 프랑스 혁명을 우호적으로 바라보았던 독일 부르주아 계층과 과학자들은 과학이 사회변화의 잠재적 원동력이라고 생각했다. 예컨대, 과학은 기술발달을 통해 사회에 경제적 혁신을 선사하여, 봉건적 경제의 구조를 무너뜨리며, 나아가 기존 권위의 지배를 거부하여 봉건국가의 이데올로기적 근거마저 혁파한다고 보았던 것이었다. 기센 대학(Justus-Liebig-Universität Gießen)의 동물학 교수인 포크트(Carl Vogt)가 과학의 진보를 사회의 진보와 동일한 것으로 강조한 것은 이러한 맥락에서였다. 과학으로 정치를 대신하며 과학에 정치적 수단을 달아주고자 하는 상황이 연출되었다. 피르호(Rudolf Virchow)는 바로 과학의 정치적 목적을 구현한 인물이었다. 세포생물학자이자 정치가였던 피르호는 과학은 기존 전통의 권위에 구애받지 않을 뿐 아니라 모든 문제에 대해 최고의 권위를 지닌다고 강조했으며, 독일 부르주아 계층에게 과학의 대중화는 독일을 근대 산업민주국가로 나아가게 하는 핵심경로라고 피력했다. 독일 중고등학교 과학 교과과정의 개선과 확충의 선봉에 선 것도 바로 피르호였다. 피르호는 중고등학교에서 과학교육을 일관성 있는 지식체계의 전파로 보았던 반면, 과학 대중화는 잡다한 지식의 전달 활동이라 여겨 과소평가한 면이 있었다. 대신 피르호는 과학 대중화는 그가 구시대의 낡은 세계관으로 간주했던 종교적 전통성에 대한 투쟁의 무기로서 의의를 지닌다고 보아, 과학 대중화의 의의에 대해 긍정적인 평가를 내렸다.[4)]

1850년대 전유럽에 걸친 혁명의 실패 이후 만연했던 반동적 지적 분위기를 파고들었던 과학적 유물론과 함께 과학 대중화도 큰 관심을 끌었다. 그 대중화의 중심에는 의학자 뷔히너(Ludwig Büchner)와 그의 저서 『힘과 물질』(Kraft und Stoff)이 있었다. 그의 책은 17개 언어로 번역되고 21쇄를 거듭하는 등 엄청난 성공을 거두었다. 판매부수보다 더 중요한 것은, 이 책이 과학적 유물론자들의 사상을 매우 평이하게 잘 전달하고 있었다는 점이다. 물질이 자연세계의 제1차적·근본적인 실재이며 모든 현상은 결국 물질에서 유래한다는 과학적 유물론의 주의주장을 대중을 상대로 잘 풀어낸 이 책은 19세기 후반 대중과학서 장르의 모범이 되었다.[5)] 유물론 논쟁은 얼마 후 독일에서의 다윈주의 논쟁과 연계되면서 과학 대중화의 주요 이슈로 번져갔다.

19세기 전반부를 통해 독일에서의 과학 대중화는 두 가지 전통을 남겼다. 첫째, 과학 대중화는 정치적 함의를 지닌 활동의 일환으로 전개되었다. 상술한 바와 같이 19세기 초중반 대중화는 기존의 봉건체제와 결합된 종교적 족쇄로부터 인간의 해방을 주장하는 것이었다. 둘째, 과학 대중화 활동가는 다름 아닌 전문과학자 자신이라는 현상은 독일의 경우에 특히 두드러졌다. 흔히 과학 대중화 활동가는 창의적 연구에서 밀려난 2류급 과학자이며 그들의 과학 대중화 활동은 저급한 생계활동인 것으로 치부되는 시각도 팽배하지만, 독일에서는 창의적 연구와 대중화 활동은 불가분의 관계에 있었다.[6] 상술한 바와 같이 리비히・헬름홀츠・뷔히너 등의 경우가 이를 잘 보여주고 있다. 훗날 독일 과학 대중화의 중심에 있게 된 헤켈은 비록 잡지에의 기고 활동만은 꺼려했지만, 다른 경로를 통해 그가 구축한 과학 대중화 활동가로서 명성은 과학연구자로서의 그의 명성만큼이나 대단한 것이었다.

1850년대를 거치면서 독일에서 과학 대중화의 기반은 견고해졌다. 유럽에서 식자율이 가장 높았던 독일에서 성인의 상당수는 독서가 가능했으며 1880년대에 가서는 노동계급의 독서층도 두껍게 형성되었다. 식자율 상승 이외에도 목재펄프 도입에 따른 저렴한 제지술의 보급과 저작권 제한의 완화로 인해 잡지・도서・신문이 비교적 저렴하게 공급되었으며, 석유등(燈)의 보급으로 야간독서가 가능해졌다. 그 결과 잡지와 도서 시장의 발흥이 대중과학의 확산에 중요한 역할을 했다. 예를 들어, 주간지인 ≪라이프치히 화보≫(Leipziger Illustrierte)는 그 유명한 유물론 논쟁의 포럼으로 기능했다. 또한, 가장 성공적 가족잡지였던 ≪가르텐라우베≫(Gartenraube)는 40만 명의 누적 구독자를 거느렸고 카페・클럽・대합실 도처에 널리 퍼져 있었다. 매우 평이한 스타일의 기사를 통해 대중교육의 향상에 지대한 역할을 했던 ≪가르텐라우베≫는 과학에세이 코너를 두기도 했다.[7] 즉, 19세기 중반의 독일에서는 과학지식의 대중화를 향한 기반이 형성되었으며, 이는 다음 절에서 소개할, 독일에서의 다윈주의 대중화에도 토양으로 작용했다.

독일에서의 다윈주의의 대중화

19세기 후반 유럽 생물학의 최고 화두는 다윈주의였다. 다윈의 『종의 기원』은 즉각 고생물학자인 브론(H. G. Bronn)과 비교해부학자 카루스(J. Viktor Carus)의 번역을 통해 독일에도 선보였다. 다윈은 독일이 진화론의 중심지가 될 것으로 기대했는데, 이에 부응이라도 하듯이 다윈주의는 독일의 과학자 공동체로 파고들어갔다. 독일 제2제국 비스마르크 재상의 독재가 시작되고, 대지주 귀족이 군부와 관료의 중심 세력을 독점하면서 1848년 독일 혁명의 정신에 입각한 근대적 개혁은 저지되었다. 이러한 보수회귀적 사회 분위기 속에서 다윈주의를 받아들인 전향자는 대체로 학계 주류권으로부터 소외된, 작은 대학에 재직해 있거나 교수직위를 얻지 못한 신진학자들이었다. 이들은 대체로 정치적·종교적으로는 진보적인 자유사상가였거나 유물론자들이었다. 이에 반해 다윈주의의 반대자들은 연령대가 높았으며 학계에서는 높은 직위를 지닌, 종교적으로는 대체로 보수적이지만 정치적으로는 다양한 견해를 지녔던 집단이었다. 물론, 앞서 소개한 피르호는 종교를 비롯한 여타의 구시대적 권위에 대한 과학의 우의를 주장했던 인물이었지만 다윈주의가 사회민주주의(Social Democracy)로 흐를 위험성을 발견하고 다윈주의 반대의 선봉에 서는 등, 다윈주의를 둘러싼 지형도에는 복잡한 면도 있었다. 1875년경에는 다윈주의에 대한 과학자 공동체 내에서 수용은 어느 정도 진전되어 다윈주의자를 자처한 이들의 수가 빠르게 증가하였다. 질적으로도 학계 내에서 다윈주의자들의 영향력은 상당해져, 영향력 있는 과학저널인 ≪아우스란트≫(Ausland)·≪코스모스≫(Kosmos) 등도 다윈주의의 논조를 펴고 있었다. 다윈 역시 독일에서 상당한 명성을 누리게 되어, 1878년에는 베를린 과학아카데미(Akademie der Wissenschaften)의 객원 회원으로 선출되는 등의 영예를 얻었다.[8)]

독일에서 다윈주의의 선봉에 선 것은 예나 대학(Friedrich-Schiller-Universität Jena)의 동물학자 헤켈이었다. 그에게 『종의 기원』은 하나의 계시와도 같았다. 다윈주의는 인간의 지식에 대한 완전히 새로운 전망을 제시하는 것이며 다윈의 메시지는 진화와 진보를 향한 자유주의의 외침이라고 헤켈은 보았다. 헤켈은 당시 보수반동체제 아래에 있던 국가와 교회, 그리고 제도권 학교들이 자연의 냉혹한 진보에 걸맞지 않다는 것을 보여주는 과학적 증거로 다윈주의를 사용하였다. 즉, 헤켈은 진보는 그 어느 인간의 능력으로도, 전제군주의 무기로도, 성직자의 저주로도 억누를 수 없는 자연의 법칙이라고 보았다. 점진적인 변화를 통해서만 생명의 발달이 가능하듯이 정체는 곧 퇴보이며 퇴보는 결국 죽음에 이르기에, 미래는 진보에 의해서만 도달 가능하다는 것이다. 독일에서 도입 초기부터 진보적 정신과 결부되었던 다윈주의는 교회에의 도전을 수반했는데, 교회에의 도전은 당시의 보수반동체제에 대한 도전이기도 했다. 따라서 다윈주의에 대한 대중적 이해는 과학적인 동시에 정치적인 것이 되었다.

헤켈이 시도했던 대중화 활동은 다윈주의를 일반인을 위한 세계관(Weltanschauung)으로 승화시켰다. 정작 다윈 자신은 진화론으로부터 우주의 보편적 원리에 대한 함의를 이끌어내는 데는 관심이 없었지만, 헤켈은 달랐다. 헤켈은 다윈의 진화론이야말로 우주의 신비를 풀어내는 열쇠라고 보았다. 헤켈은 다윈주의로부터 얻은 영감을 그의 일원론적 세계관(Monism)으로 연계했다. 독일에서 일원론은 정신과

물질은 한 실체가 지니는 양면성이라고 보았지만, 1850년대 이후에는 일원론은 정신을 물질에 종속된 부산물로 보는 반종교적 유물론 전통과 궤를 같이하게 되었다.

독일에서 유물론은 19세기 초 낭만주의 자연철학(Naturphilosopie, nature philosophy)에 대한 반발로 시작되었다. 유물론은 자연철학이 추구했던 자연에 대한 이상적·통합적 관점, 즉 자연이야말로 세계정신 또는 신의 창조에 대한 외형적 표현이라는 모호한 형이상학을 거부하고, 명확한 사실과 결과의 분석에 기반한 새로운 세계관을 추구했다. 유물론에 따르면 생명은 순전히 기계적 현상일 뿐이며 이는 탄소(물질)와 운동으로 환원적 설명이 가능하다는 것이다. 물질적인 우주에서 모든 사물은 불변의 인과법칙에 따라 작동되는 만큼, 그런 시스템에 신의 존재와 창조 그리고 운명이란 것이 끼어들 여지는 없다는 것이다. 인간을 여타 사물과 같은 물질적 존재로 환원했다는 점에서 유물론자들은 인간을 동물로 간주한 다윈보다도 한층 더 급진적이었다.

바로 이 유물론과 궤를 함께 했던 헤켈에 따르면, 모든 유기체의 성장은 탄소 물질의 형성에 비견될 수 있으며, 인간은 생명의 가장 복잡한 단계이기는 하나 근본적으로는 또 하나의 탄소물질의 덩어리라는 점에서 여타 유기체나 무기체와 구별되지 않는다는 것이다. 인간과 다른 유기체와의 근본적 유사성에 대한 이러한 관점이 반영된 것이 바로 헤켈이 체계화한 발생반복설(theory of recapitulation), 즉 생물의 개체발생은 계통발생을 반복한다는 요지의 이론이다. 이 이론에서 헤켈은 인간과 원시동물의 유사성을 주장했다. 그는 인간의 발생과정에서 배아의 초기단계에는 어류와 같은 하등동물의 특징(예: 아가미)이 드러난다고 주장하면서, 일체의 생명체들을 유일한 기본에 기초하여 설명하고자 하는 유물론적 일원론을 표방했다. 즉, 헤켈에게 인간을 포함한 모든 생명은 물질의 보편적 진화 과정에서 하나의 단계일 뿐이라는 것이다. 이와 관련하여 헤켈을 포함한 유물론자들은 다윈의 진화론이 지닌 기계론적·유물론적·경험적 특징이 종교적 전통에 도전하고 목적론적 자연을 거부한다는 점을 들어, 다윈주의에 대하여 상당히 우호적인 입장을 견지했다. 반(反)교권주의를 향한 헤켈의 강력한 열망은 유물론적 일원론 세계관의 확산을 위한 노력으로 이어졌으며, 나아가 그를 다윈주의의 전파로 이끌었다. 1870년대에는 유물론적 일원론과 다윈주의는 서로 얽히게 되어 일원론 지지는 다윈주의 지지와 상통하게 되었다.

헤켈을 비롯한 유물론자들의 적극적인 노력 이외에도, 당시 독일 사회의 반교권주의적 움직임, 베어에서 헤켈에 이르기까지의 변이 이론들로 인해 독일 생물학계에서 종의 변화라는 개념이 용이하게 받아들여질 수 있었던 점 등 다양한 요인들이 작용하여, 1870년대에는 이미 독일에서 다윈주의는 순조롭게 수용되어가고 있었다. 진화론 자체는 새로운 아이디어가 아니라는 지적이 있었지만, 다윈주의가 진화의 메커니즘으로 제시한 자연선택설의 참신성은 공통적으로 인정되었다. 다윈주의의 수용은 다윈주의의 가장 극적인 이슈인 인간의 기원에 대한 관심 역시 불러일으켰다. 동물로서의 인간이라는 아이디어는 사실 익숙한 주제였다. 1864년에 독일의 동물학자·자연관찰자인 브레엠(Alfred Brehm)은 과학적 견해에서 볼 때 인간은 본질적으로 동물과 다를 바 없다고 주장한 바 있었다. 1871년에는 다윈이 『인간의 유래』(The Descent of Man)를 출간하면서 인간의 기원 문제는 더욱 더 관심의 대상이 되었다. 헤켈·포크트·뷔히너 모두 다윈의 이론을 수용하여 인간과 원숭이가 공유하는 신체적·심리학적 유사성을 이끌어내었고, 인간과 유인원의 공통조상설은 갈수록 퍼져갔다. 물론, 다윈주의 찬성 진영 쪽에서도 다윈주의 이론 일부에 대한 반대를 편 이들도 있었다. 유물론 논쟁에 관여한 바 있었던 뷔히너가 대표적인 인물이었다. 뷔히너는 다윈이 생명의 기원에 대한 가설로서 자연발생설의 가능성을 배제했다는 점을 지적했다. 이외에도 뷔히너는 다윈의 자연선택 기제가 종의 변화를 충분히 설명할 수 없다는 점, 다윈이 유기체의 변화에서 외적 환경의 역할을 과소평가했다는 점을 다윈주의의 맹점으로 꼽았다.[9]

독일의 생물학 공동체가 다윈주의를 수용하는 데 선도적인 역할을 수행했던 헤켈이 다윈주의를 대중과학의 영역으로 끌어들인 것은 『자연적 창조사』(History of Creation)와 『우주의 수수께끼』(Riddle of Universe), 이 두 권의 책을 통해서였다. 수많은 청중을 대상으로 이루어진 일련의 강연을 1868년에 책으로 엮은 『자연적 창조사』는 창조의 과정을 기적의 요소를 배제한 채 보여주고 있다. 이 책이 지닌 대중과학서로서의 성격은 도입부에서 헤켈이 스스로를 인간해방자이자 대중과학자로 규정한 것에 잘 드러나 있다. 그는 인간 지성의 최고의 공적이라 할 수 있는 자연법칙에 대한 지식은 소수의 지식인 특권층의 독점적인 소유물이 아니라 모든 인류의 것이 되어야 한다고 믿었다. 1900년까지 9쇄에 이르는 인기를 자랑했던 『자연적 창조사』는 진화론자의 입문서가 되었다. 『우주의 수수께끼』는 공전의 히트를 쳤다. 제1차 세계대전 무렵까지 약 30만부 이상이 팔린 이 책은 당시 독일 비소설분야 서적 중 유일하게 베스트셀러의 영예를 누렸다. 헤켈의 대중도서의 성공에 힘입어 다윈주의 대중화 활동은 탄력을 받게 되었다.[10]

헤켈 이외에도 다윈주의의 대중화에 나선 많은 과학자와 저술가들이 있었는데, 이들의 대중화 스타일에는 여러 가지 유형이 있었다. 첫째, 뷔히너와 헤켈과 같은 과학자들은 직접적인 설명조 스타일(expository style)을 구사했다. 이들 과학자들은 직설적인 논쟁을 즐겼으며, 지적 권위에 도전하기를 꺼려하지 않았으며, 때로는 관심을 끌고자 의도적으로 반대자들의 분노를 부채질하기도 했다. 이들의 대중화 활동 스타일은 강연과 도서저술에서 더욱 빛을 발했으며, 상당수의 교육받은 독자를 사로잡았다. 1902년 뷔히너의 사망기사에서 보듯이, 뷔히너는 그 누구보다도 더 과학 대중화에 큰 역할을 했다고 평가 받았다.

두 번째는 문예기사 스타일로, 이는 대중잡지류에 적합한 유형이었다. 이런 스타일을 구사한 대중화 활동가로는 뵐셰(Wilhelm Bölsche)와 포크트 등이 있었으며, ≪가르텐라우베≫지의 단골기고자였던 브레엠도 이러한 부류에 속한다. 문예기사 스타일은 일반인들을 계몽시킬 목적으로 일화 또는 개별 사례를 적극적으로 활용하였다. 예를 들어 흔적기관(rudimentary organ)에 대해 기술하는 경우, 귀를 팔랑거릴 수 있는 초등학교 소년의 예를 드는 식이다. 문예기사 스타일은 마치 잡지류에서 흔히 볼 수 있는 여행 스케치나 또는 연재소설의 형식을 보완한 것이었다. 오늘날 자연의 모습을 담은 그림책이나 텔레비전 자연 다큐멘터리를 생각하면 될 것이다. 대체로 문예기사의 스타일은 설명조 스타일에 비해 독자친화적이었다고 할 수 있는데, 이유인즉 독자에게 고도의 지적 능력을 요구하지 않았기 때문이다.

문예기사 스타일은 잡지가 아니라 서적에서도 찾아볼 수 있었다. 가족용 도서의 고전으로 유명세를 떨쳤던 브레엠의 『동물의 삶』

(Tierleben)을 보면 이 스타일은 일련의 그림을 보는 듯한 서술 형식을 띠고 있어 이해하기가 평이했다. 이 책은 다양한 동물에 대한 글과 그림 시리즈로 이루어져 있는데, 각 그림은 가족용 잡지의 기사처럼 구성되어 있었다. 헤켈의 학생이었던 브레엠은 열렬한 다윈주의자였지만 오히려 동물에 대한 진화론적 논리에 의해서가 아니라 의인화된 서술방식을 통해 독자로 하여금 인간의 세계를 동물의 세계에 투영시켰다. 예를 들어 브레엠은 그의 책에서 쥐를 객실의 손님, 음악을 사랑하고 귀여운 아이 같은 손님으로 묘사했다. 문예기사 스타일은 박물학 도서에서 곧잘 나타났다. 이런 대중서들은 다윈주의에 직접적으로 초점을 맞춘 것은 아니지만 자연세계의 진화를 생생한 이미지를 통해 상상력을 자극하면서 보여주었다.[11]

대중적 다윈주의 장르의 인기는 교양 독자층의 급격한 팽창으로 인한 부수적인 결과라고 볼 수도 있지만, 동물로서의 인간의 지위 등 이성과 감성을 동시에 자극하는 신랄한 논증들이 다윈주의에 가득했기 때문이라고도 할 수 있다. 그러나 보다 주목할 것은, 다윈주의로부터 대중들이 발견한 범용성 내지는 확장성이다. 독일의 일반대중은 근원적인 이슈들에 대한 새로운 답변을 추구하는 인식론으로서 다윈주의를 선택하였다. 대중들에게 다윈주의는 정치적 의미뿐 아니라 거의 보편적 의미에서의 진보를 의미하게 되었다. 그들에게 다윈주의는 헤켈이 말한 바와 같이 우주에 대한 열쇠였다. 모든 대중저술가들은 너 나 할 것 없이 그 해결의 열쇠를 가지고 정치적 · 철학적 · 종교적 문제의 자물쇠를 열고자 했다.

사회다윈주의(Social Darwinism)의 대중화[12)]

19세기 후반에 이르기까지 다윈주의만큼 대중의 큰 관심을 끌었던 과학이론은 없었을 것이다. 독일에서 다윈주의의 인지도는 전 사회계층을 망라했다. 1865년 영국의 지질학자 라이엘 경(Sir Charles Lyell)은 다윈에게 보낸 서한에서, 자신이 프로이센 왕세자를 방문했을 때 이미 왕세자는 다윈주의에 대해 잘 알고 있었다고 전했다. 1868년에 과학주간지인 ≪화보 신문≫(Illustrierte Zeitung)은 교육을 받은 독일인들이라면 다윈주의에 대해 잘 알고 있다고 묘사했다. 문헌학자 뷔히만(Georg Buchmann)이 중산계층을 대상으로 하는 자기개발 도서로 내놓은 『명언집』(Geflügelte Worte)을 보면, 1868년 초판에서는 다윈에 대한 언급이 없었지만 1871년판에서는 다윈주의의 핵심어인 '생존경쟁'(struggle for life)은 널리 회자되는 용어로서 수록되어 있었다. 다윈주의의 원리에 대한 상세한 내용까지는 아니더라도, 적어도 다윈주의의 주요 키워드들은 널리 사용되는 관용구의 형태로 대중의 지식 속으로 전파되었음을 알 수 있었다.

19세기 후반에 다윈주의가 획득한 대중성은 그 이론이 지닌 사회적·정치적 함의에 힘입은 바가 컸다. 다윈주의는 전문가들을 위한 생물학 이론의 범주를 넘어, 다양한 사회이론에서 핵심 메타포로 톡톡히 활용되었다. 그중 대표적인 것으로 생존경쟁 개념을 들 수 있다. 『종의 기원』의 부제인 "생명을 위한 투쟁에서 우호적 종족의 보존"에서도 이미 생명을 위한 투쟁의 메타포를 볼 수 있었으며, 아예 『종의 기원』의 제 3장은 생존경쟁에 대해 전면적으로 다루고 있었다. 생존경쟁은 다양한 의미를 함축하는 개념이었다. 가령, 종의 생존을 위한 다른 종과의 경쟁뿐만 아니라 동일한 종 내에서 개체 간의 개별적 경쟁 역시 의미했을 뿐 아니라, 자연 속에서 생존을 위한 환경과의 경쟁까지 포괄하는 것이었다.

'생존경쟁'의 메타포는 당시 일반대중과 엘리트 독자층을 아울렀던 대중과학 간행물 곳곳에서 엿볼 수 있었다. 다윈의 사상을 반영했던 대표적인 대중과학 간행물의 하나로 ≪아우스란트≫(Ausland)를 들 수 있다. 1865년 무렵 이 간행물은 다윈주의를 열렬하게 지지했는데, 이러한 지지의 이유는 다윈주의가 과학적으로 명쾌하게 증명되어서라기보다는 통합된 세계관(Weltanschauung)으로서의 면모를 지니고 있었기 때문이었다. 1870년 초 보불전쟁(Franco-Prussian War)이 한창이던 때, 편집인 헬발트(Frederich von Hellwald)와 기고자들은 전쟁이 자연법칙의 산물임을 증명하는 데 다윈주의를 활용하였다. 생존경쟁의 이론은 사회는 물론 민족 간 관계를 고찰하는 데까지 적용되었던 것이다. 나아가, 당시의 제국주의 전쟁은 소위 유럽의 문명민족들이 다른 열등민족을 둘러싸고 벌이는 생존경쟁의 일환으로 이해되었다. 1880년에 이르기까지 ≪아우스란트≫는 다윈 이론을 대중화하는 데 중요한 역할을 했지만, 생존경쟁의 개념에 대한 ≪아우스란트≫의 지나친 찬사는 독일 부르주아 세력들이 지녔던 윤리적 가치체계에 거슬리는 것이라고 비판받기도 했다.

또 하나의 간행물로는 일원론적 세계관에 충실했던 ≪코스모스≫(Kosmos)가 있었다. 다윈주의 계열의 간행물이라는 평이 어색하지 않은 ≪코스모스≫는 처음에 인문학과 과학을 다루었지만, 점차 진화에 초점을 둔 매체로서의 명성을 이어갔다. 예를 들어 다윈의 자연선택설과 유전이론 등이 이슈로 다루어졌다. 특히 ≪코스모스≫의 지면에서 관심을 끌었던 주제는 사회다윈주의 논쟁이었다. 그 논쟁의 핵심은 다윈주의가 사회주의적(socialistic)이냐 귀족적(aristocratic)이냐는 것이었다. 이는 반다윈주의자로 유명했던 피르호가 헤켈과 벌인 유명한 논쟁에서 당대의 관심을 끌었던 이슈였다. 피르호는 다윈주의는 사회민주주의자(Social Democrats)들에 의해 채택된 '위험스런' 이론이라고 비판했다. 이에 대해 헤켈은 다윈주의는 귀족적이라고 반론했는데, 이유인즉슨 적자생존의 법칙은 최적의 개체의 승리를 의미하는 것으로 이해되었기 때문이었다. ≪코스모스≫는 사회다윈주의적 입장에서, 다윈의 자연선택설이 지닌 귀족적 특성을 전파했다.[13)]

그러나 ≪코스모스≫의 이와 같은 경향, 또는 사회다윈주의적 담론은 당시 독일에서 다윈주의가 지녔던 정치적 메시지의 여러 단면들 중 하나에 해당할 뿐이다. 19세기 말 독일의 사회적・정치적 맥락 속에서 다윈주의는 복잡하게 변형되어갔다. 우선, 사회다윈주의는 인간사회는 최적자가 승자가 되는, 생존을 향한 맹렬한 투쟁이 이루어지는 산실이라는 명제를 공유했을 뿐, 세부적인 측면에서는 다양한 형태의 사회이론으로 나타났다. 흔히 사회다윈주의자들은 자본주의 경쟁체제를 정당화하고 현상 유지를 옹호한 그룹으로 단정되는 경향이 있지만, 이들의 특성은 이보다 훨씬 복잡하여 이데올로기적으로 규명하기가 쉽지 않다. 1870년대부터 1880년대에 이르는 사회이론들은 '온건한' 사회다윈주의였다고 할 수 있다. 예를 들어 리페르트(Julius Lippert)는 『문명의 진화』(The Evolution of Culture, 1886년)에서 현재의 사회는 장기간에 걸친 자연선택의 결과라는 명제에 근거하여, 생존경쟁이야말로 현대문명의 진화를 설명하는 강력한 설명의 틀이라고 주장했다. 이와 유사하게, 문명사가였으며 ≪코스모스≫ 저널의 편집자였던 헬발트는 당시에 벌어진 국가 간의 무자비한 전쟁을 경험하고서는, 평화적 이상주의를 믿는 이들을 조롱했다. 그는 평화회의와 같은 국제회의는 결국 치열한 전쟁이 휩쓸고 간 자리의 뒤처리를 떠맡을 뿐 전쟁을 대신할 수 있는 능력은 없으며, 결국 인간사회의 생존경쟁은 인간이 멸망하지 않는 이상 계속될 것이라는 회의적인 전망을 표명했다.

온건한 유형의 사회다윈주의는 다윈의 유전에 대한 견해, 즉 인간은 유전과 환경의 상호작용의 산물이라는 점은 받아들였다. 하지만 1890년대에 들어 다윈의 이론은 독일 바이스만(August Weismann)의 생식질설(germ plasm theory)의 등장과 함께 강한 비판을 받았다. 이 이론은 생물의 생식세포에 포함되어 있는 생식질이 수정과 개체발생을 통해 다음 세대로 전달됨으로써 유전이 일어난다는 요지였다. 바이스만은 생명은 외부적 영향력과는 무관하며 생식질의 지속적 전달의 산물임을 주장했다. 다윈주의자이기도 했던 바이스만의 영향으로 인해 어떤 사회다윈주의자들은 인간은 유전의 포로이며, 각 생명체의 운명은 타고난 재능과 한계로 이미 결정되어 있다고 믿게 되었다. 바이스만의 이론은 계급과 인종의 태생적 특질의 위력을 옹호하는 이들에게 신봉되었으며, 급기야 이들 그룹은 일종의 '급진적' 사회다윈주의를 형성했다. 이들은 계급 차이가 없는 이상향을 지향하는 사회주의 예찬가들을 불신했으며, 열등인종에 대한 비판 논리를 만들어냈다. 프랑스에서 건너온 고비노(Arthur de Gobineau)의 인종차별주의와 사회다윈주의 간의 이종교배가 형성되었던 것이다. 이러한 급진적 사회다윈주의자들은 인간의 재능을 후천적으로 증대시키는 교육에 대한 믿음조차도 부정했으며, 오로지 유전만이 운명의 결정요인이라고 보았다. 급진적 사회다윈주의자였던 문학사학자 틸레(Alexander Tille)는 인도주의·평등·기독교윤리·민주주의·사회주의 등의 가치체계는 모두 사회적 부적합자들을 현혹시킬 뿐이라고 강조했다. 틸레는 국가는 자연의 선택에 따라 타고난 재능을 가진 이들에게 더 많은 식량과 혜택을 주어야 하며 불구자와 미치광이의 제거에 더욱 적극적으로 개입해야 한다고 강조했다.

그러나 온건한 사회다윈주의자든 급진적 사회다윈주의자든 강력한 대중성을 획득하지는 못했다. 독일에서 사회다윈주의자들은 비교적 소수의 급진적인 그룹이었으며, 대중에게 미치는 영향력 역시 제한적이었다. 사회다윈주의자들은 독일 내의 다른 다윈주의자들보다 급진적·반종교적 성향이 강했으며 제도권의 학계로부터 소외되었을 뿐 아니라, 프로이센 의회의 보수주의자들에게는 혐오의 대상이었다. 잡지와 사전류의 기사들은 사회다윈주의 이슈에 대해 거의 다루지 않았으며, 대중도서들 역시 이 주제에 대해 간접적으로만 다룰 뿐이었다. 학교 교과과정 개혁에서 다윈주의를 포함시켜야 한다는 요구는 제기되었으나, 사회다윈주의에 대한 언급은 없었다. 심지어 대중저술가들도 다소 철학적인 사변 수준에서 사회다윈주의를 모호하게 다루는 데 그칠 정도였다. 사회다윈주의는 급진적이고 반전통적인 성향으로 인해, 기득권 계급의 이데올로기로서 인기를 얻을 수 있었던 방법은 없었다. 그렇다고 급진적 좌파주의주나 혹은 종교적 좌파주의자들이 사회다윈주의를 지지하는 것은 역시 불가능에 가까웠는데, 왜냐하면 주지한 바와 같이 사회다윈주의자는 바이스만의 생식질 이론에 반영된 유전적 결정론을 수용한 데 반해 좌파주의자들은 계급이나 종파의 차이를 견고히 하는 생물학적 결정론을 태생적으로 거부하는 입장이었기 때문이다. 이렇게 보니 사회다윈주의가 공략할 수 있는 잠재적인 대중의 존재는 종교적 연계가 약한 중하층 계급에 불과했다.

다윈주의 대중화 활동가들이 공유하고 있던 관념은 사회다윈주의자들의 그것과는 차이가 있었으며, 대체로 다윈주의 대중화 활동가들은 사회다윈주의를 무시했거나 반대했다. 다윈주의 대중화 활동가는 사회적 투쟁은 정확하게 동물의 투쟁과 상응한다는 논리를 반드시 따르지는 않았다. 오히려 다윈주의 대중화 활동가들은 협력과 이타성과 같은 긍정적인 특질이 어떤 개체를 최적의 개체로 만들어 주어 자연선택의 대상이 될 수 있게 해 준다는 논리를 강조했다. 사회다윈주의자가 인간을 유전의 포로로 간주했던 반면 다윈주의 대중화 활동가는 환경주의에 확고한 근거를 두고 인본주의 노선을 강조했다. 다윈주의 대중화 활동의 선봉에 있었던 헤켈의 경우는 더욱 흥미롭다. 헤켈의 대중도서에는 사회다윈주의자로서의 그의 면모를 보여주는 흔적들이 없지는 않지만 매우 미미한 수준이다. 예를 들어 그는 『자연적 창조사』에서 경쟁은 사회진보를 위한 필요조건이며 사형은 범죄자 처벌을 위해 필요하다고 설명함으로써, 생존경쟁과 자연도태를 사회진화의 원동력으로 보았다. 그러나 바로 같은 책에서 그는 고대 스파르타에서와 같은 가혹한 인위선택(artificial selection)을 지지하지는 않았으며, 사회복지에 대한 어떠한 찬반 견해도 언급하지 않았다. 헤켈이 인위선택의 수단으로서 검토했던 것은 투쟁과 같은 과격한 방법이 아니라, 교육제도와 같은 문명화된 방법이었다. 헤켈은 종의 향상을 위한 교육이 절대적으로 필요함을 강조했는데, 이는 그가 바이스만의 생식질설에 반대한 반면 라마르크의 획득형질의 유전을 수용한 것과 관련이 깊다. 획득형질의 유전이 사실이라면, 교육을 통해 향상된 형질은 미래세대에 전달되어 종 전체의 향상을 이룰 수 있기 때문이었다.14) 헤켈이 사회다윈주의에 대한 모호한 입장을 견지했다면, 헤켈의 친구이자 제자로서 다윈주의 대중화 활동의 선봉에도 있었던 뵐셰는 사회다윈주의자가 확실히 아니었다. 사회다윈주의자들은 냉혹한 투쟁을 강조했던 반면 뵐셰는 사랑과 협력의 중요성을 설파했다. 그는 자연에서의 생존경쟁을 인간사회에서의 투쟁에 무비판적으로 적용한 사회다윈주의의 핵심을 비판하면서, 인간사회에서 볼 수 있는 개개인의 다양성은 자연에서의 종간 투쟁에 이은 자연선택의 결과로는 설명될 수 없음을 강조하였다.

다윈주의 대중화 활동가들은 그러나 사회다윈주의가 표방했던 한 지류인 인종차별주의와 관련해서는 묘한 공통성을 드러내었다. 비록 다윈주의 대중화 활동가들은 반유대주의자는 아니었지만, 적어도 유색인종보다는 백색인종이 우수하다고는 믿었다. 다윈주의 대중화 활동가들은 흑인과 같은 열등인종들은 원숭이류(類)에 보다 가깝다는 인식도 드러냈다. 그러나 백색인종의 우수성에 대한 믿음은 근대 유럽문화에서 깊게 각인된 전제라는 점에서, 다윈주의 대중화 활동가들 역시 그러한 관념으로부터 자유롭지 못했다는 점이 곧 그들이 사회다윈주의자였다는 것을 의미하는 것은 아니다. 헤켈은 유대인을 소위 열등한 유색인종으로 분류하지는 않았다는 점, 그리고 헤겔 자신이 반기독교적 정서를 지녔다는 점을 볼 때, 헤켈의 저술에서 발견되는 반유대인주의 흔적 역시 적어도 유색 vs. 백색이라는 인종차별주의 관념의 소산은 아니었다 할 수 있다.

뵐셰 역시 인종차별주의 담론에는 거의 무심했다. 물론 뵐셰도 백인이 유색인종보다 문화적으로 앞선다고는 동의했지만, 그러한 주장이 영속적이고 고정적인 진리일 필요는 없다고 보았다. 인간은 문화의 일부로서 항상 변화의 흐름에 속해 있기에, 특정 인종의 우월성이 항상 불변의 구도로 유지될 수는 없다고 보았다. 즉, 독일인의 우월성이라는 주장은 진화의 개념과는 융화하기 어렵다는 것이다. 뵐셰는 여기서 한발 더 나아가 독일인이 지니고 있는 정신적 일체감은 사랑이 진화하는 과정상의 한 단계이며, 이 진화는 원시적 공감으로부터 시작하여 결국 보편적 형제애로 귀결된다고 주장하였다. 이는 인도주의적 국제주의를 암시하는 것이지, 결코 인종차별적 국가주의를 의미하는 것은 아니었다.

반유대주의 그리고 '급진적' 사회다윈주의와 다윈주의 대중화 활동가들 간의 연관성은 모호했다. 나치 인종차별주의가 부상한 지적 배경의 형성에 헤켈이 중요한 역할을 구사했다고 평가되기도 하지만, 실제로 헤켈의 일원론 연맹(Monist League)이 펼친 활동은 보다 복잡하고 다면적인 양상으로 전개되었다. 일원론 연맹 회원 일부는 인종차별주의자와 사회다윈주의자로서의 면모를 보였는가 하면, 동시에 일부는 일원론의 합리적·진보적·인도주의적 측면을 주장하기도 했다. 반면 일원론 연맹의 회장으로 노벨상 수상자였던 물리학자 오스트발트(Wilhelm Ostwald)는 연맹의 비정치성을 유지하려고 노력하기도 했지만, 상당수의 일원론자들은 계급 차별이 없는 이상향을 지향하는 사회민주주의 편에 서 있는 경향을 드러내기도 했다. 또 다른 일원론자인 뵐셰 역시 친나치 성향을 드러내었다고 평가받기도 한다.

이 모든 점을 고려해 보건대 나치가 다윈주의를 전적으로 수용했다고 할 수는 없다. 다윈주의는 모든 인간이 공통의 기원을 지닌다고 상정하는 동시에 변화(=진화)를 강조했다. 그렇다면, 진화론의 수용은 나치가 주장했던 독일 인종의 불변의 영속적인 우수성을 부인하는 것이 될 것이다. 따라서 1934년 헤켈 100주년 탄생 기념행사에도 불구하고 나치 독일은 대중적 다윈주의 문헌을 모두 금서 목록에 올렸다는 점은, 대중적 다윈주의와 나치 인종차별주의가 사상적으로 어떠한 관계에 있었는지를 상징적으로 보여준다. 요약하면, 헤켈을 위시한 다윈주의 대중화 활동가들은 사회다윈주의의 지류에 속하지도 않았으며, 오히려 보편적 인도주의의 관점과 부합하는 측면도 일부 엿보인다고 할 수 있다.

노동계급과 다윈주의의 대중화[15)]

19세기 말 다윈주의의 대중화는 중간계급뿐 아니라 노동계급에까지 확산되어갔다. 제1차 세계대전 이전 독일 노동계급의 정치적 견해는 사회민주주의 이데올로기 쪽으로 압도적으로 쏠려 있었다. 이것을 두고 노동계급이 당대 마르크스주의 사상에 몰입되어 있다고 속단할 수도 있겠지만, 현실은 달랐다. 요컨대, 독일 노동자들은 정치적 혁명주의자의 입장에 있었다기보다는, 자연진화론자에 가까운 다윈주의에 상당히 기울어져 있었다.

독일에서의 사회주의·사회민주주의 운동의 리더들은 한결같이 대중적 다윈주의자였다. 장차 독일 사회주의의 리더가 되는 베벨(August Bebel)의 1870년대 초 감옥 시절의 독서목록에는 다윈의 『종의 기원』, 헤켈의 『자연적 창조사』, 뷔히너의 『힘과 물질』, 리비히의 『화학의 일상문법』(Familiar Letters on Chemistry) 등이 포함되어 있었다. 피르호와 같은 자유주의 사상가들은 다윈주의가 사회민주주의로 이어질 소지가 크기 때문에 다윈주의를 대중으로부터 축출해야 한다고 우려를 표명할 정도였다. 더욱이 1880년대 사회주의 운동의 형성기에 가해졌던, 사회주의 서적에 대한 금서 조치는 노동자들로 하여금 마르크스주의에 탐닉하게 하는 데 장애로 작용하였다. 마르크스주의에 비우호적이었던 이러한 사회적 여건 아래서 다윈주의와 같은 과학은 보다 안전한 대체재가 될 수 있었으며, 내용적으로도 급진주의 사상을 대체하는 데 충분했다. 켐니츠(Chemnitz)의 기계공장에서 일했던 젊은 신학자인 괴레(Paul Gohre)는 1891년에 노동자들은 사회주의자 이론은 잘 모르지만 대중과학과 유물론 도서에는 많은 관심을 지니고 있다고 증언했다. 예를 들어 도델(Arnold Dodel)의 책 『모세냐 다윈이냐?』(Moses oder Darwin?)는 노동자들의 폭발적 관심을 끌었다.

당시 다양한 노동계급들의 독서 경향을 일반화시키는 것은 쉽지 않지만, 몇 가지 두드러진 특징을 도출할 수는 있다. 기술숙련도가 높은 노동자일수록 독서량이 많은 경향이 있었다. 대도시 노동자들은 시골 노동자들보다 독서량이 작았으며, 독일 동부권보다도 서부권 노동자들의 독서량이 많았다. 여성노동자들은 가벼운 소설류를 선호하였으며 심각한 주제의 책은 기피했다. 계절적으로 겨울에는 독서량이 늘었으며 경제공황의 시기에도 독서량은 증가했다. 대중적 다윈주의에 대한 지적 관심을 표명한 노동자들은 독학이 가능한 지적 능력을 갖춘 이들로, 그 숫자는 많지 않았지만 노동자들 사이에서의 영향력은 상당하여 동료 노동자들은 그들을 '선생님'(Herr Professor)으로 높여 부를 정도였다. 노동계급에 대한 다윈주의의 영향을 이해하기 위해서는, 이들 소수의 엘리트사상가들이 열렬하게 탐독했던 다윈주의 도서들을 고찰해보는 것이 꼭 필요하다.

베벨의 『여성과 사회주의』(Woman and Socialism)는 노동자들에게 널리 읽혀졌던 책으로, 그 목적은 사회주의 개념에 대한 대중적 이해를 증진하는 데 있었다. 그러나 베벨은 자본주의 사회에 대한 경제적 분석에 대해서도 사회주의로 나아가는 변증법적 변화에 대해서도 크게 언급하지 않았다. 그보다는 베벨은 사회주의를 지구 전체의 자연사적 역사에서의 한 단계로 규정하면서, 사회주의로의 정치적・사회적 이행에 대한 자연적 해석을 시도했다. 이에 따르면 자본주의 체제 내의 견고한 계급구조가 자연선택의 과정을 억제해버렸기 때문에, 사회의 정상에 있는 이들은 경쟁으로부터 보호되는 반면 바닥에 있는 이들은 투쟁과 경쟁의 기회를 박탈당했다는 것이다. 베벨은 이런 상황에서 자연의 균형을 회복할 수 있는 길은 사회주의의 단계로 이행하는 것뿐이며, 이를 통해 모든 인간이 자연의 자연스런 발달과정에서 기회를 얻는 사회적 조건을 마련할 수 있을 것이라고 보았다. 즉, 발달과 적응의 원리가 모든 인간에게 적용되는 것은 사회주의 체제를 통해서 가능하다고 분석했다.[16]

뵐셰와 헤켈 역시 독일 노동자들의 관심을 끌었던 대표적인 저작들의 주인공들이었다. 사회주의에 동정적 입장을 지녔던 뵐셰의 저작들은 노동자들에게 쉽게 수용될 수 있었다. 이와는 대조적으로 헤켈은 사회민주주의에 대해 극렬한 반대를 보였지만, 그의 책 『우주의 수수께끼』는 노동자들의 커다란 관심을 받았다. 이 책은 정치적 논증의 책은 아니었으되 과학의 계몽을 억눌렀던 반동세력에 대한 비판을 담고 있었다. 헤켈은 노동자들의 눈에도 가시였던 교회와 학교와 같은 사회제도에 대해 비판의 시선을 보냈다. 헤켈의 책을 읽은 노동자들은 다윈주의를 미신과 억압에 대한 자유의 투쟁과 동의어로 간주하게 되었다. 뵐셰 역시 다윈주의를 일컬어 단지 일련의 경험적 사실의 나열이 아니라 자연의 과정과 조화되어 이해될 수 있는 진보적 세계관이라는 점을 강조했다. 헤켈과 뵐셰와 같은 다윈주의자들은 사회주의 신문 지상에 자주 등장했지만, 직접적인 정치적 메시지를 논하지는 않아 사회주의자들을 겸연쩍게 만들었다. 다윈주의자들의 비전은 기독교적 천국에 대한 세속적 대안을 내놓는 것이었지만, 이런 비전을 달성할 수 있는 길로 반자본주의적 계급투쟁을 선택한 것은 아니었다. 도델의 책 『모세냐 다윈이냐?』가 설명했듯이, 기독교는 빈곤한 노동자 구제를 위해 2천 년이나 노력했지만 결국은 실패했으며, 다윈주의만이 노동자의 미래에 희망을 가져다줄 수 있는 길로 받아들여졌다.

대중적 다윈주의 소설 역시 노동자들에게 인기가 있었다. 미국의 소설가 벨라미(Edward Bellamy)의 공상주의 소설인 『되돌아보면』(Looking Backward, or 2000-1887)은 노동자들의 폭발적 관심을 끌었으며, 많은 사회주의 신문들에 연재되었다. 이 책은 보스턴 출신의 웨스트(Julian West)가 1887년 이후 113년간의 잠에서 깨어난 서기 2000년에 겪게 되는 미래사회에 관한 이야기이다. 웨스트가 만난 미래사회는 진화적 과정을 거쳐 자본주의적인 착취가 제거된 사회였다. 즉, 기존의 수많은 사회·경제적 문제들이 해결된 미래사회는 정부라는 유일무이한 거대 협동조합(gigantic cooperative)의 통제하에 들어가 있는 사회로, 국가의 전 자본은 인민의 이익을 위해 운용되게 되어 미국사회는 더 이상 계급 갈등이 없는 사회로 진화하게 된 것이었다. 독자들에게 전하고자 하는 벨라미의 메시지는, 진화의 원리에 따라 사회는 '나쁜 다윈주의'(bad Darwinism) 사회로부터 '좋은 다윈주의'(good Darwinism)

사회로 나아가게 된다는 것이며, 따라서 1887년에 펼쳐져 있는 것과 같은 맹렬한 투쟁 본위의 사회를 지양하고 궁극적 진보를 향해 나아가야 한다는 것이었다.17)

노동계급에 가까이 다가간 대중적 다윈주의의 영향력은 노동자들의 권익을 대변하던 사회민주당(Sozialdemokratische Partei Deutschlands) 내에서도 팽배했다. 사회민주당이 마르크스 사상 대신 비(非)마르크스주의적이라 할 수 있는 진화사상을 노동자 대중에게 촉구한 것은, 사회민주당 스스로가 비판적 타겟으로 삼은 부르주아 문화에 대해 실효성 있는 대안을 내놓지 못했음을 보여준다. 사회민주당의 리더와 당원들의 애독서들을 살펴보면 부르주아 문화의 표상으로 알려진 ≪가르텐라우베≫지를 도배한 내용들과 다를 바가 없었으며, 사회주의자들은 대중적 다윈주의를 표방했던 부르주아 문화권 내의 진보주의와 견해를 함께 하기도 했다. 독일 사회민주당이 1914년 이전에 노동자들에게 경제학·정치학에 대한 대중적 이해를 제공했다는 증거는 그리 많지 않다. 놀랍게도, 노동자들의 회고전(memoirs)을 들여다보아도 마르크스 혹은 사회주의 혁명의 가능성을 언급한 작품들보다는 오히려 벨라미로부터의 영향력이 드러난 작품들이 빈번했을 정도로, 노동자들의 혁명적 의식은 부족한 축에 속했다. 사회민주당의 노동자 당원들은 정치활동이나 노동조합 활동보다도 오히려 교육과 자연에 더 관심이 많았다. 노동자들도 ≪가르텐라우베≫와 같은 부르주아 가족잡지를 좋아했다. 그들 역시 휴양지의 산림을 산보하는 여유와 시골 별장을 짓기 위한 돈벌이에 관심이 많았다. 즉, 사회민주당에 속했던 노동자들은 스스로가 소자본가층(petit bourgeois)이 되고픈 욕망을 보여주었다.

상술한 내용으로 볼 때, 다윈주의 대중도서의 확산은 노동자들의 가치체계를 형성하는 데 있어 절대적이라고는 할 수 없더라도 적어도 중요한 역할을 했다. 노동자들이 겪고 있던 세상은 고용과 돈을 위한 투쟁의 장이었으며 자본가의 착취가 횡행하는 곳이었다. 다윈의 생존경쟁은 바로 이러한 현실을 구체적으로 보여주는, 그리고 이해 가능한 개념이었다. 다윈주의와 마르크스주의의 차이는, 전자는 현실과 이론이 일치하는 세상을 설명했다면, 마르크스주의는 오로지 복잡한 이론적 허구만이 존재할 뿐이라는 데 있었다. 다윈주의적 자연의 신성화는 불가피하게 혁명적 의식에 대한 효과를 약화시키는 결과를 낳았다. 다윈주의는 프롤레타리아(proletariat) 임금노동자의 문제에 대한 정치적 해결책을 제공하지 않았을 뿐 아니라, 사회의 역사적 발달은 경제적 착취와 계급투쟁에 의해서가 아니라 시간의 흐름과 함께 자연의 원리에 의해 개선되고 진보함으로써 이루어질 것이라는 관념을 전파함으로써, 현재 존재하는 부르주아 사회를 암묵적으로 용인하는 동시에 마르크스주의 혁명활동의 가치를 희석시켰다. 독일 사회민주당 내 온건한 세력에 속했던 극작가 슈테른하임(Karl Sternheim)의 1916년 연극 ≪타불라 라사≫(Tabula Rasa)는 당시 노동계급에 팽배해 있던 대중적 다윈주의의 면모를 잘 보여준다. 이 연극의 주제는 다윈주의자 뵐셰의 원리를 사회투쟁에 적용한 것으로, 변화는 폭력에 의해서가 아니라 진화에 의해 평화적인 방식으로 이루어질 것이라는 것이었다. 슈테른하임은 이러한 진화의 방식을 통해 당대 사회의 구성원들은 프롤레타리아 지위로부터 시민으로 승격되고 부르주아로 보편화될 것이라고 연극에서 강조했다. 요약하면, 다윈주의와 혁명적 마르크스주의의 불안한 동거가 유지되는 가운데, 독일의 노동자 계층은 다윈주의로 기울어져 있었다.

상술한 바와 같이, 독일에서 다윈주의가 대중적 반응을 가져온 것은 다윈주의가 생물의 진화를 넘어 대중철학이자 세계관으로서 수용되었기 때문이었다. 다윈주의 대중화는 1848년 독일 혁명이 쏘아 올렸던 급진적 자유주의 정신을 이어가는 문화적 활동의 연장선상에 있었다. 1860년대와 1870년대 다윈주의는 교회와 공교육과 같은 보수적 요새에 대항하는 무기였으며, 1870년대 이후에는 마르크스주의적 사회주의의 대중적 지지대가 되었다. 유물론자 · 이상주의자 · 귀족주의자 · 민주주의자 · 보수주의자 · 자유주의자 · 사회주의자 이외에도 종교적 색채를 띤 일부 지지자들도 다윈의 권위에 어필했다. 다윈주의가 독일 과학자 공동체로 급격하게 파고들었을 때 다윈주의는 상당수의 과학 대중화 활동가들을 끌어당겼다. 1860년대부터 식자율이 유럽에서 가장 높았던 독일에는 잡지와 도서를 향유하는 독서층이 두텁게 형성되었다. 대중화 활동가로서 최고의 명성을 누린 인물은 헤켈이었지만, 헤켈을 넘어 다윈주의 대중화의 최전선에 있었던 인물은 소설가에서 과학 대중화 활동가로 전향한 뵐셰가 있었다. 뵐셰는 다윈주의의 의미를 우아한 감성적 스타일로 풀어내었으며 그의 도서들은 인기를 끌었다. 과학자 · 저술가들은 독일 제2제국의 정치 · 사회 · 문화적 열망에 부응했던 다윈주의를 매개로 일반대중의 지적 계몽을 위한 대중화 활동을 적극적으로 전개했다.

나가면서

독일에서 다윈주의 대중화는 지적 엘리트층의 주의주장이 일반대중에게로 일방적으로 흘러 전파되는, 계몽적 대중화의 과정을 거쳤다고 할 수 있다. 즉, 이러한 대중화 활동은 일반대중을 위시한 사회 각계각층의 자발적인 비판과 피드백을 아우르지는 못했다. 독일에서 다윈주의 대중화는 일반대중의 자발적·적극적 참여와 피드백이 수반되지 않은 채 소극적·수동적 대중화의 형태로 진행되었다.

아울러, 19세기 말 독일에서의 다윈주의의 대중화는 진보의 정신에 기반한 세계관을 고양하는 정치적 활동에 초점을 맞추었다는 점에서, 도구적 대중화의 성격을 강하게 띠고 있었다고 볼 수 있다. 주목할 만한 것은, 다윈주의 대중화를 도구로서 사용한 이데올로기들의 파급력에 따라, 다윈주의 대중화의 활성화 정도까지 영향을 받았다는 점이다. 즉, 독일에서의 사회다윈주의는 강력한 대중성을 획득하지 못하였으며 그 결과 다윈주의가 사회다윈주의의 바람을 타고 대중에게 파고든 정도는 미약했다. 이는 위에서 서술했듯이, 다윈주의 대중화 활동가들은 대체로 사회다윈주의의 지류에 속하지 않았다는 점에서도 잘 드러난다. 반면, 사회주의에 대한 온건하고 위험부담이 적은 대체재로서 대중적 다윈주의는 19세기 말 독일에서 중간계급뿐 아니라 노동계급에까지 확산되어갔다. 즉, 다윈주의라는 생물학 이론에 바탕을 두거나 그것을 이데올로기의 전파 도구로 활용한 것은 사회다윈주의의 경우에서나 노동자/대중 철학으로서의 다윈주의의 경우에서나 동일했지만, 전자의 경우 다윈주의 대중화 활동과의 연관성은 의문인 반면 후자의 경우는 다윈주의는 상당수의 과학 대중화 활동가들을 끌어당겼던 것이다.

이는, 어떠한 과학이론에 대한 과학 대중화의 성공 정도는, 그러한 과학이론이 대중화의 타깃(수요층)인 대중은 물론 그 대중화의 수행 주체(공급층)인 지식인들의 요구에도 부합하는 정도에 영향을 받는다는 점을 확인시켜준다. 앞서 언급했듯이 본질적 대중화의 수행 주체인 박물학 대중화나 초기 다윈주의 대중화의 경우, 해당 과학이론이나 분야의 사회적 정착과 대중적 지지는 해당 이론과 분야 나아가 그 이론과 분야에 종사하는 전문연구자들의 직업적 성패에 영향을 주는 중요한 요인이었기 때문에, 그러한 전문연구자들은 자신들의 이론과 분야를 대중화하는 데 적극적으로 나섰다. 이보다 이후의 시기에 있었던, 다윈주의의 도구적 대중화의 경우, 다윈주의를 도구로서 사용한 이데올로기의 열렬한 추종자들에 의해 다윈주의의 대중화는 탄력을 받았다. 즉, 어떠한 과학이론이나 분야가 대중에게 파고들기 위해서는, 해당 이론이나 분야가 대중적으로 어필할 수 있는 내용 측면에서의 잠재력도 중요하지만, 그러한 대중화를 적극적으로 수행할 동기가 전문과학자나 사회 이론가/운동가들로부터 점화되어야 한다는 점이다. 독일에서의 사회다윈주의와 노동자/대중 철학으로서의 다윈주의 모두 다윈주의에 뿌리를 두고 있다는 공통점에도 불구하고 과학 대중화의 활성화 정도는 서로 달랐던 사실은, 바로 이러한 점을 확인시켜주고 있다.

---

1) Michael Dettelbach, "Humboldtian Science," in Nicholas Jardine, James Secord, and Emma Spary, eds., *Cultures of Natural History* (Cambridge: Cambridge Univ. Press, 1996), 287-304.

2) Stephen F. Mason, *A History of the Sciences* (Macmillan General Reference, 1962), 580-585.

3) Kurt Bayertz, "Spreading the Spirit of Science: Social Determinants of the Popularization of Science in Nineteenth-Century Germany," in Terry Shinn and Richard Whitley, eds.,

Expository Science: Forms and Functions of Popularization, ser. Sociology of the Sciences Yearbook 9 (Boston: D. Reidel Publishing Company, 1985), 214-217.

4) Rudolf Virchow, *The Freedom of Science in the Modern States* (London: BiblioLife, 2009), 13-14; Bayertz, op. cit., 217-219.

5) Frederick Gregory, *Scientific Materialism in Nineteenth-Century Germany* (Boston: D. Reidel, 1977).

6) Bayertz, op. cit., 221-222.

7) Carlo M. Cippola, *Literacy and Development in the West* (Harmondsworth, 1969), 85, 91, 115.

8) Francis Darwin, ed., *The Life and Letters of Charles Darwin* (vol. 2), 2, 71, 243, 401; William M. Montgomery, "Germany," in Thomas F. Glick, *The Comparative Reception of Darwinism* (Chicago: Univ. of Chicago Press, 1988), 83-89.

9) Ludwig Buchner, *Man in the Past, Present, and Future: A Popular Account of the Results of Recent Scientific Research regarding the Origin, Position and Prospects of Mankind* (New York: Peter Eckler, 1894), http://catalog.hathitrust.org/Record/007706475.

10) Alfred Kelly, *The Descent of Darwin: the Popularization of Darwinism in Germany, 1860-1914* (Chapel Hill: Univ. of North Carolina Press, 1981), 23-26; Ernst Haeckel, *History of Creation* vol. 1 (New York: D. Appleton and Company, 1880) 참조. 특히 xvi, 4를 볼 것.

11) Kelly, op. cit., 33-34.

12) 독일 제2제국 시절 사회다윈주의의 대중화에 대해서는, Kelly, op. cit., 100-121.

13) Peter Weingart, "'Struggle for Existence': Selection and Retention of a Metaphor," in Sabine Maasen et al., eds., *Biology as Society, Society as Biology: Metaphors* (Boston: Kluwer Academic, 1995), 130-133.

14) Haeckel, op. cit., 166, 175-179, 338.

15) 제2제국 시절 독일에서 다윈주의의 대중화가 노동계층에 미친 영향에 대해서는 켈리의 연구를 주로 참조한다. Kelly, op. cit., 123-141.

16) August Bebel, *Woman and Socialism* (New York: Socialist Literature Co., 1910), 249.

17) Edward Bellamy, *Looking Backward, 2000-1887* (Seven Treasures Publications, 2009), 272.

04 미국 산업화 시대(1860~1910) 대중매체의 과학전선화와 다윈주의 대중화

들어가면서

다윈주의가 그 발상지로부터 대서양을 건너 미국에서까지 논쟁을 촉발하게 된 것은 당시 미국 최고의 생물학자였던 아가시(Louis Agassiz)가 진화론을 비판하고 나서면서부터였다. 아가시는, 현재와 같은 다양한 종의 존재는 창조라는 특별한 일회성 사건의 산물이지 자연법칙이 누적적으로 작용한 결과가 아니라는, 말하자면 종의 고정성이라는 전통적인 견해에 기초한 창조론적 관점에서 진화론을 거부하였다. 진화론에 대해 아가시가 불을 지핀 찬반 논쟁은 이내 대중과학 잡지들의 뜨거운 관심거리가 되었으며, 이들 매체들은 진화론 찬반 논쟁의 전선이 되었다. 주목할 것은, 이러한 논쟁의 과정에서 당시의 매체들은 단순히 진화론에 대한 입문 수준의 정보를 제시하는 데 그치지 않고 진화론을 둘러싼 논쟁을 대중의 눈앞에서 생중계하기 시작했다는 점이다. 즉, 과학적 진화론과 종교적 형이상학 간의 대립과 공방이 과학자들의 탁상공론이나 찻잔 속의 태풍으로 그치지 않고 일반대중들의 관심 역시 끌 수 있었던 데에는, 대중매체들을 매개로 대중과 일반교양인 역시 진화론에 대한 접근이 가능하게 되었던 점이 크게 작용하였다.

19세기 후반 미국에서 대중과학 잡지들은 과학자들의 연구활동에 대한 지식과 정보를 교양인들을 위시한 일반대중에게 전달하는 역할을 충실히 수행했다. ≪사이언스≫(Science) · ≪아메리칸 내추럴리스트≫(American Naturalist) · ≪월간 대중과학≫(Popular Science Monthly) 등의 대중과학 잡지들은 과학애호가(devotees) · 교양인(cultivators) · 실천가(practitioners) 등 다양한 부류의 독자들을 구독층으로 하고 있었으며, 이들이 과학 진흥과 관련하여 보유했던 파급력 역시 다양했다. 대중과학 잡지들은 과학이 중간계급의 교양인들에게 삶의 규범으로 자리 잡는 데 기여했다면, 노동자 계급을 대상으로는 사회주의 이데올로기의 고양과 사회주의 문화운동의 확산에 기여하였다. 이외에도 대중 강연과 토론, 그리고 출판사의 도서출판 등 다양한 장치들은 과학의 이해증진과 삶의 질적 향상을 도모하는 플랫폼이었다. 과학기술의 진보가 시대적 · 국가적 정신이 되어가던 미국 산업화 시대에, 과학을 소개하고 설명하는 과학엘리트의 역할과 과학의 관객이자 수용체인 대중의 관심은 바로 이러한 대중과학 잡지들을 플랫폼으로 하여 어우러졌다.

과학 대중화의 인프라로서의 정기간행물의 확산

미국에서의 과학 대중화 활동은 19세기 중반 남북전쟁 이후에 가시화되었다. 먼저, 대중매체와 강연을 통한 과학자들의 대(對)대중 활동을 들 수 있다. 과학이 인간 자체와 인간의 문제에 응용되면서 과학은 종교가 아닌 세속적 맥락에서 구체화되어갔다. 과학자들이 하나의 사회적 집단으로 응집하면서 상당수의 과학자들이 과학 대중화에 연관되었다. 미국에서 다윈주의 논쟁을 촉발한 아가시 역시 본업은 전문과학자였을 뿐 아니라 과학 대중화의 중요성을 인지한 대표적 인물이었는데, 이는 1863년에 의사 홈즈(O. W. Holmes)가 하버드 대학교의 박물학자였던 아가시에게 "(당신처럼) 방대하고 심오한 과학적 식견을 갖춘 사람이 대중적으로도 저명한 지성이 되기란 쉬운 일은 아닙니다"[1]라고 썼던 것에서도 드러난다. 과학자는 비전문인인 일반인에게 과학의 난해한 지식을 번역해주는 존재였다. 과학자는 무자격의 저술가·강연자와 무지한 저널리스트의 활동에 틈틈이 강연과 저술활동을 통해 맞섬으로써 과학의 객관성을 수호하였다.[2] 과학자들은 전문과학단체(예: 미국 과학진흥회(American Association of for the Advancement of Science, AAAS)들을 장악했을 뿐 아니라, 19세기 널리 알려진 잡지(예: ≪아메리칸 내추럴리스트≫, ≪월간 대중과학≫ 등을 통해 과학의 높은 수준을 유지하는 한편으로 상업적 뉴스를 통한 대중화 활동을 전개했다. 이러한 활동에 호응하여 일차적으로 신문매체들이 과학의 발달에 대한 뉴스 보도의 차원에서 과학 관련 사건들을 소개했을 뿐 아니라 자기향상(self-cultivation)을 주제로 하는 다양한 잡지들이 출간되었으며, 오락·교육을 겸한 문화교육프로그램

(예: Chautauquas)에서 과학강연이 이루어지기도 했다.

또 하나의 과학 대중화 경로는 학교교육 현장이었다. 19세기 중반부터 미국 초・중・고등학교에는 각종 실험도구를 이용한 실험교육이 도입되었는데, 이는 교과서 중심의 교육을 보강하고 학생의 사유능력을 강화하는 데 그 목적이 있었다. 실험실과 대조되는 실제 자연현장에서의 교육을 강조했던 자연학습(nature study) 역시 '교과서가 아니라 자연을 공부하라'는 아가시의 모토에 충실한 것으로, 과학 대중화와도 연계성을 지니는 것이었었다. 1875년에 설립된 아가시 협회(Agassiz Association)는 15,000여 명의 회원을 둔 대중단체로 성장했는데, 여기에는 다양한 연령대의 어린이 회원들은 물론이고 성인들까지 동참하여 광물・이끼・화살촉 등의 수집에 나섰으며 동물군(動物群), 현미경용 슬라이드, 하늘 등 다양한 대상에 대한 관찰을 행했다. 이러한 활동들은 유희의 일환이었던 동시에, 자연에 대한 정확한 관찰과 사유를 통해 사물에 대한 미신을 줄여나갈 수 있다는 과학적 마인드를 실천하는 것이었다.[3)] 자연학습은 훗날 초등학교 교육에 연계되었다.

1870년대를 기점으로 하여 과학자와 대중의 만남과 소통은 대중매체의 두드러진 토픽으로 자리 잡았다. 한 비평에 의하면, "10년 또는 15년 전만 하더라도, 여가시간의 독서와 대화의 주요 주제는 영국의 시와 소설이었지만 이제 그 자리를 차지하고 있는 것은 영국 과학이다. 과학자 스펜서(Herbert Spencer), 헉슬리(Thomas Huxley), 다윈(Charles Darwin), 그리고 틴들(John Tyndall)이 (시인) 테니슨(Alfred Tennyson), (시인/비평가) 아놀드(Matthew Arnold), 그리고 (소설가) 디킨스(Charles Dickens)를 밀어냈다"[4)]는 것이다. 대중과학 출간물의 증가와 더불어 과학 컨텐츠(contents)는 엄청나게 증가하였다. 예를 들어, 과학저술가

유만스(Edward L. Youmans)가 1872년에 창간한 ≪월간 대중과학≫의 구독자 수는 1886년경에는 18,000이라는, 당시로서는 믿기 어려운 수치로 껑충 뛰어올랐다. 이외에도, 1870년대에는 공공도서관의 도서 상당수가 대중과학 도서로 채워지게 되었다. 1870년대 이후 19세기 말에 이르기까지 대중 인쇄매체를 통한 대중화 활동은 과학이 문화의 일부임을 보여주었다. 과학 대중화가 지니는 의의는, 과학이 법칙을 통해서 자연현상을 설명할 수 있다는 확실성, 그리고 과학적 사실에의 신뢰와 이해를 대중에게 심어주는 것이었다. 즉, 과학 대중화는 새로운 과학의 발견에 대하여 추론과 사변이 아니라 환원론적 접근과 과학적 설명을 대중에게 제공함으로써, 과학적 사실만큼이나 방법론에 근거하여 과학지식의 실용성과 개방성을 대중에게 어필하였다.[5)]

19세기를 통해 생물학의 대중화는 미국 인쇄매체의 과학전선화에 있었다. 특히, 정기간행 잡지는 과학의 지식과 이미지를 대중에게 전달하는 미국 과학문화의 중요한 한 단면이었다. 이러한 잡지들은 미국의 교육자이자 저널리스트인 러너(Max Lerner)가 '국민적 상징'(tribal symbol)이라고 불렀을 정도로, 미국적인 특색을 잘 드러내는 것이었다.[6)] 특히, 과학의 독자층의 존재는 잡지문화의 성장과 과학의 발달을 자극했다. 주요 독자층으로는, 순전히 교양과 계몽 증진의 차원에서 과학에 관심을 가지는 부류였던 과학애호가(devotees), 과학에 대한 한 차원 높은 교양을 추구하던 교양인(cultivators), 비록 아마추어과학자들이지만 취미 수준 이상으로 과학에 상당한 관심을 가졌던 일종의 준전문가 그룹인 실천가(practitioners) 등으로 분류할 수 있었다. 교양인과 실천가는 직업적으로는 전문연구자(researcher)가 아니었고 능력 면에서도 연구와 출간 능력이 결여되어 과학지식의 진보에 직접 동참하거나 기여할 수는 없었지만, 과학 대중화의 중요한 관객이자 옹호자였다. 이들은 과학이 자기교육(self-education)・자기함양(self-cultivation)・자기교화(self-edification)를 통해 바람직한 미국인으로서의 지녀야 할 마음과 태도 그리고 합리적 삶의 추구를 가능하게 해준다고 보았다. 또한 애호가와 교양인의 사이에도, 과학을 도구삼아 사회의 개혁에 기여하고자 하는 공통점이 있었다.[7)]

바로 이 세 그룹은 과학에 대한 이해를 둘러싸고 미묘한 차이가 있었지만, 한편으로는 공통성을 드러내기도 했다. 예를 들어, 19세기 미국 과학 대중화의 주요 무대였던 자연학습 운동을 보면 각계각층의 다양한 세력이 동참했음을 볼 수 있다. 이들 중에는 도시의 자선협회들(urban charity societies), 청소년 선도협회들(juvenile reform organizations), 소년・소녀 스카우팅(Scouting), 4-H(Head, Heart, Hand, Health) 청소년 연합회, 윤리자유사상가들, 보존운동가들, 과학단체, 오듀본 협회(Audubon Society), 미국 박물학자협회(Society of American Naturalists), 미국 산림협회(American Forestry Association) 등에 소속된 교양인과 실천가를 포함한 부류들이 대거 참여했다. 또한, 과학애호가들은 하계 문화・과학 서클(Chautauqua Literary and Scientific Circle), 아가시 협회, 존 버로우 박물학협회(John Burroughs Society), 미국 자연클럽(Nature Club of America), 미국 자연학습협회(American Nature Study Society) 등의 단체에 합류함으로써 자연학습을 통한 자기교화를 추구했다. 과학애호가들에게 자연도보(nature-walking)는 일종의 자연학습 운동과 맞닿아 있었다.[8)]

과학잡지들은 다양한 형태로 존재했다. '과학 일반 관련' 정기간행물(Periodicals of 'General Science')은 최신의 과학이론과 발견을 담았으며, 귀납적·실험적 방법론의 과학을 비전문적인 쉬운 용어에 실어 소개했다. 이러한 정기간행물들이 취급한 과학의 범주에는 자연과학·박물학·지구과학·생물학 등이 포함되어 있었다. 그 독자층에는 교양인과 실천가뿐 아니라 전문연구자 역시 포함되었다. 이러한 잡지의 대표적인 예로는 ≪아메리칸 내추럴리스트≫·≪월간 대중과학≫·≪사이언스≫ 등을 들 수 있다. 이 잡지들은 과학의 진보와 더불어 교육적 과업의 실현을 목적으로 하고 있었다. 예를 들어, 고생물학자 코프(Edward Drinker Cope)가 편집인이었던 ≪아메리칸 내추럴리스트≫는 교사·박물학자들에게 과학정보를 소개하는 데 치중했다면, 유만스의 ≪월간 대중과학≫은 지식교양인에 대한 과학 계몽을 목적으로 했다. 물론 과학 정보의 전달만이 과학저널들의 유일한 초점은 아니었다. 이들 잡지들은 거기에 담긴 과학의 아이디어와 과학적 방법을 둘러싼 지적 호기심을 자극함으로써 독자들이 일상의 삶에서 합리적이고 실용적인 사고를 갖도록 자극했다. 훗날 과학의 전문화가 본격적으로 심화됨에 따라, 이런 범주의 과학저널들은 교양인보다는 전문연구자들 사이에 공유되는 과학담론의 장으로 변화하였다.

이외에도 '과학 학습 관련' 정기간행물(Periodicals of 'Scientific Study')의 범주에 속하는 과학저널들은 전문분야로서의 과학과 자연철학이 아니라 '학습'의 대상으로서 과학에의 일반 소양을 고양함으로써 문명 진보에 대한 인식의 고취, 그리고 자기함양과 사회개혁을 통한 중산계급의 시민의식 고양을 목적으로 했다. 교양인과 과학애호가들이 주요 독자층이었으며, 이 부류의 범주의 잡지에는 릴라드(Benjamin Lillard)에 의해 발행된 옴니버스 잡지 모음집인 ≪대중과학 뉴스≫(Popular Science News)와 ≪사이언티픽 아메리칸≫(Scientific American)

등과 더불어 자연학습 운동 단체들의 기관지들이 있었다. 특히, 카러스(Paul Carus)의 ≪오픈 코트≫(Open Court)는 과학 교육과 지식의 함양 이외에도 과학과 종교와의 융화를 위한 포럼이 되었다. 전체적으로, 과학 학습 관련 정기간행물 부류의 잡지들은 개인·사회의 개혁과 진보적 과학문명의 추구라는, 당시 미국 중간계급의 진보사상을 전파하고자 했다.[9]

마지막 유형은 '대중과학 관련' 정기간행물('Periodicals including 'Popular Science')로서, 여기에는 독자 개개인의 자기향상(uplift)의 수단으로서 과학활동 뉴스와 사건이 소개되었으며 주로 과학애호가와 교양인을 아우르는 광범위한 대중을 독자층으로 하고 있었다. 이 범주의 잡지들은 신문과학(newspaper science)이나 강연과학(lectureship science) 포맷의 과학정보를 포함했다. 이 범주의 잡지들은 다시 범대서양(transatlantic), 도시거점(urban-based), 대량부수 발행지 등으로 세분화되기도 한다. 범대서양 간행물은 유럽 저술가들의 과학에세이와 서평을 담았다. 도시거점의 간행물은 지역의 교양인을 대상으로 정교한 실험 소개보다도 개인의 과학에세이 출간의 창구 역할을 했다. 예를 들어, ≪월간 펜≫(Penn Monthly)는 과학 관련 흥밋거리에 관한 잡지로서 그 독자층은 필라델피아 기반의 교양인과 실천가, 그리고 과학애호가들이었다.[10] 뉴욕을 거점으로 한 간행물인 ≪네이션≫(The Nation)은 과학 일반 관련 정기간행물과 마찬가지로 대중교육에 주안점을 두었다. 특히, 기고자들 중에는 식물학자 그레이(Asa Grey). 천문학자 뉴컴(Simon Newcomb), 수학자 퍼스(Charles S. Pierce), 식물학자 굿데일(George L. Goodale), 조류학자 카우즈(Elliott Coues) 등 학계의 거두들이 있었다. 네이션의 과학코너는 전문성을 띠기도 했지만, 과학 대중뉴스나 일반인 대상 과학 서평과 같은 덜 난해한 정보들 역시 소개되기도 했다.[11] 모든 대량부수 발행지들이 그랬던 것은 아니지만, ≪하퍼스≫(Harper's New Monthly Magazine)처럼 과학코너를 두는 경우도 있었다. 이 범주의 잡지들은 폭넓은 독자층을 타깃으로 했다. 이런 의미에서 이 범주의 잡지들은 과학이 출판 컨텐츠화하는 데 일조했으며, 나아가 대중 신문잡지의 선구자격이 되었다.[12] 19세기를 통해 전례 없는 규모로 일어난 정기간행물 시장의 확대는 과학 대중화를 위한 소통 채널의 확산을 낳았으며, 이를 통해 과학에 대한 대중적 인식 역시 고양될 수 있었다.

다윈주의를 둘러싼 미디어 전쟁

미국에서 진화론에 대한 첫 반응을 장식한 것은 강력한 영향력을 지닌 한 과학자의 진화론 반대였다. 즉, 스위스 태생의 저명한 박물학자 아가시는 창조론, 격변설 및 종의 고정성에 대한 강한 믿음에 근거하여 다윈의 진화론에 반대하였으며, 미국에서 다윈주의에 대한 반대 진영의 가장 강력한 구심점을 형성하였다. 아가시는 하버드 대학교의 박물학 교수였을 뿐 아니라 비교동물학박물관(Museum of Comparative Zoology)을 통해 박물학의 대중화에도 앞장섰던 인물로, 당시 미국의 저명한 식물학자인 그레이(Asa Gray)가 그를 미국에서 가장 능력 있는 과학자이자 과학 진흥자로 극찬했을 정도로 미국 과학계에서 막강한 위상과 영향력을 자랑하고 있었다.

흥미로운 것은 다윈주의에 대한 아가시의 반대 입장이 그의 영향력에 힘입어 일방적으로 수용되기보다는 도리어 진화론을 다룬 대중잡지에서 공개적으로 시험받는 처지에 처했다는 점이다. 즉, 다윈주의의 미국에서의 수용 과정은 이 충격적이고 새로운 진화론을 둘러싼 대중적 인식의 고양이 함께 작용한 결과라고 할 수 있다. 과학은 19세기를 통해 급격한 전문화와 복잡화의 길을 걸어왔지만, 대중사회의 도래와 민주주의 확립이라는 변화 속에서 과학지식에 대한 정보는 학계 엘리트의 독점물로 남아 있지는 않았다. 일반대중의 교육 수준과 지적 역량의 강화는 과학 대중잡지의 탄생과 발행부수 증가로 이어졌으며 이들 매체들은 과학 관련 정보를 전달하고 확산시키는 수단이 되었다.

과학 대중잡지 지면에서 다윈주의를 둘러싼 갑론을박을 촉발한 것은 다윈주의에 대한 아가시의 비판이었다. 아가시의 박물학 연구 전반에 흐르는 그의 반진화론적 견해는 다윈이 『종의 기원』을 발표하기 이전부터 견지되어 온 것으로, 그는 현재의 다양한 종의 생명체는 창조주의 특별 창조의 산물이지 자연법칙의 누적된 결과가 아니라는, 전통적인 종의 고정성에 기초한 종의 개념을 시종일관 주장해 오고 있었다. 아가시는 창조주의 계획 아래 인간의 위치가 설정된 자연계의 완전한 조화 속에서, 종이란 불변하는 존재라고 보았다. 『종의 기원』 출간 직후, 아가시는 다음과 같이 썼다.

> 개별 개체들은 물리적 실체를 가지고 있는 데 반해, 종・속・과・목・강 등 동물계의 분류들은 최고지성(주: 창조주)이 구상한 범주로서 존재할 뿐이다. 따라서 이러한 분류들은 진정으로 독립적인 실체를 가지며, 창조주의 구상이 바뀌지 않는 한 마찬가지로 불변인 것이다.[13)]

1857년 출간된 아가시의 『분류론』(Essay on Classification)은 종의 고정성에 대한 아가시의 공고한 입장을 보여주는 저작이었다. 다윈이 자신의 저서 『종의 기원』을 아가시에게 보냈을 때 아가시의 반응은 냉소적이었다. 아가시는 다윈주의는 신의 존재를 불신하는 주장일 뿐 아니라 증거가 불충분한 오류의 산물이라고 지적했다.

아가시의 이러한 반진화론 논증은 대중과학 잡지 지면의 일관된 관심거리였는데, 이는 물론 과학 vs. 종교라는 구도가 지니는 화제성 덕분에 가능했었다. 이러한 유형의 논증으로는 ≪미국과학공예지≫(American Journal of Science and Arts)가 아가시의 견해를 지지하고 나선 것과 같은 사례를 들 수 있다. 아가시가 부편집인이었던 이 잡지는 경험적 증거를 강조하는 진화과학에 대한 회의적인 입장을 강조하였는데, 왜냐하면 과학적 지식의 출처가 되는, 우주에 대한 사유 체계 역시 귀납적으로 도출된 것은 아니기 때문이라는 것이다. 미국의 저명한 식물학자 그레이(Asa Grey)가 다윈 진영에 서면서 논란은 확대되었다. 그레이는 물리과학은 물질의 현상을 설명하는 데 있어 신의 존재에 의존할 필요가 없는 무신론적 성향을 띠기 마련인데, 유독 다윈에 대해서만 신에 대한 외경심이 없었다는 점을 비평대상으로 삼아 공격하는 것은 공평하지 않다고 강조했다. 나아가, 법률가 파슨스(Theophilus Parsons)는 다윈의 자연선택설은 종의 분화의 방식에 대한 아가시의 아이디어를 오히려 보완하는 것이라고 주장했다. 한편, 다윈주의에 대하여 색다른 반응을 보였던 잡지는 뉴잉글랜드 지역에 기반에 두고 있던 고급문화 잡지 ≪월간 대서양≫(Atlantic Monthly)이었다. 이 잡지는 다윈과 아가시 양자에 대해 중립에 가까운 입장을 보여주면서, 다윈의 신학적 품성을 강조하는 한편으로도, 자연 속에 존재하는 창조주의 마음이라는 개념을 주장한 아가시에 대해서도 호의적인 평가를 내렸다.

다윈주의를 둘러싼 공방은 점차 복잡한 양상을 띠었다. 다윈주의의 본고장인 영국의 전문 과학학술지인 ≪네이처≫(Nature) 또한 아가시의 주장에 관심을 표명하였다. 박물학에 관한 해박한 지식과 경험으로 국제적인 명성을 보유한 박물학자 아가시가 영국 진화론자들의 주장에 반격을 가했다는 사실 자체가 관심을 끈 것이다. 당시 영국에서 파악하기로는, 진화론에 대한 아가시의 비판의 요지는 진화론자들은 실제 감각적 관찰과는 무관한 증거만을 제시하고 있을 뿐 현재진행형의 진화현상을 보여주지는 못하고 있다는 점이었다. 한편, 미국 내 과학 교양매체들은 그 지향점과 선호도에 따라 다양한 스펙트럼의 반응을 보여주었다. 1872년에 창간된 ≪월간 대중과학≫은 심리학·경제학·정치학·자연과학 등 다양한 분야의 기고문들을 컨텐츠로 하여 폭넓은 독자층을 보유하고 있었는데, 다윈·헉슬리를 찬미했던 유만스가 편집장으로 있던 덕에 진화론 자체에 호의적인 색채를 담고 있었으며 따라서 진화론의 하나인 다윈주의에 대해서도 호평으로 일관했다. 비슷한 대중잡지인 ≪사이언티픽 아메리칸≫은 본디 이론과학보다는 실용·응용 분야에 치중하고 있었지만, 진화론에 대해서는 특별한 관심을 할애했다.

다윈주의의 개념적인 미묘함을 둘러싼 논쟁도 있었다. ≪사이언티픽 아메리칸≫에서는 다윈의 적자생존 아이디어가 야기하는 분석에 내재된 모순, 그리고 다윈주의의 해석에 있어 발견되는 '적자'생존(survival of the fittest)과 '강자'생존(survival of the stronger)의 혼동에 대한 논쟁이 지면을 장식했다. ≪하퍼스≫(Harper's)의 "다윈과 사육"(Darwin and Domestication)이라는 제하의 기사는, 인간과 유인원을 포함한 특정 동물들이 해부학적으로 유사하다고 해서 종의 고정성이 흔들리는 것은 아니라면서 반진화론적 견해를 견지했다.

다윈 vs. 아가시, 과학적 진화론 vs. 종교적 형이상학 간의 공방 구도는 다윈의 사망 기사에서도 드러났다. ≪애틀랜틱≫(Atlantic) 잡지에서 철학자・역사학자 피스크(John Fiske)는 다윈을 아리스토텔레스・데카르트・뉴턴과 같은 위대한 학자의 반열에 올려놓은 반면, 아가시의 종의 고정성 주장에 대해서는 냉랭한 평가를 내 놓았다. 1880년대를 통해 다윈에 우호적인 입장을 견지했던 ≪월간 대중과학≫은 다윈을 19세기의 사상과 종교의 역할에 지대한 영향을 미친 영웅으로까지 평가했다. 이와는 대조적으로 ≪하퍼스≫는 다윈의 사망에 대한 추도의 언급 등은 전혀 없이, 다윈주의가 지닌 모순은 비단 종교・신학적 측면에 제한되지 않는다며 끈질기게 다윈주의를 비판하였다. 다윈의 진화론은 미완의 이론체계에 불과할뿐더러, 몇몇 생물학적 문제에 초점이 맞추어져 있을 뿐 보편적 이슈라 할 수 있는 인간의 지위에 대한 고찰은 결여되어 있는, 구조적으로 불완전한 이론이라는 것이 비판의 요지였다.[14] 그러나 이러한 비판은 ≪월간 대중과학≫이 다윈의 반대파들이 받은 충격을 보여주는 차원에서 인용한 다음과 같은, 저주에 가까운 발언에 비하면 약과라고 할 것이다.

> 하등동물의 혈통으로부터 인간이 유래했다는 이론의 새로운 주창자를 저주하는 것에 대해 성직자들은 유래가 없을 정도로 만장일치의 합의를 보였다. 이들은 모든 종교의 공적이자 배반자인 다윈을 악마보다도 더한 성토의 대상으로 삼았다.[15]

물론 진화와 종교와의 타협점을 찾으려는 시도 또한 있었다. 다윈 사후로부터 몇 년이 지난 1887년 ≪사이언티픽 아메리칸≫은 다음과 같이 썼다.

> 신의 창조활동이 대격변의 형태로 일어나든지 또는 점진적인 진화를 통해서 일어나든지 간에, 그것은 여전히 신에 의한 것이라는 점에는 변함이 없다. 여전히 해결되지 않은 진정 커다란 문제는, 설령 진화의 과정이 존재한다 하더라도 그러한 과정은 누가 시작했느냐는 것이다. (중략) 진화의 과정을 통해 기존의 물질로부터 마음·생명·물질이 창조되기 위해서는, 신의 개입이 있었을 수밖에 없다.[16]

이상에서 보듯, 미국에서의 다윈주의가 대중에게 전파되는 과정에서, 다윈주의 진영은 다양한 대중매체를 다윈주의 전파를 위한 전장으로 활용하였다. 다양한 인쇄매체의 지면이 다윈주의와 종교적 형이상학 간의 대립과 공방을 생중계하였으며, 이를 매개로 대중과 일반 교양인 역시 진화론에 대한 접근이 용이하게 되었다. 다윈주의 진영의 전문과학자들이 그 반대론자들을 향해 벌인 대중매체 전쟁은, 이들 매체를 통한 대(對)대중 설득, 즉 다윈주의 대중화를 향한 초석이 되었다.

다윈주의 대중화를 무기로 한 사회주의 문화운동

물론 대중매체를 통한 호기심의 자극만으로 다윈주의의 대중적 수용이 이루어졌다고 보기에는 충분치 않기에, 다윈주의가 당대 대중의 어떠한 시대정신 또는 욕구와 맞닿아 있었는지에 대한 검토가 필요할 것이다. 인간과 유인원이 같은 조상을 지닌다는 진화의 아이디어들은 그 자체로 충격적이며 자극적인 것이었다. 진화의 아이디어는 수용과 비판, 반대, 그리고 오해 등 다양한 반응을 불러일으키면서 일반대중의 마음을 자극했다. 여기에는 아가시 개인의 인지도와 함께 진화론 vs. 반진화론의 구도가 지니는 화제성이 크게 작용하였음은 물론이지만, 이러한 지적 논란이 가능했던 당시의 사회적 토대를 고려하지 않을 수 없음은 물론이다. 과학은 19세기 미국 중간계급에게 일종의 규범과도 같은 존재였다. 세상을 바라보는 방식, 인간 개개인의 습성을 규제하며 진실과 가치를 결정하는 데 있어 과학은 19세기 중간계급 지식교양인의 사고 스타일을 규정짓는 중요한 요소였다.[17] 예를 들어 지질학자 킹(Clarence King)은 1877년 그의 저서인『격변설과 환경의 진화』(Catastrophism and the Evolution of Environment)에서 과학지식은 무지로부터 인간을 구제해 주며 그릇된 아이디어가 야기하는 끝없는 폐단을 제거해 줄 수 있다고 강조했다.[18] 19세기를 통해 과학 대중화는 중간계급의 지적 이데올로기 및 사회에 대한 낙관론과 긴밀하게 연계되었다. 과학은 문화 권력이 되어갔다. 예컨대, 과학은 아카데미와 대학의 교과과정 속에서 위상을 공고히 하였으며, 문화회관과 강연장에서 일반대중은 과학이 주는 경이감·실용성을 경험했다. 과학 강연은 과학사학자 로지터(Margaret Rossiter)의 표현을 빌리자면 이른바 '자기 향상을 위한 의식'이었으며, 과학은 평등과 진보 그리고 민주주의 정신의 실현의 도구였으며 대중강연은 오락·교육과 이데올로기의 결합체였다. 예를 들어 ≪월간 대중과학≫이 과학지식의 교육과 전파를 통해 일반대중과 지식교양층에게 심어주었던 것은 자기 향상이라는, 당시 합중국 미국을 지배하던 규범적 가치 그것이었다.[19]

중간계급을 지배하는 규범적 체계로서의 과학은 20세기 전환기에는 사회주의 문화운동을 통해 노동계급으로까지 확산되어 갔다. 사회주의 문화운동은 과학을 수용함에 따라 과학문화의 제도적·문화적 장치를 활용할 수 있었다. 미국에서 사회주의 운동이 본격적으로 태동한 것은 20세기 초였다. 1901년에 창당된 사회주의당(Socialist Party of America, SPA)은 1912년경에는 그 당원이 118,000명에 이르렀으며, 심지어 같은 해 대통령 선거에서 사회주의당 출신 뎁스(Eugene V. Debs)는 비록 당선이 되지는 못했으나 약 900,000표를 획득했으며, 1,200여 명의 사회주의자들이 공직에 몸을 담았다. 사회주의 기관지인 『이성에의 호소』(Appeal to Reason)는 1913년경에는 761,747명의 구독자를 보유했을 정도였다.[20)]

사회주의 운동은 초기부터 대중화 전술을 적극적으로 구사하였다. 사회주의 강연가로 명성을 날린 루이스(Arthur M. Lewis)는 지식은 노동자의 계몽에 도움을 주며, 그런 지식을 통해 노동자는 사회주의 이데올로기를 습득할 수 있을 뿐 아니라 노동조합을 조직하는 전술 역시 배우게 된다는 것이다. 대부분의 사회주의자들은 현대지식의 가장 강력한 형태는 과학이라고 강조했다. 과학에 대한 미국 사회주의자들의 이러한 열망은 유럽 마르크스주의 전통에 뿌리를 두고 있었다. 마르크스와 엥겔스는 계급투쟁을 키워드로 근거 기반의 '과학적' 사회주의를 주장함으로써 그들의 저술 곳곳에서 사회와 과학 간의 연계성을 드러냈다. 미국에서 사회주의자들은 과학의 권위와 논증을 이용하여 사회주의 이데올로기를 강화했다. 예를 들어, 그들은 식물학자이자 유전학자였던 더 프리스(Hugo de Vries)의 돌연변이설(mutation theory)이 사회주의 계급투쟁의 가설과 잘 맞아 떨어진다고 주장하면서, 새로운 사회주의 건설이 지닌 과학적 당위성을 강조하였다. 돌연변이설에 의하면, 진화는 다윈의 주장처럼 경미한 변이가 장기간에 걸쳐 누적된 결과로 발생하는 것이 아니라, 돌연히 생기는 유전적인 변이, 즉 돌연변이가 주요한 요인이라는 것이다. 이와 유사하게, 시몬스(Algie M. Simons)는 자연에서 경미한 변이를 수반하는 장기간의 느린 성장(=개혁)에 이어 사회적 특질의 갑작스런 변화(=혁명)가 일어나면서 새로운 사회계급의 집권이 이루어진다고 주장하였다.[21)]

과학에 대한 대중적 해석은 사회주의자의 관심과 목적에 부합하는 것이었으며, 사회주의 문화운동은 미국 과학문화의 풍토와 환경에서 비교적 용이하게 이루어질 수 있었다. 대중 정기간행물 매체가 과학대중화의 주요한 수단이 된 것과 마찬가지로, 출판물은 사회주의 운동을 향한 소통의 수단이 되었다. 1886년에 세워진 커 출판사(Charles H. Kerr Publishing Company)는 뎁스가 이끈 사회민주주의와 연계되어 사회주의에 대한 도서와 소책자(팸플릿)들을 출간했다. 주목할 것은 "일단 노동자가 과학이 세상의 발달을 어떻게 설명하는 지에 대해 배우게 된다면, 그는 사회주의자가 될 것이다"라는 커 출판사의 슬로건 아래 과학저술 역시 상당한 비중으로 출간되었다는 점이다. 예를 들어 성공적인 다윈주의 대중화 활동가였던 독일 뵐셰(Wilhelm Bölsche)의 1905년작 『인간의 진화』(The Evolution of Man)는 미국의 사회주의 이론가 겸 과학 대중화 활동가인 운터만(Ernst Untermann)에 의해 번역되었다. 뵐셰의 책에는 사회주의적·유물론적 색채는 없었으며, 뵐셰 스스로 자신의 책이 보편적 인간을 대상으로 작성되었을 뿐 어떠한 계급정신도 거부하고 있음을 보여주었다. 그러나 이 책은 직접적으로는 인간의 진화를 다룬 서술이었으나, 사회주의 신념에 대한 과학적 증거를 담고 있는 것으로 해석되었다. 즉, 뵐셰는 피테칸트로푸스(pithecanthropus: 자바원인)와 잃어버린 고리(missing link), 헤켈의 발생반복설, 그리고 획득형질의 유전 등을 분석했는데, 이러한 이슈들은 뵐셰는 물론 대부분의 유럽 사회민주주의 이론가들에 의해 옹호되었다. 아울러 사회주의자・유물론자 저술가들은 창조주의 특별창조(divine creation)라는 아이디어가 오류라는 데 동의했으며 다윈의 자연선택설을 전파했다. 그러나 동시에 이들은 자연이 아닌 사회에서의 적응을 통한 변화(진화)를 이끌어내는 데 있어 인간의 윤리적・협동적 정신의 중요성을 강조했으며 생존경쟁의 과정에서 인간의 지능이 지니는 긍정적 역할을 강조했다. 이외에도, 사회주의 이데올로기의 확산을 위해 노동계급 독자를 대상으로 과학의 대중적 전파에 앞장선 것은 비단 커 출판사만이 아니었다. 1905년 컴래드 출판사(Comrade Publishing Company) 역시 사회주의의 경전인 마르크스의 『자본론』(Das Kapital)은 물론 과학의 경전이라 불릴 다윈의 『종의 기원』(On the Origin of Species by Means of Natural Selection)과 『인간의 유래』(The Descent of Man, and Selection in Relation to Sex) 등을 출간했다. 이들 출판사들의 출간 컬렉션에는 과학과 사회주의의 융합이 뚜렷하게 존재했다.[22)]

미국 출판계에서의 사회주의 문화운동을 돕는 대중화 활동은 유럽 과학도서의 번역 출간에 머문 것은 아니었으며, 주목할 만한 성과물들을 자생적으로도 내놓았다. 시카고 기술고등학교 교사인 무어(J. Howard Moore)는 커 출판사를 통해 『생물발생설』(The Law of Biogenesis)을 출간했는데, 이 책에서 무어는 개체의 발달에서 각 생물은 그것이 속한 조상 종의 생활사를 반복한다는 헤켈의 반복설을 원용하여 생물의 물리적·정신적 반복설을 분석했다. 개체들이 현재 환경의 적응에 유리하게 접근하기 위하여 오래된 본능을 반복한다는 무어의 주장은 사회개혁을 강조했던 사회주의자들의 관심을 끌기에 충분했다. 대중웅변가 겸 교사였던 밀스(Walter T. Mills)는 빅토리아 시대 과학 대중화 전사라 불렸던 스펜서·틴들·헉슬리를 연상케 하는 인물로, 그의 1904년 저서 『생존경쟁』(The Struggle for Existence)은 쇄를 거듭하여 50만부 이상이 팔린 베스트셀러였다. 그의 저술의 대부분은 다윈·월리스(Alfred Wallace)·헤켈·로마네스(George Romanes)와 같은 주요 진화론자를 다루면서 사회의 진화론적 발달이 사회주의로 나아가는 방식을 보여주고자 했다. 밀스의 『생존경쟁』을 두고 급진적 잡지인 ≪광부지≫(Miners' Magazine)는 다윈·헉슬리·스펜서·마르크스, 그리고 유전학자 모건(Thomas H. Morgan) 등의 과학적 발견을 현대의 노동문제의 맥락에서 가장 완전하게 해석한 책이라고 평했다.[23)]

인쇄매체 이외에 또 다른 종류의 대중화 전술 역시 시도되었다. 이른바 대중문화(populism culture)의 형태로, 사회주의와 과학 대중화의 협연이 강연·논쟁·강독·토론·회합 등의 형태로 극장과 노천 등지에서 이루어졌다. 강연은 사회주의 운동을 이끈 중요한 활동이었으며, 과학을 주제로 한 강연은 사회주의자들에게 충분한 관객 동원력을 선사했다. 일요일 아침마다 시카고의 개릭 극장(Garrick Theater)에는 대규모 군중들이 모여들었다. 루이스(Arthur M. Lewis)와 맨가새리언(M. M. Mangasarian)이 벌인 다윈주의 vs. 사회주의 논쟁을 경청하기 위하여 모여든 군중의 수는 3천명 이상에 달했다. 루이스는 다윈주의가 사회주의에 반대하는 것은 아니며, 사회주의 가설이야말로 다윈 이론에 의존한다고 강조했다. 루이스의 강연 시리즈에는 다윈주의적 자연선택, 바이스만(August Weismann)이 주장한 획득형질의 유전 이론에 대한 반박, 더 프리스의 돌연변이설 등이 포함되었다.[24)]

노동계급 그룹의 경우 사회주의 운동을 위한 과학 대중화 활동에 얼마나 접근할 수 있었는지를 가늠하기란 쉽지 않은 작업이다. 그러나 일차적으로, 독서에 요구되는 지식과 경제적 여유의 부족이라는 측면에서, 사회주의 노동자들이 사회주의와 과학에 대한 도서들에 접근하는 일이 수월하지는 않았을 것이라고 추측할 수는 있다. 그럼에도 불구하고 사회주의자·노동자 도서관을 통해 노동자들에게 대출된 과학도서가 넘쳤던 것도 사실이었고, 밀스의 『생존경쟁』은 50만 부 이상이 팔렸던 베스트셀러였다. 과학도서들은 특히 지식을 갈구했던 새로운 이주노동자들을 사로잡았다. 예를 들어 뉴욕 이스트 사이드(East Side) 지역의 급진적 유대인 이민자들은 과학과 철학에 대한 엄청난 열정을 보여주었다. ≪유대인 일간지≫(Jewish Daily Forward)의 편집인 출신으로 훗날 사회주의자 리더가 되는 카한(Abraham Cahan)은 스펜서의 책 『제1원리』(First Principles)는 모든 사물의 현상에 대한 과학적 이해를 도왔던 책이었다고 회고했다. 카한은 그가 1892년에 창간한 잡지 ≪미래≫(The Future)지의 제1호에서, 독자들에게 다윈의 이론은 과학·철학과 삶의 일반을 위한 혁명적 함의를 지닌다고 강조했다.

그러나 과학의 대중적 이해 증진을 통한 사회주의 운동은 1920년대 이후로는 점차 그 열기를 잃어갔는데, 그러한 쇠퇴의 이유에 관해 지배적인 해석을 찾기는 쉽지 않다. 혹자는 미국의 마르크스주의·사회주의자들이 생물학을 넘어 현대물리학의 이론들을 변증법적 유물론 철학으로 구체화하지는 못했다는 점을 이유로 든다. 이외에도 1917년 소련의 볼셰비키 혁명의 성공으로 인해 과학의 언어에 근거한 마르크스 사회주의 이데올로기의 분석이 쇠퇴하게 된 점도 주목할 필요가 있다. 즉, 마르크스 이론과 자연과학과의 비유를 이용한 상징적 체계가 차지하고 있던 위상은 도리어 볼셰비키 혁명의 성공으로 인해 실용적 엔지니어와 과학자가 이끄는 과학적·실질적 혁명으로 대체되었다는 견해이다. 어떠한 해석이 보다 타당하든, 과학 대중화를 통한 사회주의 이념의 대중 설득은 1920년대 이후 기세가 꺾인 것은 사실로 보인다. 1930년대 미국에서 사회주의적 급진주의의 소생이 시도되었을 때, 한 때 마르크스주의와 과학에 관심을 가진 바 있었던 노동계급은 이번에는 침묵을 유지했을 뿐이었다.[25)]

나가면서

19세기 후반~20세기 초 미국에서의 다윈주의 대중화는 상당히 복합적인 성격을 띠고 있었다고 할 수 있다. 먼저 이 시기 미국에서의 다윈주의 대중화는 본질적 대중화와 도구적 대중화의 성격을 동시에 띠고 있다. 당시 미국에서 다윈주의에 쏟아졌던 대중적 관심은 표면적으로는 아가시의 논쟁이 촉발한 진화론과 반진화론의 대결 구도가 지니는 화제성에 기인한다. 그러나 그 이면에는 당시 미국에서 과학에 대한 관심은 '자기 향상이라는 열망'의 발로였음을 주목해야 한다. 이러한 열망은 앞서 박물학 사례에서 자연에 대한 탐구욕의 경우와 더불어, 과학지식의 습득과 연마를 통해 충족될 수 있는 욕구들 중 가장 원초적이고 순수한 것에 해당한다 할 것이며, 시대와 환경을 초월하여 과학에 대한 관심과 열정의 가장 공통적인 기저에 해당한다

할 것이다. 따라서 이 시기 미국에서의 다윈주의 대중화, 그리고 과학 대중화는 본질적 대중화의 성격이 강하다고 할 것이다.

그러나 다윈주의 대중화를 무기로 한 사회주의 문화운동의 사례는, 과학의 권위와 논증을 이용하여 사회주의 이데올로기를 강화했다는 점에서 도구적 대중화의 사례로 볼 수 있을 것이다. 본질적 대중화와 도구적 대중화의 경계 자체가 칼로 무 자르듯 명확한 것은 아니며 특정 시기의 특정 사회에서 어느 한 유형의 과학 대중화만 대두될 이유도 없기에, 이 시기 미국에서 다윈주의 대중화에 본질적 대중화와 도구적 대중화의 측면들이 공존하는 것 자체는 그리 놀라운 일은 아닐 것이다. 예를 들어, 앞서 영국에서의 다윈주의의 대중화 역시 본질적 대중화와 도구적 대중화가 시기에 따라 차별적으로 두드러지는 가운데 전체적으로는 두 가지 유형의 대중화가 공존했음을 살펴본 바 있다. 다만 미국의 사례가 지니는 의의는 그것이 영국의 사례와 더불어서, 본질적 대중화와 도구적 대중화가 공존하는 경우 주로 전자가 후자에 선행할 개연성을 확인시켜 준다는 데 있다. 본질적 대중화는 과학 대중화의 목적이 과학 또는 과학이론 그 자체에 조준되어 있다는 측면에서, 그러한 대중화의 일차적인 주체는 당연히 해당 과학 또는 과학이론의 성패에 자신의 직업적/학자적 성공이 달려 있는 전문과학자들이다. 이러한 전문과학자들에 의한 본질적 대중화가 성공적으로 선행된다면, 이들로부터 지적 수혜를 받은 다른 분야의 지식인들이 자신들의 이념이나 주장을 위해 해당 과학에 대한 도구적 대중화를 전개할 수 있는 토양이 마련된다고 할 수 있다. 독일의 경우는 이와 다르게 다윈주의 대중화 초창기부터 본질적 대중화보다는 도구적 대중화의 성격이 바로 두드러질 수 있었던 것은, 전장에서 언급했듯이 독일에서는 창의적 연구와 대중화 활동은 불가분의 관계에 있었기에 독일에서의 과학 대중화 활동가는 다름 아닌 전문과학자 자신이라는 특이성이 작용했기 때문이었다. 즉, 전체적으로는 도구적 대중화가 이루어지기 위해서는 전문과학자 자신이 도구적 대중화의 주체로 나서든지, 아니면 도구적 대중화에 선행하여 본질적 대중화를 통해 도구적 대중화에 나설 과학 대중화 활동가 집단이 형성되어야 함을 암시한다. 종합하면, 어떤 과학 분야나 이론에 대해 전문과학자 집단 내부의 대중화 노력보다 외부의 인력들에 의한 대중화 활동이 선행되고, 그러한 연후에 뒤늦게 전문과학자 집단 내부에서도 대중화의 필요성이 제기되는 경우는 이론적으로는 불가능하지 않을지는 모르나, 현실적으로는 대중화 활동이 그러한 순서로 발생할 개연성은 낮다고 볼 수 있을 것이다.

---

1) Edward Lurie, *Nature and the American Mind: Louis Agassiz and the Culture of Science* (New York: Science History Publications, 1974), 51에서 재인용.

2) Matthew D. Whalen, "Science, the Public, and American Culture: A Preface to the Study of Popular Science," *Journal of American Culture* 4 (1981), 19-20.

3) John C. Burnham, *How Superstition Won and Science Lost* (New Brunswick: Rutgers Univ. Press, 1987), 155-158.

4) Frank Luther Mott, *A History of American Magazines, 1865-1885* (Cambridge, MA: Harvard Univ. Press, 1938), 105에서 재인용.

5) Burnham, op. cit., 159-162, 169.

6) Max Lerner, *America as a Civilization: Life and Thought in the United States* (Simon and Schuster, 1957), 219.

7) Nathan Reinhold, "Definitions and Speculations: The Professionalization of Science in America in the Nineteenth Century," idem, *Science, American Style* (New Brunswick: Rutgers

Univ. Press, 1991), 24-53.

8) Matthew D. Whalen and Mary F. Tobin, "Periodicals and the Popularization of Science in America 1860-1910," *Journal of American Culture* 3 (1980), 195-196.

9) Ibid., 199-200.

10) Mott, op. cit., 34.

11) Ibid., 331, 333.

12) Whalen and Tobin, op. cit., 201-202.

13) Michael Ruse, *The Darwinian Revolution: Science Red in Tooth and Claw* (London: Univ. of Chicago Press, 1979), 237.

14) Edward Caudill, *Darwinism in the Press: The Evolution of an Idea* (Hillsdale, NJ: Lawrence Erlbram Associates, 1989), 35-38, 40, 42-43.

15) Anonymous, Editor's Table, "Charles Robert Darwin," *Popular Science Monthly* 21 (1882), 266.

16) Anonymous, "Charles Robert Darwin," *Scientific American Supplement*, No. 337 (June 17, 1882), 5381.

17) Arthur Ekirch, *The Idea of Progress in America, 1815-1860* (New York, 1972), 106.

18) J. C. Levenson, "Henry Adams and the Culture of Science," in Jeseph J. Kwiat and Mary C. Turpie, eds., *Studies in American Culture: Dominant Ideas and Images* (Minneapolis, MN: Univ. of Minnesota Press, 1960), 123-138.

19) Margaret Rossister, "Benjamn Silliman and the Lowell Institute: The Popularization of Science in Nineteenth-Century America," *New England Quarterly* 44 (1971), 602; Hyman Kuritz, "The Popularization of Science in Nineteenth-Century-America," *History of Education Quarterly* 21 (1981), 259-274.

20) William I. Gleberzon, "Intellectuals and the American Socialist Party, 1901-1917," *Canadian Journal of History* 11 (1976), 43-68.

21) Algie M Simons, "Evolution by Mutation," *International Socialist Review* 6 (1905), 172-175; Diane B. Paul, "Marxism, Darwinism and the Theory of Two Sciences," *Marxist Perspectives* 2 (1979), 125-126.

22) Wilhelm Boelsche, *The Evolution of Man* (Forgotten Books, 2012), 5-7; George Cotkin, "The

Socialist Popularization of Science in America, 1901 to the First World War," *History of Education Quarterly* 24 (1984), 206-208.

23) Cotkin, op. cit., 208-209.

24) Charles Leinenweber, "Socialists in the Streets: The New York City Socialist Party in Working Class Neighborhoods, 1908-1918," *Science & Society* 41 (1977), 152-171; Cotkin, op. cit., 209-210.

25) Cotkin, op. cit., 210-212.

2부

다원주의 대중화 이후의 생물학 대중화

19세기를 통해 영국 · 독일 · 미국에서 전개된 과학 대중화 과정에서 생물학 이론은 대중을 주된 대상으로 하거나 대상으로 포함하는 정기간행물과 도서 등 인쇄매체를 통해 일반대중에게 파고들어 갔다. 전문생물학자들은 대중의 이해를 끌어낼 수 있는 매체와 방식으로 대중에게 다윈주의를 전파하는 데 전력을 다하였다. 그 결과 당시 대중들은 다윈주의를 둘러싼 과학계의 공방에 대한 생생한 중계를 제공 받았지만, 역으로 다윈주의에 대한 대중의 반응이 다윈주의의 이론적 체계와 주장에 어떠한 영향을 끼쳤는지는 미지수이다. 이는 다윈주의 대중화는 참여적 대중화라기보다는 계몽적 대중화로부터 출발한 것에서도 볼 수 있듯이, 다윈주의에 대한 대중의 관심이 곧 대중의 참여로 이어지기에는 이미 다윈주의는 전문화된 과학의 영역에 속하는 것이었기 때문이었다.

그러나 다윈주의는 그것이 일개 생물학 이론으로서보다는 일종의 철학이자 세계관으로 수용되어 대중철학 · 과학이데올로기 · 과학담론의 철학적 · 사상적 기반으로 작용했을 때 대중적 · 사회적으로 더 더욱 큰 영향력을 발휘하게 되었다. 예를 들어 사회다윈주의자들이

다윈주의로부터 끌어낸 메타포, 즉 인간사회 내에서의 생존경쟁과 진화라는 원리는 사회 내에서의 갈등과 사회의 변화에 대한 각종 이론들의 기본 토대로 활용되었다. 그 결과 다윈주의라는 순수한 생물학적 원리를 응용 내지는 오용(誤用)한 사회다윈주의의 확산과 함께, 다윈주의 자체에 대한 대중의 관심 역시 강화되어 갔다. 즉 다윈주의의 대중화의 초반부는 그 생물학적 원리와 증거에 대한 엘리트과학자들의 대(對)대중 계몽작업으로부터 시작하였지만, 그 후반부를 장식한 것은 다윈주의가 지닌 폭발력을 감지한 대중적 철학자나 사회적 이론가/운동가들에 의해서였다. 이러한 변화는 다윈주의 대중화의 목적 역시 바꾸어 놓았다. 다윈주의 대중화는 종교의 반발에 맞서 다윈주의가 지닌 학술적 타당성을 수호하고자 하는, 즉 다윈주의 이론 자체의 생존과 정착을 위한 본질적 대중화로부터 시작하였으나, 다윈주의를 발판으로 과학 외적인 목적을 달성하고자 함에 따라 도구적 대중화의 양상이 두드러지게 되었다.

이러한, 다윈주의 대중화에 대한 통사적인 검토의 결과가 우리에게 제공하는 함의는 복합적이다. 과학이론이나 분야의 대중화는 그 이론이나 분야 자체가 지닌 과학적 의의와 전문과학자들의 활동에만 의존할 때에 비해, 그러한 이론/분야에 관련된 과학계 외부의 주체들이 가세했을 때에 더 다양하고 강력한 추진력을 얻을 가능성이 있다는 것이다. 즉, 전문과학자 집단의 분투에 주로 의존하는 순수한 본질적 대중화 운동보다는 도구적 대중화가 가미되거나 도구적 대중화에 초점이 맞추어지는 경우가, 과학 분야와 이론에 대한 대중적 관심과 이해를 제고하는 데 있어 더욱 효과적일 수 있다는 것이다. 그러나 동시에 이와 같은, 과학 외적인 추진력에 의한 과학 대중화는 당장에는 해당 과학이론에 대한 대중적 저변의 확산에는 기여할 지도 모르나, 과학 대중화가 자칫 사회적 파급력을 지닌 과학이론과 어용(御用) 과학, 적어도 사회적 이데올로기에 의해 도구화된 과학의 딜레마에 빠질 가능성 역시 시사한다.

2부에서 다루는, 다윈주의 대중화 이후, 즉 19세기 말~20세기 전반의 대중생물학 사례들은, 생물학 이론 또는 분야의 대중화가 지닌 이러한 딜레마를 보여준다. 2부에서 소개하는 생물학 대중화 사례들은 일부를 제외하고는 본질적 대중화보다는 도구적 대중화의 성격이 강한 사례들에 해당한다. 물론 과학 분야나 이론 자체의 생존과 정착을 위한 대중화 노력, 즉 본질적 대중화의 시도는 여전했으며, 그 결과 박물학의 소멸 이래 맥을 찾아보기 어려웠던 참여적 대중화의 씨앗이 뿌려지기도 했던 것도 사실이다. 20세기 초 과학의 제도화와 전문화가 가파르게 진전됨에 따라, 과학 대중화의 질적 변화는 불가피했다. 과학자 본연의 전문과학 연구가 대중화 활동에 무익하다는 견해가 팽배해져 갔지만, 전문과학자들은 여전히 대중의 지지를 필요로 했다. 그 결과, 전문과학이 대중으로 파고드는 일방적 대중화 양상은 물론, 과학자와 대중 간의 상호작용 역시 나타났다. 예를 들어, 19세기 중반 이후 미국에서 참여적 대중생물학으로 등장한 자연학습 운동이 활발히 전개될 수 있었던 데는 전문과학자들의 지원과 독려가 있었다.

그러나 어쩌면 전문생물학과 대비되는 특징을 지니며 이상적인 생물학 대중화, 나아가 이상적인 과학 대중화의 한 사례로 기록될 수 있을지도 모를 자연학습 운동 역시, 그것이 탄력을 받을 수 있었던 이면에는 진취적인 시민/국민 양성에 대한 이데올로기적 요구가 숨어 있었다. 유사하게, 과학 대중화의 한 중요한 경로였던 과학교육 역시, 시대와 국가가 요구하는 시민상/국민상의 완성이라는 요구에 호응하여 실시되었다. 미국 혁신주의 시대에 고등학교 생물학 교육은 미국 중산층의 미래 시민의 양성이라는 기치 아래 전개되었으며, 독일 나치의 제3제국에서 중등학교 생물학 교과과정은 국가사회주의 이데올로기의 주입에 최적화되었다.

이러한 도구적 대중화의 조류는, 다윈주의 대중화 이후에 더욱 강화되었다. 생물학자가 아닌 비전문가로서 생물학 이론에 깊은 조예를 드러낸 엘리트지식인들은, 비록 그들의 이데올로기적 동기는 달랐지만, 생물학의 이슈에 동참함으로써 우회적 방식으로 대중화에 활력을 불어넣었다. 특히, 생물학자·유전학자뿐 아니라 인간 유전에 대한 관심을 가진 타 분야의 지식인들은 우생학의 이름으로 계급과 인종차별의 과학적 정당성을 주장했다. 심지어, 생물학 전문가들이 자신의 분야의 연구 성과를 이데올로기화한, 다르게 말하면 스스로 자신의 생물학 전문 분야를 자신들이 믿는 사회적 가치를 위해 도구화한 사례도 나타났다. 즉, 좌파 사상을 지닌 전문생물학자들은 보다 적극적으로 일반대중에게 다가갔다. 독일의 발생학자 샥셀(Julius Schaxel)은 이른바 '사회주의자 과학'(socialist science)을 통해 사회주의 사회로의 이행에 필요한 프롤레타리아 노동자 계급의 계몽을 강조했다. 미국의 좌파생물학자인 뮬러(Hermann J. Muller)는 과학의 실용적 가치를 소련 공산주의 체제에서 구현하고자 했다. 좌파 성향의 엘리트과학자였던 홀데인(J. B. S. Haldane)과 호그벤(Lancelot Hogben) 등은 대서양 양편에서 자본주의 체제의 그늘에 무관심했던 과학계의 편협함을 비판화면서, 과학적 사회주의를 주장하였다.

물론 19세기 말 이후의 생물학 대중화 운동의 특징이 도구화와 이념화 경향으로만 규정될 수 있는 것은 아니다. 미국 자연사박물관(American Museum of Natural History)이 전시와 필름을 활용하여 오락과 교육을 결합한 생물학 대중교육을 시도하는 등 과학교육은 매체기술 측면에서 진전을 이루었다. 또한 과학자 집단 자체적으로도 과학 대중화의 중요성에 눈뜨면서, 과학 대중화 전사, 전문과학자–아마추어 융합의 조율가, 그리고 '엠피비언'(amphibian)적 과학자 등 전방위적 활동가로서 과학자들의 역할도 두드러졌다.

제2차 세계대전 이후의 거국적 과학경쟁 체제 속에서의 대중의 미묘한 위치, 그리고 생명공학의 발전과 응용을 둘러싼 논란들이 보여주는 복잡성은 오늘날 과학이 겨냥하고 있는 주요 과제들을 추진하고 사회적으로 관리하는 데 있어 전문과학자들과 정책입안가들은 물론 일반대중들까지 참여한 사회적 합의 도출이 더욱 더 높은 수준으로 요구됨을 보여준다. 이러한 상황 아래서는 일반대중이 정확하고 과학적인 지식을 바탕으로 과학의 쟁점과 이슈에 대한 자신의 판단을 도출할 수 있도록 전문과학자와 일반대중 쌍방이 노력할 필요성이 제기된다.

05 대중생물학으로서의 자연학습(nature study) 운동

들어가면서

19세기를 통해 과학이 급속한 전문화·복잡화의 길을 걸어온 결과, 한때 박물학의 일부로서 대중의 참여와 접근이 비교적 용이한 분야였던 식물학 역시 전문식물학자들의 연구활동 위주로 재편된다. 전장에서 살펴보았듯이, 과학의 세례를 받은 대중들은 대중잡지 등의 매체를 통해 과학 관련 정보의 적극적인 수용층/향유층으로 성장하였다. 그러나 전문식물학자들이 주축이 된 신식물학(New Botany)은 연구 인프라와 역량의 측면에서 아마추어들에게는 진입장벽이 높은 영역이었을 뿐 아니라, 연구 내용 역시 아마추어들의 흥미와는 동떨어져 있었다.

그러나 대중 사이에서 식물학 활동에 대한 욕구는 여전히 남아 있었기에, 전문식물학자 위주의 신식물학과 대중 간의 유리가 곧 대중식물학의 위축으로 이어지지는 않았다. 19세기 중반 이후 미국사회에서 레크리에이션(recreation) 활동으로 식물채집 활동이 융성하게 된 것이다. 당시에는 미국이 산업사회로 도약한 것과 궤를 같이 하여 일과 여가의 가치가 재정립되었으며, 그 결과 레크리에이션으로서의 자연친화적 야외활동에 대한 관심 역시 크게 증대되었다. 식물채집 활동은 이러한 시대적 변화에 부응하는 대중적 여가활동이자, 어린이뿐 아니라 일반 시민들의 식물학 활동 욕구를 충족시킬 수 있는 대안으로 부상했다.

식물채집 활동의 양적·질적 진보는 자연학습 운동으로 이어졌다. 이 운동은 19세기 말 미국의 어린이들에게 자연에 대한 체험을 통해 세상에 대한 이해와 관점을 수립하는 데 도움을 주고자 시행된 과학교육 사조이자 방법론으로, 처음에는 민간영역에서 시작되어 훗날 공교육에까지 도입되었다. 중산층의 발흥, 도농격차의 확대와 같은 당시의 경제적·사회적 시대상 속에서, 자연학습은 도시 어린이들에게 자연에 대한 무지를 깨우치도록 하고 농촌 어린이들을 훌륭한 농민으로 성장시킬 수 있는 방안으로 각광 받았다. 주목할 것은, 전문생물학자들은 스스로는 전문화된 생물학의 영역으로 이동하면서도, 자연학습 운동에 대한 지원을 아끼지 않았다는 점이다. 이는 대중사회의 도래라는 추세 속에서 대중적 지지기반의 이탈을 방치할 수 없었던 전문생물학자들의 고민이 반영된 것이라 할 수 있다. 식물채집 활동과 자연학습 운동으로 대변되는 19세기 말의 아마추어생물학은 엘리트생물학과는 차별화되는 진정한 의미에서의 대중생물학의 사례라고 할 수 있으며, 이러한 대중생물학의 이면에는 전문생물학의 정체성 강화와 생물학 저변의 확대라는 두 마리 토끼를 잡기 위한 전문생물학자들의 노력이 있었다.

자연학습 운동은 비단 미국뿐만 아니라 영국·독일에서도 공교육에 도입되었는데, 이들 국가들의 공교육 현장에서 자연학습은 국가가 추구하는 바람직한 시민상(像) 또는 국민상을 학생들에게 심어주는 이데올로기적 도구의 기능도 겸비했다. 이러한 측면에서, 자연학습 운동은 전문생물학자들의 지향점과 대중의 생물학 욕구가 맞물려 상호작용한 결과일 뿐 아니라, 이러한 상호작용 위에 국가적 요구까지 더해져 매우 다양한 동기에 의해 융성한 대중생물학 활동이었다고 할 수 있다.

식물학의 전문화와 대중의 소외

1부에서 서술했듯이, 박물학은 전문과학자들과 아마추어과학자들의 협업이 가능했던 드문 분야였다. 그 뿌리를 박물학에 두고 있는 근대 식물학 역시 19세기 초중반까지는, 식물표본 채집 등의 방법으로 아마추어식물학자들도 식물학 연구에 기여할 수 있는 길이 열려 있었다. 그러나 근대 이후 누적적으로 진행되어 온 과학의 전문화와 고도화의 추세는 식물학의 경우에도 예외는 아니었으며, 전문식물학과 대중식물학 사이의 간격은 점차 두드러지게 되었다. 전문식물학자들은 식물학에 대한 전문지식을 무기로 하여, 즉 전문성으로부터 자신들의 사회적 정체성을 찾고자 했다. 그러한 연장선상에서 전문식물학자들은 대중과의 소통보다는 동료 전문가들과의 교류, 그리고 그들에 의한 학술적 검증과 인정을 중요하게 여겼다. 이러한 지식의 동종교배는 전문식물학자와 아마추어들을 인적으로 격리시켜나갔을 뿐 아니라, 양쪽 그룹에서 식물학이 각기 다른 방향으로 진화해 나가는 결과를 낳았다.

1875년경에는 전문식물학자 위주의 저널과 협회가 등장하면서 전문식물학 커뮤니티가 형성되었다. 예를 들어 인디애나 대학의 교수 콜터(John Merle Coulter)가 창간한 ≪식물학지≫(Botanical Gazette)는 전문가들의 식물학 연구 성과들을 출간했다. 반면 아마추어에게도 문호가 개방된 식물학 단체와 저널 역시 생겨났는데, 예를 들어 토리(John Torrey)를 위시한 뉴요커들을 중심으로 1900년경에 설립된 토리 식물학 클럽(Torrey Botanical Club)은 크게 성장하여 ≪토리 식물학 클럽 회보≫(Bulletin of the Torrey Botanical Club)라는 기관지를 내놓았다. 이 두 저널의 성공은 모두 식물학 커뮤니티의 성장을 보여주는 것이었지만, 이 둘을 자세히 들여다보면 당시에 전문가와 아마추어 사이에 존재했던 간극을 발견할 수 있다. 대중잡지에 가까웠던 ≪토리 식물학 클럽 회보≫가 박물학 연구를 강조하고 아마추어의 식물학 활동에 대한 노트로 가득했다면, 전문학술지 성격이 강했던 ≪식물학지≫는 신식물학을 전파하는 창구였다.

신식물학이란 전통적인 박물학적 접근과는 달리, 생물체에 대한 보다 현대적인 접근법이라 할 수 있는 생리학과 생태학에 초점을 맞춘, 실험실 기반의 식물학을 의미했다. 베시(Charles Edwin Bessey)와 콜터(John Merle Coulter) 등과 같은 새로운 세대의 전문식물학자들은 아마추어를 배제한 지식 창출 활동을 통해 신식물학의 정체성과 자율성을 확보하고자 했다. ≪식물학지≫는 식물학의 전문성을 강조하기 시작했으며, 아마추어들을 위한 지식과 정보의 제공은 식물학 연구에 필요한 가이드라인을 제시하는 정도에 머물렀다.[1] 신식물학은 아마추어들이 수행하기에는 여러모로 무리가 있는 영역이었다. 신식물학은 생리학과 생태학을 기반으로 하는 방법론적 특성으로 인해 값비싼 실험장비와 실험실을 필수로 했을 뿐 아니라, 연구자로 하여금 고도의 숙련을 요구하였다. 이러한 방법 측면에서의 난해함이 아마추어들에게 신식물학 입문에의 높은 문턱으로 작용했다면, 대중성을 강하게 띠던 이전 시대의 식물학 관련 연구에 대한 신식물학자들의 고압적인 태도는 아마추어들을 향해 출입금지 팻말을 세운 것이나 다름없었다. 이전 시대의 자연신학이 아마추어들의 식물채집 활동을 지지했던 것과는 달리, 신식물학자들은 자연신학이 창조주의 지적 설계를 추종한다는 이유로 그것을 비과학적인 것으로 치부해버렸다.[2)]

아마추어식물학과 신식물학의 분화는 점점 더 뚜렷해져 갔다. 물론 ≪토리 식물학 클럽 회보≫나 여타 대중잡지를 통해 아마추어식물학의 출간 활동은 그 명맥을 이어가기는 했다. 예를 들어, 1870년대 박물학의 대중잡지인 ≪아메리칸 내추럴리스트≫(American Naturalist)는 아마추어들을 대상으로 표본 보존 방법, 도심의 식물학자를 위한 조언, 식물학 협회 관련 뉴스 등을 소개했다. 그러나 이 잡지 역시 점차 과학적·기술적 담론을 위주로 지면을 채워가게 되면서 아마추어가 소화하기에는 어렵게 되어갔다. 전문가와 아마추어 간의 중간경계에 속했던 아마추어활동가들은 한 때는 전문가를 위하여 수집활동을 제공하기도 했지만 이제는 식물학의 전문화·현대화 추세에 의해 식물학 연구로부터 소외되었다. 신식물학의 등장은 단순히 식물학에서 새로운 분야가 태동했다는 차원을 넘어, 식물학의 연구자 네트워크를 재구조화하는 태풍의 눈이 되었다.

식물학을 향한 대중의 여전한 욕구:
미국에서의 식물채집 활동의 융성

이렇듯 식물학의 발전과 전문식물학자들의 연구지향점이 대중을 식물학으로부터 유리시키는 측면이 강했던 것과는 대조적으로, 박물학의 중요 활동이기도 했던 식물채집(botanizing)에 대한 대중들의 욕구는 커져 갔다. 19세기를 통해 일(work)과 여가(leisure)에 대한 미국인의 태도는 변화했으며, 그 과정에서 식물채집의 위상 역시 일 대체(work-surrogate) 활동으로부터 레크리에이션으로 진화했다. 19세기 초 미국인들에게 일이 지니는 문화적 의미는 특별했다. 미국 북부의 중간계층은 일의 도덕적 중요성에 대한 확고한 믿음을 가지고 있어서, 심지어 어린이들의 노동력이 절실하지 않은 경우에조차 어린이들은 자기수양과 규칙적인 습관의 배양 차원에서 일정량의 일 또는 그에 준하는 활동을 해야 했다.

그러던 것이, 19세기 중반에 들어 산업화의 진전과 함께, 일을 통해 추구했던 가치는 여전히 유효한 가운데에서도 여가 문화의 필요성이 대두되면서 변화가 일어나게 된다. 산업화에 찌든 도시환경을 벗어나, 카메라와 수집용기를 들고 전국의 산림・대초원・산 등을 거닐면서 지역의 동식물들을 관찰하고 수집하는 시민들이 점점 늘어난 것이다. 이에 식물채집은 이전에 일을 통해 추구했던 가치를 실현할 수 있는 대체 활동으로 떠오르게 되었다. 동시에 식물채집은 즐거운 놀이의 성격을 띠기도 했다. 자연을 산보하면서 화초를 찾아나서는 식물채집의 활동적 특징은 그 자체로 즐거운 것으로 이해되었던 것이다. 이러한 관념은 19세기 후반에 가서 더욱 더 뚜렷해졌으며, 특히 어린이들에게 식물채집은 일종의 공인된 유희활동이 되었다. 예를 들어, 수학과 자연철학(즉, 과학) 튜터이자 목사였던 애버트(Jacob Abbott)가 집필하여 인기를 누린 100여 권의 어린이용 도서 중 가장 유명했던 『롤로의 박물관』(Rollo's Museum)은 호기심 많은 시골소년 롤로의 입을 빌어, 식물채집 활동을 일의 가치와 함께 즐거움을 주는 소일거리로 묘사하고 있다. 어린이의 식물채집 활동은 교육자들에 의해서도 지지되었다. 교육자 펠프스(Almira Lincoln Phelps)는 어린이가 스스로 식물학자가 되어 식물의 기관(organs)을 구별하고 식물체를 분류하는 것은 장난감 놀이를 뛰어넘는 즐거움을 어린이에게 안겨준다고 피력했다.[3] 즉, 당시의 문학가·교육자들은 식물채집을 어린이들에게 즐거운 실용적 활동으로서 전파했다. 물론 이러한 주장이 식물채집 활동에 대한 어린이들의 실제 선호에 바탕을 둔 것이었는지, 아니면 바람직한 어린이상(像)에 대한 어른들의 기대가 투영된 결과인지는 가늠하기 어렵다. 그러나 심지어 후자의 경우라 하더라도, 19세기 중반 이후 미국사회에서 식물채집이 지닌 레크리에이션으로서의 측면이 부각되었다는 점에는 변함이 없다. 뿐만 아니라, 위에서 언급했듯이 어린이와 청소년뿐 아니라 성인들 역시 식물채집에 동참했던 사실은, 식물채집이 지닌 대중 레크리에이션으로서의 특징을 보여준다.

자연학습 운동의 대두와 교육과정화

19세기 중반 이후 미국사회에서 레크리에이션 활동으로 각광받게 된 식물채집은 생물학 활동, 특히 식물학 활동에 대한 대중의 죽지 않은 욕구를 반영하는 것이었다. 그러나 위에서 언급했듯이, 베시를 비롯한 전문식물학자들이 추진한 신식물학은 이러한 욕구를 충족시켜주기에는 문턱이 높았다. 이러한 상황에서 식물채집 활동은 어린이뿐 아니라 일반 시민들의 식물학 활동 욕구를 충족시킬 수 있는 대안으로 부상했지만, 이러한 추세가 전문생물학자들의 신식물학에 비견될 만한 아마추어식물학의 체계와 위상을 갖춘 것은 자연학습(nature study) 운동이 전개되면서부터였다. 본서 4장에서 짧게 다룬 것처럼, 자연학습은 '교과서가 아니라 자연을 공부하라'는 모토 아래 실험실이 아닌 실제 자연현장에서의 관찰과 사유를 추구했던 교육 프로그램이었다. 크게 보면 식물채집은 자연학습의 실천방법의 하나이고, 자연학습 운동은 학계와 교육계 등 제도권 내에서 뚜렷한 구심점을 가지고 전개되었다는 점에서, 자연학습 운동은 식물채집 등의 형태로 표출되고 있던 아마추어생물학 활동을 향한 미국사회의 욕구가 보다 조직화된 형태로 과학교육계에 투영된 결과라고도 볼 수 있을 것이다.

자연학습은 애초에는 학교 일선이 아닌 민간교육의 영역에서 전개되었다. 즉, 초기에 자연학습의 보급에 나선 것은 아가시 협회(Agassiz Association)였다. 매사추세츠 학교의 교사 발라드(Harlan H. Ballard)가 1875년에 창립한 아가시 협회는 1890년대에는 회원이 2만명에 이르렀는데, 회원 대부분은 어린이들이었다. 아가시 협회는 어린이용 잡지로 유명했던 ≪성 니콜라스≫(St. Nicholas), 그리고 ≪옵저버≫(The Observer)·≪스위스 크로스≫(The Swiss Cross)·≪산타클로스≫(Santa Claus)·≪대중과학 뉴스≫(Popular Science News) 등 여러 종류의 대중잡지들을 통해 협회의 공식회의록을 전파하고 새 회원을 모집했으며, 교육자들의 감사글, 회원들의 질문과 표본교환의 공지 등을 소개했다. 그러나 아가시 협회는 대중잡지들의 지면 위에만 무형으로 존재하는 연약한 기반의 조직은 아니었으며, 전국적으로 1,200여 지부로 이루어진 탄탄한 네트워크를 통해 연계되었다. 예를 들어 메사추세츠 지부(Chapter)는 연례 모임에 대한 공지와 더불어, 1888년 보스턴에서 3일간의 강연과 과학유람에 150여 명의 회원이 참석했다는 등의 회합 성과에 대한 소식을 알려왔다. 1890년의 모임에서 이 지부의 과학 강연은 17개 하위 지부(sub-Chapter)들의 보고 발표와 함께 이루어졌다. 이들은 아가시 협회가 지녔던, 전국적으로 연계된 네트워크의 면면을 보여주는 대목들이다. 이렇듯 탄탄한 조직과 대중적 기반을 바탕으로 아가시 협회의 활동은 일종의 식물학 통신과목(correspondence course)을 운영하는 데까지 이르렀다. 1880년대 초에 잡지 ≪성 니콜라스≫를 통해 운영된 통신과목은 상당한 인지도를 자랑하고 있었다. 이 잡지의 각 호에는 학생들이 발견해서 수집하고 또는 스케치하고자 하는 구체적인 표본에 대한 지시사항들이 담겨 있었다. 표본 또는 스케치들은 평가를 위해 과목의 관리자에게 보내졌다.[4)]

아가시 협회만이 유일한 자연학습 클럽은 아니었다. 아가시 협회처럼 하나의 공통된 이름 아래 체계적인 연계를 갖추지는 못한 소규모 그룹들이 미국 전역에 산재해 있었다. 문화/교육 캠프가 개최되고, 보이 스카우트의 활동이 성장하고, 여타 문화/교육 프로그램들이 등장하면서, 자연학습은 그러한 프로그램들의 주요 활동으로 채택되었다. 예를 들어 미국 보이스카우트협회를 설립한 시튼(Ernst Thompson Seton)과 같은 자연학습 지지자들은 초등학생들에게 자연과의 공감을 심어주기 위해 동식물의 생활에 대한 지식을 가르칠 필요가 있음을 주장했다.[5)]

자연학습 운동을 전개한 여러 협회들 중, 1908년에 창립된 미국 자연학습협회(American Nature Study Society, ANSS)는 자연학습 운동을 학교 교육 현장으로 도입하는 데 주도적인 역할을 했다. ANSS는 교사들이 일선 학교에서 자연학습 운동을 전개하는 것을 다양한 방식으로 지원하였는데, 이러한 ANSS의 활동의 중심에는 코넬 대학의 자연학습 교수인 콤스톡(Anna Botsford Comstock)이 있었다. 콤스톡의 『자연학습 교본』(Handbook of Nature Study)은 교사들의 자연학습 교육 지침으로 활용되었으며 콤스톡이 몸담았던 코넬 대학은 자연학습 운동의 허브가 되었다. 콤스톡이 같은 코넬 대학의 식물학자・원예학자인 베일리(Liberty Hyde Bailey)와 함께 여름학교(summer institute), 사범학교(normal school), 코넬 대학의 프로그램에서 선보인 자연학습 시범수업은, 농촌은 물론 도시 학교의 교사들에게도 자연학습 운동이 대대적으로 전파된 시발점이 되었다. 교사들과 학부모들 사이에서 자연학습의 가치는 폭넓은 공감대를 얻었다.[6)]

이러한 자연학습 운동에 대한 대중적 지지는 자연학습이 특히 초등학교를 중심으로 교과목의 일부로 자리 잡는 데 기여했다. 교사들은 ANSS의 기관지 ≪자연학습 리뷰≫(Nature Study Review)에서 제공하는 기사를 학습계획(lesson plans)에 사용하였다. 예를 들어, 위 기관지의 1911년 10월호에 실린 여러 기사들을, 오하이오 마이애미에 있는 윌리엄 맥거피(William McGuffey) 학교의 한 교사가 7학년・8학년 학생을 대상으로 한 잡초에 관한 학습 지도에 다음과 같이 활용하는 식이다. 먼저 교사는, 잡초는 바람직하지 못한 식물인 반면 지나칠 정도로 잘 자라는 속성이 있으므로 학생들에게 잡초의 제거 방식에 대해 다루겠다고 설명한다. 잡초의 특징과 식별에 대하여, 학생들은 표본을 직접 들고 와서 매뉴얼에 따라 식별해 본다. 이들은 확대경을 이용하기도 하고, 지역 식물표본실을 방문하기도 한다. 32종의 잡초가 식별되었으며 학생들은 각각에 표식을 붙여 훗날의 용도를 위해 저장한다. 이외에도, 학생들은 어떤 종자는 싹을 틔우고 어떤 종자는 실패하는지를 판별하는 방식을 배운다. 그리고 학생들은 잡초 종자의 확산을 저지하는 방식을 공부하기도 하고, 토끼풀의 샘플을 구매하여 그 샘플들을 좋은 종자, 부러진 종자 등으로 나눠보기도 한다.[7] 초등학교에서 교육의 일환으로 활용되기 시작한 자연학습은 어린이용 도서와 잡지, 그리고 성인용 문학책 등 다양한 경로를 통해 확산되어 생물과 자연에 대한 인식을 고양시켰다. 아마추어생물학으로서의 자연학습은 학교라는 제도권을 도약의 발판으로 얻은 것이다.

한 조사결과를 보면 1925년에는 127개 교육구 중 자연학습을 교과과정에 반영하지 않은 교육구는 10%에 불과할 정도로 자연학습 운동에 대한 교육계의 지지는 확고했는데,[8] 이는 19세기 말 이후 교육개혁 운동의 분위기 속에서 새로운 학습 패러다임을 찾던 교육계의 요구와 무관하지 않았다. 자연학습을 일선 학교의 교육 현장으로 도입하는 데 앞장섰던 교사 잭만(Wilbur Jackman)과 시카고 대학 식물학 교수 콜터(John Merle Coulter), 그리고 코넬 대학의 베일리와 콤스톡 등은 실물 대상과 경험 기반의 교육이 교과서 중심의 학습보다 우위에 있음을 강조했다. 또한 클라크 대학(Clark University)의 홀(G. Stanley Hall)과 같은 당대의 교육심리학자/교육철학자들 역시 직접 경험에 초점을 둔 교과과정을 어린이 교육에 도입할 것을 강조했다.[9]

자연학습 운동은 신식물학과는 달리 아마추어 누구에게라도 열려 있는 식물학 활동이었다. 자연학습에는 오로지 관찰자와 대상만이 필요했다. 어느 누구도 가난하다고, 고립되어 있다고 해서 자연학습 활동에 참여할 수 없는 것은 아니었다. 자연학습이야말로 자연관찰의 참여자를 중심에 둔 아마추어에게 매력적이었던 활동이었다. 그러한 면에서, 자연학습은 과학의 진보를 목표로 지식·사실의 결정체를 추구한 활동으로서보다는, 참가자 개개인의 만족에 초점을 맞추고 자연세계와의 교감으로부터 정신적·인격적 경험과 세계관의 정립을 시도한 교육 방법이자 실천 활동이었다. 그러나 동시에 자연학습은 교과서가 아니라 자연에 대한 관찰·경험으로부터 얻어지는 배움을 강조함으로써 과학교육의 방식 역시 바꾸어 버렸다.

영국에서의 자연학습 운동

자연학습 운동의 융성은 미국에만 국한된 현상만은 아니었다. 대서양 너머 영국에서도 19세기 말부터 20세기 초에 걸친 시기에 자연학습은 초등학교와 중등학교는 물론 교원양성학교 등에서까지 교과과정의 변화를 가져온 과목이었다. 영국에서 1903년부터 초등학교에 도입되기 시작한 자연학습이 꾸준히 성장한 것은 학교 자연학습 연맹(School Nature Study Union, SNSU)의 일원이자 이 연맹의 저널 ≪학교 자연학습≫(School Nature Study)의 편집인이었던 와이스(Miss von Wyss)의 공헌에 힘입은 바 컸다. 에딘버러에서 교편을 시작했던 와이스는 이후 런던에서의 교편생활 중에 SNSU와 인연을 맺게 되었다. SNSU는 미알(L. C. Miall), 톰슨(J. Arthur Thomson), 웰스(H. G. Wells), 넌(T. P. Nunn) 등 런던의 학계와 문화계의 유력인사들의 지지에 힘입어, 그 회원 수가 1907년의 400명에서 1914년에는 1,800명으로 증가했다. SNSU는 ≪학교 자연학습≫을 통해 자연학습의 교육적 목적과 강점을 강조했을 뿐 아니라 초등학교에서 사용할 교수방법과 학습계획안을 제공했다. 이러한 자연학습의 주된 컨텐츠는 생물학 분야를 중심으로 크게 발달되었다.

SNSU의 지지자들 중, 특히 넌이 영국에서 자연학습 운동의 확산에 끼친 영향력은 상당했다. 1905년에 넌은 과학에 대한 어린이의 관심은 어린이의 성장 과정상의 단계에 따라 다르다고 주장하였다. 즉, 경이감·실용성·체계화 등의 동기들이 어린이의 성장시기별로 다르게 나타나기에, 과학에 대한 어린이의 관심 역시 그러한 성장시기에 따라 상이하다는 것이다. 넌에 의하면 어린 학생들에게서 두드러지는 경이감(wonder)에의 동기는 자연현상의 내적 아름다움과 매력이 가져다주는 기쁨에 의해 충족될 수 있기에, 초·중등학교에서는 초급 물리과목보다 자연학습이 훨씬 더 학생들에게 적절하다고 보았다. 넌의 주장을 수용한 와이스는 어린이의 학습은 7세까지는 경이감과 호기심을 충족시키고자 하는 단계에 머물러 있다가 10세에 이르면 강력한 신체적 에너지가 활용되는 단계로 나가며, 12세에 이르면 자연을 감상하고 이해함은 물론 자연의 질서가 지니는 의미에 대해 성찰하기 시작하는 단계에 이른다는 것이다. 넌과 와이스의 아이디어들은 교육가들에 의해 자연학습 교과과정에 반영되었다.[10)]

학교에서 자연학습 수업의 내용을 보면, 학생들은 크게 식물(수목·관목·화훼 등) 또는 동물(새·물고기·곤충 등) 관련 그룹으로 나누어지며, 각 그룹은 관련 생물의 생활사의 주요 특징들을 조명하는 전시물을 내놓았다. 예를 들어 수목과 꽃식물 달력이 엄청난 수로 만들어졌는데, 각 달력은 식물의 잎의 배열과 줄기의 가지, 야생화의 접합과 돌연변이, 결실의 시기, 과일의 형성과 종자 분산의 메커니즘 등과 같은 정보들을 담고 있었다. 교실에 배치된 수족관을 통해 학생들은 물달팽이(water-snails)・큰가시고기(sticklebacks)・민물새우(freshwater shrimps)・조류(藻類, algae)와 같은 수중생물을 접할 수 있었을 뿐 아니라 각다귀(gnat) 유생의 호흡・운동・식습관, 올챙이의 호흡・외형・크기 변화, 그리고 수서곤충(water beetles)의 적응성과 육식성 습관과 같은 현상을 연구하였다. 또한 학생들은 항아리, 창가의 화단, 정원 등에 전구(bulbs), 알줄기(corm)와 나뭇가지를 설치하고 씨앗을 뿌렸으며, 교실 내에도 공간을 마련하여 나방・나비・바퀴벌레・달팽이・민달팽이(slugs) 등을 기르고 관찰했다.[11)]

때때로 자연학습은 학교 정원에서도 이루어졌다. 정원에서의 자연학습에는 토양의 다양성과 특성, 그리고 토양을 취급하는 여러 방법들의 효과 등 원론적인 원리에 관한 학습 역시 이루어졌지만, 동시에 파종, 작물수확과 저장, 해충 방제, 과수와 관목의 경작, 과일의 수확, 병조림, 보존과 같이 원예의 실용적・경제적 측면에 초점을 둔 실습 역시 포함되어 있었다. 자연학습에서는 정원과 교실에서의 활동이 서로 긴밀하게 연관되어 있었다. 책에서 본 식물이 정원에서 자라고 있는가 하면, 유충과 여타 해충의 피해는 교과서의 텍스트를 통해서가 아니라 정원에서의 실제 경험을 통해 조명되었다. 뿐만 아니라 자연학습을 위한 토지 구획 면적의 계산, 파종할 종자와 수확할 작물의 양 계산, 그리고 여러 조건하에서 성장률의 차이를 보여주는 차트의 구성 등은 수학 수업의 필요성을 제기했으며, 식물의 수분작용과 종자 분산과 같은 생물학적 지식에 대한 환기가 자연학습을 통해 이루어지기도 했다.

그러나 자연학습의 백미는 자연의 호기심을 일으키거나 동식물 생활을 이해하는 데 유용한 '표본'을 수집하는 데 있었으며, 이는 필연적으로 자연학습의 무대를 학교의 울타리 안에 국한되지 않게 했다. 학생들은 암석·조개껍데기·곤충·양치류·화초·수정 등을 수집했으며, 표본 수집을 위해 야외를 산보하는 것은 물론 때때로 연못을 탐사하기도 했다. 연못 탐사에서 학생들은 개구리와 도롱뇽의 알, 물여우(곤충)와 잠자리 유충, 장구애비(곤충)와 수서곤충 등을 발견하고 유리병에 담아 수집했다. 온전한 표본들은 학교 박물관이나 또는 전시용 보관장에 기증하여 가장 눈에 띄는 장소에 비치되었다. 요컨대, 자연학습 활동은 학생들로 하여금 야외의 자연, 동식물의 생활, 암석과 토양, 구름과 계절 등 자연의 파노라마를 직접 관찰하고 그 관찰 결과에 대하여 숙고하며 추론하게 하는 것이었다. 야외에서의 자연학습은 1일, 주말, 심지어 1주일에 걸친 학교 소풍을 통해 이루어지기도 했다. 1911년에 세워진 학교 소풍협회(School Journey Association)는 특히 런던 지역의 학교에서 소풍이 정착되는 데 큰 역할을 했다. 잉글랜드와 웨일즈 지역 대도시에서 학교 단위의 소풍이 여의치 못했던 학교들은 그 대안으로 지역 내 공원과 박물관 탐방을 활용하였다.12)

영국에서의 자연학습의 융성은 20세기로의 전환기에 영국의 사회·교육 개혁에의 자극제가 되었던 생기론 철학(vitalism)과도 연관이 있었다. 자연학습의 옹호자였던 게데스(Patrick Geddes)와 톰슨(J. Arthur Thomson)은 바로 생기론의 신봉자였다. 생기론자들은 자연세계를 고찰하는 데 있어 다윈의 적자생존 가설이 내놓은 냉혹한 경쟁적 메커니즘 대신 협동적 관점에 주목하였다. 이들은 생물의 무자비한 파괴적 속성에 주목하기보다는 모든 형태의 생명의 보존, 그리고 인간과 자연과의 조화로운 관계의 유지에 중요한 의미를 부여했다. 이러한 생기론자들에게 있어, 자연학습은 자연과의 공감과 생명에의 외경을 깨우칠 수 있게 해주며, 미적·윤리적·정신적 감수성을 발달시켜 자연을 통해 신에게 나아가게 해주는 훌륭한 계도 수단이었다.[13)]

영국에서 자연학습의 융성 이면에 자리한 철학적 배경이 무엇이었던 간에, 자연학습의 컨텐츠에는 초등학생들이 이해하기 어려울만한 복잡한 과학 아이디어들은 거의 포함되어 있지 않았다. 이는 영국 학교에서의 자연학습은 본질적으로는 과학활동이었지만 단순히 자연의 진리 탐구와 과학 발전을 지상명제로 하여 추진된 것은 아니었기 때문이었다. 그보다는, 다양한 사회적 관심과 요구가 복합적으로 작용하여 추진력을 얻은, 일종의 사회적 현상이었다. 예를 들어, 자연학습은 도덕 및 소양 교육의 중요한 수단으로 활용되었다. 1902년 교육위원회(Board of Education)의 간사 케키위드 경(Sir George Kekewith)은 어린이들에게 자연학습만큼 다양한 이점을 가져다주는 가르침은 없다고 주장한 바 있었다. 1906년 공립초등학교에서 도덕교육이 필수 교과목으로 지정되자, 자연학습은 도덕교육과의 연계하에 학생들로 하여금 자연의 아름다움에 대해 외경심을 기를 수 있는 기회를 제공하였다. 뿐만 아니라, 당시 영국이 직면했던 도시화 문제와 관련해서는, 자연학습은 농촌·농업의 붕괴를 완화하고 도시로의 지속적 인구 유입을 억제할 해결책으로도 기대 받았다. 자연에의 관심은 도시생활의 편리함이 주는 유혹에 휘둘리지 않는 강건한 농업인을 만들어준다는 것이었다. 보다 거시적으로는, 당대 대영제국의 제국주의적 패권 유지라는 국가적 요구에 부합하는 시민교육을 추구하던 이들에게는 자연학습은 학생들에게 자발성(spontaneity), 그리고 새로운 상황에서의 역경을 헤쳐 나가는 힘을 배양해 주는 교육 수단이었다. 특히,

미국에서의 자연학습 운동의 강력한 증가세가 영국에서 자연학습의 진흥에 촉발제로 작용했던 사실은, 당시 두 국가 간의 국제적 경쟁심리가 투영된 것이라 할 수 있다.[14)]

영국에서의 자연학습은 제1차 세계대전을 지나 1920년대에 이르면서 초·중등 공립학교에서 크게 퍼져나갔지만, 1930년대 접어들어서는 서서히 쇠퇴해갔다. 여러 가지 이유들이 있었다. 먼저, 자연학습은 개념적으로 그 정의가 모호하여 실물교육(object lesson)과 차별화되지 않는다는 것이다. 실물교육이란 대상의 실물에 대한 직접적 경험을 통해 대상의 개념화와 지식에 이르는 방법을 의미한다. 학교에서의 자연학습은 경험을 통한 단순한 지식만을 강조하는 실물교육에 불과하다는 비판이 제기되었던 것이다. 이외에도 SNSU에 의해 교사들에게 제공되었던 엄청난 양의 소책자·저널·기사·잡지·도서 등의 홍수가 오히려 방해가 되었다는 지적도 있었다. 뿐만 아니라 시민권 교육과 도덕교육으로서의 자연학습의 지향점은 사회적 통제를 실현하고자 하는 비현실적인 과욕이 낳은 허상이라는 비판도 있었다. 자연학습이 추구했던 거대한 명분에 대한 의구심으로 인해, 자연학습은 성서 교과목의 보조재 정도로 인식되는 일도 때때로 벌어졌다. 더 중요한 것은 자연학습이 박물학 자체에 끼친 악영향이었다. 즉, 자연학습의 교과과정은 도리어, 전통적인 박물학의 정체성을 모호하게 만들었으며 보다 혁신적 과학 분야로서의 박물학이 성장할 수 있는 시도에 대한 저해요인으로 작용하기도 했다.

이러한 복합적인 난제로 인한 쇠퇴에도 불구하고, 자연학습은 이후에도 소생과정을 거쳐 그 명맥을 이어갔다. 자연학습 운동의 위기에 대한 SNSU의 자구 노력, 그리고 학교 라디오 방송과 같은 교육매체의 등장은 자연학습 운동의 소생에 기여했다. 무엇보다도, 자연학습의 부활에는 1930년대 필드생물학 연구의 등장, 제2차 세계대전 이후 초등학교에서의 유연한 교과과정, 교육방송의 등장, 그리고 제2차 세계대전 후에 조성된 생태학과 생물보존 이슈에 대한 관심 등의 여건 변화가 작용하였다. SNSU의 활동은 1962년에 학교 자연과학협회(School Natural Science Society)와 그 기관지인 ≪학교 자연과학≫(Natural Sciences in School)에 의해 계승되었다.15)

독일에서의 자연학습 운동16)

독일에서 자연학습은 19세기 후반 이후 초・중등학교 교육개혁의 일환으로 박물학 교육이 강화되면서 전개되었다. 19세기 초만 하더라도 생물학 교육은 독일 교육과정에서의 비중이 두드러지지 않았을 뿐 아니라 구체적인 어젠다 역시 모호했다. 당시 박물학 교육은 린네의 분류학을 중심으로 하여, 자연을 기술하는 측면에서 미미하게 이루어지고 있을 뿐이었다. 독일 교육계에 자연학습의 붐을 일으킨 것은 융게(Friedrich Junge)였다. 융게는 초등학교 교사로 시작하여 킬(Kiel)에서 여자중등무료학교(Second Girl's Free School) 교장으로 은퇴한, 생물학 연구자라기보다는 일선교육자였다. 생물학에 독학으로 입문했던 융게는 당대 킬 대학의 뫼비우스(Karl Möbius)가 개설한 야간 동물학 강의를 수강하고 동물학 실험조교로 활동함으로써 뫼비우스와 인연을 맺게 되었는데, 이러한 관계는 융게가 자연학습 운동을 전개하는 데 유용한 이론을 습득할 수 있는 토대를 제공하였다. 뫼비우스는 유기체들 간의 생물학적 상호의존, 환경에 대한 유기체의 적응,

유기체의 생활방식, 해부학적 구조와 기능 간의 조화 등 광범위한 생태학적·기능적·환경적 측면의 박물학 연구주제를 생명군집(Lebensgemeinschaft, living community) 개념으로 구체화했다.

융게가 전통적인 분류학 중심의 박물학 수업을 대체하고 새로운 생물학 교육의 어젠다를 확립하고자 했을 때 주목한 것이 바로, 뫼비우스의 생명군집 개념에 내재된, 환경하에서 유기체의 상호의존의 관계였다. 융게는 뫼비우스로부터 얻은 생명군집의 아이디어를 1885년에 출간된 『초등교육에서의 마을 연못: 생명군집으로서의 마을 연못』(Village Pond in the Primary School: The Village Pond as a Living Community)을 통해 소개했으며, 1887년에는 생명군집의 아이디어를 자연학습 프로그램의 핵심으로 만들었다. 융게가 학교 교과과정에 도입한 자연학습 운동은 자연에 대한 통합적 이해를 목적으로 했는데, 이는 기존의 박물학 수업뿐 아니라 당대의 자연학습 운동과도 차별되는 것이었다. 융게는 생물표본 위주의 학습은 어린이들에게 자연에 대한 파편적 이해를 제공할 뿐이며, 분류학 기반의 기존 박물학 수업은 마치 고전교육에서 그리스/라틴어 문법에 대한 암기식 접근을 강조하는 것과 다를 바 없다고 비판했다.

전통적인 박물학 수업을 대체할 새로운 교육 어젠다에 대한 융게의 사상적 배경은 19세기 초에 훔볼트가 내놓은, 자연에 대한 통합적 전망으로까지 거슬러 올라간다. 융게는 과학의 최고봉은 사실의 풍부함에 있는 것이 아니라 사실의 연계(connectedness)에 있다는 훔볼트의 주장을 수용했다. 융게가 생명군집이라는 아이디어를 적극적으로 수용했던 것도 생명군집이 자연의 통일성과 연계성을 이해하게 해 주는 틀이었기 때문이었다. 그에 의하면, 자연의 특징들은 개별 유기체

수준에서는 물론 유기체들의 총합인 군집 수준에서 관찰할 수 있으며, 각 유기체는 전체 군집을 이루는 한 단위에 해당되며, 군집 내 유기체들은 상호의존하며 군집의 유지에 합동으로 기여한다는 것이다. 융게가 생명군집 개념을 통해 제시한 새로운 생물학 교육의 비전이란, 자연학습을 통해 군집 내의 개별 유기체와 군집을 이루는 구성요소들의 상호관계를 조명함으로써 분류학 기반의 전통적인 박물학 수업을 대체하는 것이었다.

융게의 자연학습의 골격, 즉 생명군집 개념을 중심으로 하는 자연의 이해는 『초등교육에서의 마을 연못』에 잘 나타나 있다. 그가 제시한 자연학습 프로그램은 4학년 과정에서의 조수 연못(tidal pond), 황야지대(moor), 평야와 산림 등 주변 지역의 군집에 대한 관찰을 시작으로 하여 8학년 과정에서의 생명군집으로서의 지구에 대한 관찰로 완결된다. 당시 마을 연못이란 독일인의 마음속에서는 일상의 자연을 대변하는 상징과도 같은 공간으로, 이를 배경으로 한 자연관찰은 자연에 대한 통합적 이해를 향한 첫 단추에 해당하는 것이었다. 마을 연못에서의 자연학습 활동에 대한 융게의 학습지침을 들여다보면 다음과 같다. 어린이는 연못 주변을 산보하면서 그 물리적 환경에 대해 기술하며, 연못과 그 인근 환경에 투영된 계절의 영향을 그려낸다. 연못 군집에 대한 학습지침은 상당히 구체적이다. 어린이는 연못에 서식하는 개별 생명체에 대하여 오리 등 21종의 동물 각각에 관하여, 서식환경의 물리화학적 특성, 먹이, 감각기관, 이동방식과 생명의 발생 등의 비교분석을 하고, 이어서 이들 개별 동물들 상호 간의 연계를 재정리한다. 연못에 서식하는 19 종류의 식물형에 관해서도 유사한 방식으로 분석하고, 연못 내의 비생물적 환경요소 역시 분석한다. 예를 들어, 연못 군집에 서식하는 개구리(frog)에 대한 융게의 자연학습 텍스트는 개구리의 모습과 움직임에 관한 기초적이지만 생생한 묘사로 시작한다. 이어서 융게는 개구리의 먹이섭취기관·감각기관·호흡구조와 생식과 발생을 설명한다. 이외에도 융게는 개구리와 연못 군집 내 다른 구성원과의 관계(예: 개구리와 다른 생물 종과의 포식 또는 피포식자 관계) 및 서로 다른 종류의 개구리들 간의 비교관찰 내용 등을 소개한다. 즉, 생명군집이라는 복잡한 개념에 대한 이해를, 마을의 연못이라는 친숙한 자연물을 배경으로 하는 직접 관찰을 통해 이해할 수 있도록 유도하는 것이 융게의 자연학습 프로그램의 첫 단계를 구성했다.

융게의 자연학습 프로그램은 교육계에 상당한 반향을 불러일으켰다. 융게의 『초등교육에서의 마을 연못』은 독일 북부의 킬에서 남부 뮌헨에 이르기까지, 그리고 서부 변경지대의 스트라스부르그(Strasbourg)에서 동부 슐레지엔(Schlesien)에 이르기까지 독일 전역에 걸쳐 교사들의 관심을 받았다. 1882년의 조사에 의하면, 1,000여 명의 베를린 학생들 중 숲과 산림을 실제로 본 적이 있는 것은 364명이었으며, 종달새 소리를 안다고 답한 것은 167명에 불과했다. 도시의 교사들이 융게의 자연학습 프로그램을 적극적으로 수용하고 나선 데는 이러한 배경이 있었다. 또한 새로운 시대에 부합하는 박물학의 입지를 향상시키고자 했던 개혁 성향의 교사들 역시 융게의 자연학습 프로그램에 우호적이었다. 교사들의 지지는 자연학습 운동의 융성에 크게 기여했는데, 이는 당시에 아마추어박물학자 그룹의 가장 큰 저변을 형성하고 있던 것이 바로 독일 초·중등학교 교사들이었기 때문이었다. 독일 남부 스투트가르트(Stuttgart) 지역의 교사이자 박물학자였던 루츠(Karl G.

Lutz)가 1887년에 설립한 자연학습 교사연맹(Teacher's Union for Nature Study)의 회원은 1899년의 11,000명에서 1915년에는 35,000여 명으로 급격하게 증가했다.

융게의 자연학습 프로그램이 융성할 수 있었던 데는 당시 교육계의 인프라 발달 역시 한몫했다. 학교 내 수족관·사육장·정원·과학교실·부설박물관 등의 시설에 힘입어 실제 자연이 아닌 공간에서도 자연에 대한 체험교육이 이루어질 수 있게 되었다. 이와 더불어 수업보조재 산업의 발달과 함께 실물과 흡사한 동물 보금자리·동굴 모형, 그림책, 차트·삽화가 강조된 교과서 등을 활용한 실내 박물학 수업도 자연학습을 보완할 수 있는 수단이 되었다. 자연학습의 전파에는 초·중등학교 교사용 잡지 역시 한몫 했는데, 예를 들어 초등학교 교사용 인격형성 교육 잡지(Deutsche Blatter fur erziehenden Unterricht)는 융게의 『초등교육에서의 마을 연못』에 대해 박물학 교육의 신기원으로 논평했으며 중·고등학교 교육잡지들 역시 융게의 생명군집 개념을 자연학습의 지배적인 이론(dogma)으로 평가했다. 이러한 매체들을 통해, 자연학습에 대한 논의는 확대 재생산될 수 있었다.

그러나 이러한 요인들은 자연학습 운동의 위력을 한층 배가시켜준 면은 있지만, 그러한 위력은 어디까지나 융게의 자연학습 프로그램이 당시에 생물학 교육에 관해 일었던 교육적·사회문화적 요구와 부합했기에 가능했다. 자연학습은 당대의 교육개혁가들이 강조했던 시각적·체험 교육이라는 방법론과 완벽하게 부합하는 것이었다. 교실 밖 야외에서의 자연학습은 어린이들이 실제 자연의 체험을 통해 사물에 대한 통찰력을 고양시키는 교육적 효과가 있었다. 융게는 자연학습 프로그램이 그림·측정·계량·산수 등의 기본교육과 마찬가지로 어린이들로 하여금 사물에 대한 통찰력을 고양시켜 그들이 실제 세상에서 미래를 준비하는 데 적합한 역량을 배양할 수 있게 해 준다고 주장했다. 융게에 따르면, 자연의 실물에 대한 관찰은 미신과 오보로 가득한 세상을 해쳐나갈 수 있는 인식론적 소양을 제공한다는 것이었다. 아울러 자연과의 접촉은 우리 안에 내재된 격정을 다스릴 수 있는 기회를 제공하여 자신에 대하여 차분하고 명료한 판단을 이끌어 내는 데 도움을 준다는 것이었다.

또한 자연학습은 지역의 지리·자연물·관습·문화 등에 대한 실물체험 수업과 연계되어, 독일 국토에 대한 애향심(Heimat)을 고취하는 도구로도 각광 받았다.[17] 융게의 자연학습 프로그램을 보급하던 일선 교사들은 이 프로그램을 지역의 지리학·역사·민속학 수업과 결합하여 어린이들의 애향심 고취와 조국애 함양을 도모했던 것이다. 자연학습 프로그램을 통해 체험된 지역의 동식물과 자연은 자연세계의 일부일 뿐 아니라 독일의 국가적 유산의 일부로 학습되었다. 융게가 주도한 자연학습의 기저에 자리한 이데올로기를 들여다보면, 소박한 애향심의 추구를 넘어선 공동체주의적/집단주의적 지향성을 발견할 수 있다. 미국과 영국에서의 자연학습 역시 당대 사회가 추구하던 바람직한 시민을 양성하기 위한 도구로서 작용한 측면이 분명 크지만, 독일에서의 자연학습이 목표로 하던 바람직한 어린이 인격형성의 방향은 이들보다 한층 더 집단주의적 측면이 있었다. 구체적으로, 융게는 자연학습이 어린이들에게 독립적이면서도 상호의존적인 자아형성을 위한 기회를 제공하는 인격형성의 과정이라고 주장했다. 융게는 그의 자연학습의 기저이론에 해당하는 생명군집의 원리에 입각하여 다음과 같이 주장하였다. 인간은 비록 존재의 사슬의 정상에 서 있기는 하지만, 그러한 정상에서 자유롭게 방종하는 개별적 존재가 아니라 수많은 피조물 중 하나로서 다른 피조물들과 연계된 존재이며, 따라서 여타 생명체와 마찬가지로 자연법칙에 종속된다는 점을 강조했다. 따라서 인간은 자연계의 일부로서 자연계 전체의 선(the good of the whole)의 가치를 구현하는 데 일조해야 하는 존재라는 관념이 성립한다. 즉, 세상은 하나의 통합된 전체이며, 인간을 포함하여 세상의 모든 구성원들은 전체의 일부라는 것이다. 이처럼 스스로를 보다 큰 공동체의 일원으로서 인식하게 된다면, 인간은 공동체의 다른 구성원에 대한 권리와 의무를 중시하는 관념, 즉 공동체 의식을 지니게 된다는 것이 융게의 주장이었다.

뿐만 아니라 융게는, 자연학습이 어린이로 하여금 개인의 자유에 대한 한계를 깨닫게 하고 개인이 집단에 복종할 필요성을 자연스럽게 체득시킴으로써, 어린이가 사회의 생산적 구성원으로 자랄 수 있는 기회를 제공한다고 주장했다. 야외에서 자연학습 활동이 안전하고 순조롭게 진행되기 위해서는 각 개인의 자의적 독단이 아니라 규칙의 준수가 우선되어야 하는데, 이를 통해 어린이들은 개인의 자유가 지니는 현실적 한계를 자연스럽게, 실천적으로 체득한다는 것이다. 따라서 마을 연못에서 개구리·도롱뇽 등의 생명체가 연못 내 생명군집의 환경적 요소들과 상호의존하는 관계에 대한 관찰활동으로부터 시작하는 융게의 자연학습 프로그램은 자연의 일부로서 인간의 존재에 대한 관념을 심어주고, 인간이 자신이 속한 공동체에 종속되어야 하는 정당성을 깨우쳐 주는, 독일인의 사회적·공동체적 의식 고양을 위한 교육적 도구로서 받아들여졌다.

나가면서

식물채집 활동과 자연학습 운동 사례는, 본서에서 다룬 생물학 또는 과학 대중화 사례들 중 박물학과 더불어 일반대중 역시 과학활동을 직접 체험할 수 있었던 드문 사례라고 할 수 있다. 그러나 동시에, 양자 간의 차이 역시 두드러진다. 다윈주의의 탄생 토양을 낳았던 박물학의 경우 일반대중에 속하는 아마추어박물학자들의 활동은 전문과학자의 활동을 모방, 복기(復棋) 하거나 지식을 재확인하는 정도를 넘어, 전문박물학자와의 상호 협력과 분업을 통해 박물학 지식의 생산에 직접적으로 기여하는 경우도 많았다. 예를 들어 아마추어박물학자가 언덕과 산을 돌아다니면서 수집한 표본을 전문박물학자들이 분류・기술・분석하는 식이다. 그러나 식물채집 활동과 자연학습의 경우 대다수의 경우 전문과학자들의 확립해 놓은 생물학 지식을 자연학습의 당사자들이 직접 체험하는, 일종의 복기의 수준에 가까웠다. 따라서 대중이 과학지식의 생산에 직접적으로 기여할 수 있느냐를 계몽적 과학 대중화와 참여적 과학 대중화의 구분 기준으로 삼는다면, 식물채집 활동과 자연학습은 엄밀히 말해 계몽적 과학 대중화의 사례로 분류될 수 있을 것이다. 그러나 위에서 언급했듯이, ≪토리 식물학 클럽 회보≫처럼 아마추어의 식물학 연구성과를 수록하는 채널 역시 존재하였으며, 따라서 아마추어의 새로운 발견이 공유되는 경우 또한 가능했다. 따라서 식물채집 활동과 자연학습의 경우 참여적 대중생물학의 성격 역시 띠는 귀중한 사례라고 할 수 있다. 아울러 식물채집 활동과 자연학습은 그것들이 가져다주는 즐거움 자체를 강조하는 것과 더불어, 거시적으로는 진취적이고 강인한 도덕적 시민을 양성하고자 하는 이데올로기적 측면 역시 강조되었다는 점에서, 본질적 대중생물학과 도구적 대중생물학의 측면이 공존한다고 볼 수 있을 것이다.

또 하나 흥미를 끄는 것은 자연학습에 대한 전문생물학자들의 대응이다. 상술했듯이 자연학습의 융성에 크게 기여한 아가시의 경우에서 보듯, 전문생물학자 집단은 어린이·청소년층의 자연학습 운동에 우호적이었을 뿐 아니라 그것을 독려하기까지 했다. 이는 전문생물학자들이 자신들의 연구 분야에 대한 사회적·대중적 지지를 위해 일반대중과 자신들과의 간격을 줄이려 했음을 보여주는 것으로 해석할 수도 있을 것이다. 그러나 당시 미국의 식물학의 전문화 과정을 보면, 전문생물학자들은 자신들과 대중 사이의 간격을 일정 수준으로는 유지하고 있었음 역시 알 수 있다. 즉 전문식물학자들의 경우 연구방법론의 초점을 보다 현대적인 생리학과 생태학에 맞추고 실험실 기반의 신식물학을 추구함으로써 전문식물학의 정체성과 자율성을 확보하고자 했는데, 이는 ≪식물학지≫의 수록 내용을 통해서도 확인할 수 있다. 다시 말해, 전문식물학자들은 대중들의 자연학습을 지원하고 독려함으로써 식물학 연구와 대중들 간의 간극을 해소하려는 한편으로, 자신들은 대중들의 역량으로는 감당이 어려운 보다 새로운 식물학 분야로 깊숙이 진출해 갔던 것이다. 즉, 박물학 연구에서도 전문과학자와 아마추어들의 연구활동 영역은 구분이 되어 있었듯이, 자연학습 운동이 있던 시기에도 전문생물학자 또는 전문식물학자들은 자신의 고유의 영역을 대중들에게 개방한 적은 없었다. 물론 이는 일차적으로, 과학의 전문화가 심화됨에 따라 전문과학자의 연구활동과 아마추어들의 연구활동 사이에 수준 차이가 더욱 심하게 확대된 탓이 크다고 할 것이다. 그러나 동시에, 전문과학자들의 입장에서 대중은 멀어져서는 곤란한 존재인 동시에, 전문과학자들 자신들의 지적 권위와 정체성 유지를 위해 적절한 간격을 유지할 필요성이 있는 존재이기도 하다는 것을 보여준다.

---

1) Thomas R. Walsh, "Charles E Bessey and the Transformation of the Industrial College," *Nebraska History* 52 (1971), 383-409.

2) Elizabeth Keeney, *The Botanizers* (Chapel Hill: Univ. of North Carolina Press, 1992), 127, 133, 144.

3) Jacob Abbott, *Rollo's Museum* (Amazon Digital Services, Inc., 2014); Almira Lincoln Phelps, *Familiar Letters on Botany, Practical, Elementary, and Physiological: with a New and Full Description of the Plants of the United States, and Cultivated Exotics, &C* (Univ. of California Libraries, 1846), 295; Keeney, op. cit., 83-94.

4) Keeney, op. cit., 140-142.

5) Peter J. Schmidt, *Back to Nature: The Arcadian Myth in Urban America* (Baltimore: Johns Hopkins Univ. Press, 1990), 106-124.

6) Kim Tolley, *The Science Education of American Girls* (New York: Routledger, 2003), 129; Sally Gregory Kohlstedt, "Nature, not Books: Scientists and the Origins of the Nature Study Movement in the 1890s," *Isis* 96 (2005), 326, 351-352.

7) Keeney, op. cit., 135-139.

8) Tolley, op. cit., 135.

9) Kohlstedt, op. cit., 330, 334, 340, 342-344.

10) E. W. Jenkins and B. J. Swinnerton, "The School Nature Study Union 1903-1904," *History of Education* 25 (1996), 182, 184-186, 192-193; J. W. Tibble, "Sir Percy Nunn: 1870-1944," *British Journal of Educational Studies* 10 (1961), 58-78.

11) E. W. Jenkins, "Science, Sentimentalism or Social Control? The Nature Study Movement in England and Wales, 1899-1914," *History of Education* 10 (1981), 34.

12) Ibid., 35.

13) H. Hein, "The Endurance of the Mechanism-Vitalism Controversy," *Journal of the History of Biology* 5 (1972), 159-188.

14) Jenkins, op. cit., 38-39.

15) Ibid., 41-43.

16) 독일 자연학습 프로그램과 융게에 대하여 나이하트(Lynn Nyhart)의 연구를 주로 참조한다. Lynn K. Nyhart, *Modern Nature: The Rise of the Biological Perspective in Germany* (Chicago: Univ. of Chicago Press), 161-197.

17) 자연학습과 1930년대 애향심/조국애(Heimat)의 연계에 대하여, John A. Williams, "The Chords of the German Soul Are Tuned to Nature: The Movement to Preserve the Natural *Heimat* from the Kaiserreich to the Third Reich," *Central European History* 29 (1996), 339-384.

06 교육과 오락의 양면에서: 생물학 대중화의 이중전략

들어가면서

학교에서는 왜 과학을 가르치게 되었는가? 과학교육은 어떻게 과학의 혁신과 연계되었는가? 과학교육의 주요 관심사들은 어느 정도의 정치적·경제적·사회적·종교적 가치를 내포하는가? 과학은 딱딱하지만 기초를 탄탄히 해주는 이론 위주로, 아니면 흥미를 유발하는 사례 중심으로 운영되어야 하는가? 어떤 과학 과목이 교육용으로 널리 알려졌는가? 그리고 그 이유는? 이러한 질문들에 대한 단서는, 뉴욕의 드윗 클린턴(DeWitt Clinton) 고등학교 생물학 교육 사례로부터 엿볼 수 있다. 이는 20세기 초 미국 고등학교 생물학은 당대 중산층의 삶에 필요한 생물학 지식과 경험을 학생에게 축적시켜주기 위한 차원으로 시도되었음을 보여준다. 비슷한 맥락에서, 20세기 전반 독일 중등학교 생물학 교과과정 개혁은 바이마르 공화국과 나치 제3제국의 국가기조에 대한 정당성을 부여하는 것에 그 목적이 있었다.

대중을 대상으로 한 과학교육은 위처럼 학교의 보통교육에 의해 제공된 것과 더불어, 박물관과 같은 학교 외 기관을 통해서도 이루어졌다. 미국의 박물관은 일차적으로 표본의 수집과 연구활동을 목적으로 하는 전문연구기관인 동시에, 민주주의 문화의 기치 아래 일반대중의 계몽과 교육 역시 중요한 목적으로 하고 있었다. 뉴욕의 미국자연사박물관(American Museum of Natural History)은 오스본(Henry F. Osborn)의 지휘에 힘입어 고생물학 연구의 메카로 도약했을 뿐 아니라, 자연보존과 진화사상에 대한 대중교육의 증진을 도모한 곳이기도 했다. 즉, 말・공룡・고인류 등에 대한 과학적 이해를 전시물이라는 볼거리에 실어 효과적으로 관람객에게 전달하는, 오락과 결합된 교육기능을 수행한 대중화의 장이었다. 시각적 표현수단은 대중화의 또 하나의 무기이자 대중들에게는 그 자체로 과학적 호기심의 대상이었다. 20세기 초에는 비교적 널리 보급이 이루어져 있던 필름은 과학연구용 실험기술과 필드연구를 위한 기록도구였던 동시에, 오락의 수단으로도 자리 잡았다. 이렇듯, 20세기 초반 미국에서 과학 대중화는 교육과 문화체험뿐 아니라 당대 각광 받던 오락의 형식까지 차용해 가면서, 전문가와 대중이 함께 하는 소통의 장을 구축해 갔다. 생물학 대중화를 위한 채널이 인쇄매체를 넘어 대중문화의 다양한 장르까지 포함하고 있었던 점은, 생물학의 대중화가 교육과 오락의 양 측면에서 진행될 수 있었던 비결이기도 했다.

미국 고등학교 생물학과 대중교육의 한 장

19세기 말~20세기 초에 이르러 미국의 초등학교 학생들은 자연세계에 대한 체험적 이해를 초점으로 한 자연학습 과목을 공부하게 되었다. 그러나 자연학습은 이론적 학습보다는 체험 위주의 특성으로 인해 고등학교 교육에까지 도입되기는 용이하지 않았다. 뿐만 아니라, 1900년 이전만 하더라도 고등학교에서 생물학 교육이란 것은 찾아보기 힘들었다. 대다수 미국인들에게 자연세계에 대한 지식의 출처가 되었던 것은 개인적 경험, 지역의 전통, 또는 대중적 독서거리 등이었다. 자연학습이 교육과정에 입성한 것은 초등학교에 국한되었으며, 중등학교의 경우는 학교에 따라서 생리학 · 식물학 · 동물학 중의 하나를 선택하는 정도에 머물렀다.

미국 고등학교에서 생물학 교육이 강화된 것은[1] 1900년대 직후 도시를 중심으로 고등학교들이 양적으로 팽창하면서부터였다. 1900년경 고등학교의 제도적 확장세는 도시를 중심으로 드라마틱하게 이루어졌는데, 예를 들어 뉴욕시의 경우 지하철 시스템의 완비는 도시 곳곳에서 고등학교 설립을 촉진시켰다. 이러한 신생 고등학교들 중, 미국 드윗 클린턴 남자 고등학교는 20세기 초 미국 고등학교 생물학 과목의 발달을 가져온 요람이 되었다. 1902년에 개교한 드윗 클린턴 고등학교에는 매년 1,000여 명의 신입생이 입학했다. 특히 전세계로부터의 이민자로 붐비던 뉴욕이라는 도시의 특성으로 인해, 이 고등학교는 다양한 국적과 종교, 그리고 문화권으로부터의 남학생들을 학생으로 두었다. 아메리칸 드림을 품고 미국에 온 13~16세 이주민 소년들로 가득한 학교 여건은, 드윗 클린턴 고등학교 생물학 교사들로 하여금 학생들에게 우주를 생각하는 방식뿐 아니라, 음식물에 대한 이해, 생명체의 행동에 대한 이해, 위생적인 환경의 필요성에 대한 고려, 그리고 성에 대한 생리학적 이해 등을 필수적으로 가르쳐야 한다고 주장하게 만들었다. 그 결과 학생들은 이러한 필수 주제들을 종합적으로 포괄할 수 있는 과목으로서 1년 과정의 생물학 과목을 이수해야 했다.

1912년을 기준으로 드윗 클린턴 고등학교의 생물학 분과는 13명의 인원으로 구성되었는데, 이 중에는 생물학 교과서 저술가로 명성을 날렸던 헌터(George W. Hunter), 그루언버그(Benjamin C. Gruenberg), 린빌(Henry R. Linville) 등이 있었다. 이들이 저술한 일반생물학 교과서들이 전국의 고등학교에서 널리 채택됨에 따라, 드윗 클린턴 고등학교는 20세기 초 미국 고등학교 생물학 교육의 메카가 되었다. 당대 널리 사용된 교과서에는 린빌과 켈리(Henry A. Kelly)의 『일반동물학 개론』(A Text-book in General Zoology), 헌터의 『생물학 개요』(Elements of Biology), 『도시 생물학』(A Civic Biology), 『생물학 문제들』(Problems in Biology), 『일상 속의 생물학』(Biology in Our Lives) 등이 있었다. 널리 사용된 생물학 교과서로는 이들 교과서 이외에도, 그루언버그의 『기초생물학』(Elementary Biology)과 린빌의 『인간과 기타 생명체의 생물학』(The Biology of Man and Other Organisms), 피바디(James E. Peabody)의 『생물학과 인간복지』(Biology and Human Welfare), 비글로우(Maurice A. Begelow)의 『생물학 서설』(Introduction to Biology) 등이 있었다.

위에서 서술한 것과 같이 드윗 클린턴 고등학교에 생물학 교육이 도입된 동기로 인해, 그리고 20세기 초 미국을 지배하던 실용주의 담론의 영향으로 인해, 이들 생물학 교과서에도 실용성의 가치가 강조되었다. 예를 들어 헌터의 교과서는, 생물학 교육의 목적은 장차 학생들로 하여금 살아가는 주변 환경의 개선에 역량을 발휘할 수 있는 훌륭한 시민으로 양성하는 데 있다고 기술하고 있었다. 생물학 교육은 실용성의 측면에서 도시민의 영양, 통풍과 위생 문제, 식품의 에너지/영양 성분과 그 비용과의 관계, 식품부패의 원인과 예방, 그리고 비타민의 중요성 등이 포함되었다. 또한 생물학 교과서들은 한결같이 청소년의 음주와 흡연, 그리고 습관성 약물복용의 위험성에 대한 경고를 담고 있었다. 특히 뉴욕의 생물학 교육자들이 강조했던 주제는 성에 관한 문제였다. 교사들은 성교육이야말로 학생들로 하여금 생식과정, 성기능의 본질과 문제, 그리고 유전의 법칙에 대해 이해할 수 있도록 하며, 질병으로부터 자유로운 결혼 생활을 통해 건강한 출산과 삶을 영위할 수 있게 해 준다고 보았기 때문이다.

그러나 이 시기의 생물학 교육이 일종의 생활지침서 같은 실용적 면모들로만 구성된 것은 아니었다. 생물학 교육은 생명의 원리에 대한 과학을 가르치는 교육이라는 점 역시 망각되지 않았다. 생물학 교육 옹호자들은 고등학교 생물학 1년 과정 전체가 하나의 종합적 체계 하에 가르쳐져야 한다고 강조했는데, '생명'에 대한 전체적 개관을 큰 틀로 하여 생리학·식물학·동물학이라는 다양하고 복잡다단한 주제들을 하나의 과목으로 통합하기 위해서는 이론적인 구조화가 필요하다는 것이었다. 비글로우·헌터·그루언버그 교과서들의 내용을 들여다보면, 생명이 지탱되고 성장하는 일련의 과정들, 자연과 식물 성장의 본질과 환경, 인간의 생활에서의 식품의 역할, 생물의 호흡·순환·배설·감각 기능, 유전, 성과 생식, 공생과 기생을 포함한 유기체 간의 관계 등의 주제들을 중심으로 구조화되어 있었다. 이는 생명체 개체는 물론, 그것을 둘러싼 물리적·유기적 주변 환경, 그리고 개체와 환경 간의 상호작용의 복잡성과 보편성을 강조하는 것으로, 학생들에게 생명의 원리에 대한 이해와 철학을 제공하기 위한 것이었다. 이와 관련하여 린빌은, 생물학 교육을 통해 학생은 환경에서의 자신을 조망할 수 있는 능력, 즉 특정한 인간·인종의 맥락이 아니라 자신과 인류에 영향을 미치는 모든 유기적 요소들과의 연관 속에서 생명을 이해할 수 있는 능력을 배워야 한다고 주장하였다.

이러한 실용적 및 진리탐구적 측면 이외에, 도덕적/윤리적 측면 역시 생물학 교육의 중요한 지향점의 하나로 반영되었다. 이는 20세기 초 미국 혁신주의(progressivism) 시대의 교육철학이 당시 고등학교 교육 전반에 미친 영향력에서 기인한다. 당시 학교 교과과정에서는 사회의 진보와 정신적 발달을 추구하는 담론이 지배적인 영향력을 행사하고 있었다. 학교수업의 목적은 변화하는 환경에 창의적으로 적응할 수 있는 힘을 학생들에게 길러주는 것이었다. 생물학 교육의 목적 역시 단순히 생명과 그 역사를 가르치는 것을 넘어 그것이 지닌 현재와 미래에의 함의를 담고자 했다. 고등학교 학생들은 정신적 발달과정 상의 중요한 단계에 있는 만큼, 생물학 학습은 청소년이라는 동물적 존재(young animals)가 독립적 존재로 성장할 수 있도록 이끌어야 한다는 것이다. 이러한 연장선상에서, 생물학 교사들은 학생들을 건강하고 도덕적이며 합리적 성숙체로 성장시키기 위하여 자연철학의 습득, 학습능력의 훈련, 그리고 삶의 방식에 대한 구체적 지침을 포함하는 교육 청사진을 그려내고자 했다. 이러한 교육이 지향한 궁극적·이상적 목표는 생리학적·지적 발달이 함께 어우러진 현대적인 남성, 즉, 세상에서의 자신의 위치를 이해하고 그러한 위치를 향상시키기 위해 지적으로 행동할 수 있는 독립된 인격체를 배출하는 것이었다.

당시 생물학 교육의 이러한 지향점들은 그 방법론에도 영향을 주었다. 린빌은 과학에의 입문과목으로서 생물학 과목은 암기식 학습으로부터 탈피하여 체계적 사고를 촉진할 수 있는 방식으로 개선되어야 한다고 주장했다. 예를 들어, 브루클린 남자 고등학교(Brooklyn Boys' High School)의 우드(George C. Wood)는 수업시간에서 짧은 토론이 지니는 효과를 강조했으며, 학생들로 하여금 식물・인간・증기기관의 에너지 변환과정이 보여주는 근본적 유사성을 깨우치게 하는 사례를 예로 들어 실험실 교육의 유용성과 중요성을 강조했다. 생물을 다루어보고 분석해 본 경험과 생물의 기능에 대한 기술은 학생들에게 중립적・과학적 사고를 통한 지적 정직성을 길러주고, 이는 궁극적으로는 편협한 전통과 권위에의 의존의식으로부터 탈피할 수 있는 능력과 기회를 제공한다고 그루언버그는 강조했다.

물론 일선 고등학교들이 처해 있던 상황은 각기 달랐기에 고등학교 생물학 교육 역시 균일화된 밀도로 구현되고 있었던 것은 아니었다. 예를 들어, 뉴욕의 헬스 키친(Hell's Kitchen) 고등학교는 드윗 클린턴 고등학교가 제시한 생물학 교육의 이상과는 먼 상황에 처해 있었다. 열악한 교실 환경, 재원 부족, 다양한 사회적 그룹들의 이해관계, 학생과 교사들의 관심 부족으로 인해 생물학 교육을 통한 개혁의 실현이 이루어지기란 쉽지 않았다. 그럼에도 불구하고, 생물학 교육을 통해 실험정신, 적응에의 욕구, 미래에의 믿음을 함양하기 위한 시도는 미국 전역에서 계속되었다. 즉, 다양한 현실적 제약과 학교 간 편차에도 불구하고, 고등학교 생물학은 미국 과학교육의 이상을 실현하는 데 있어 상당한 역할을 담당하고 있었다.

1920년대에 이르러서는 생물학은 고등학교 과학교육의 표준 교과목이 되었으며 중산층 미국 시민이 추구해야 할 공통의 가치와 경험을 반영하는 과목이 되었다. 스콥스 재판(7장 참조)이 있었던 1925년 당시, 테네시(Tennessee) 주 데이턴(Dayton)의 학생들은 헌터의 『도시 생물학』(Civic Biology) 교과서로 생물학을 배운 전국 수천 명의 고등학생들 중 일부였다. 헌터의 교과서는 뉴욕 롱 아일랜드(Long Island)의 갑각류, 미국 박물관 관람, 그리고 더운 날씨에 집 발코니에서 수면의 이점 등 다양한 토픽으로 장식되어 있었지만 스콥스 재판을 통해 미국 전역을 뒤집어 놓았던 진화론은 불과 4페이지에 걸쳐 소개되었을 뿐이었다. 이로부터 드러나듯, 당시의 생물학 교육의 주안점은 최신 생물학 지식을 전달하는 것보다는, 경험·학습·적응·발달 등을 통한 진보적 진화라는 혁신주의적 개념을 교육의 기저에 깔고, 사회의 개선에 기여할 수 있는 건강한 시민으로의 성장에 필요한 기초교양 습득과 훈련의 기회를 학생들에게 제공하는 데 있었다. 이러한 20세기 초 미국 고등학교 생물학 교육의 기본 주제와 기조는 미국 중산층 문화의 이상을 반영하는 것이었다. 따라서 미국 고등학교에서의 생물학 교육의 정착 과정은 자유주의를 신봉하는 미래의 미국 시민의 양성이라는 교육의 가치 아래 이루어진, 생물학의 대중교육 과정의 중요한 한 경로라고 할 수 있다.

독일 중등학교 생물학 교육과 다윈주의의 도입 논란

19세기 후반~20세기 초의 시기에 교과과정 개혁의 일환으로 생물학 교육에 개혁의 바람이 분 것은 독일 또한 마찬가지였다. 사실 19세기 후반 독일 중등교육에서 과학교육의 위상은 초라한 수준이었다. 생물학 교육 역시 동식물에 대한 암기를 중심으로 한 자연 기술(nature description)에 그치는 수준이었으며, 그 목적은 신의 창조에 대한 이해와 경외감을 고양하는 데 있었다. 그러나 제2제국의 비스마르크 재상의 문화투쟁으로 인한 반교권주의의 대두는 교육내용에 대한 교회의 입김을 이전에 비해 약화시켰으며, 때마침 1870년대에 상종가를 달리기 시작한 다윈주의는 이러한 빈틈을 파고들어갔다.[2] 헤켈은 교과과정 개혁의 목적은 자연과 인간에 대한 지식의 통합에 있으며, 새 교과과정의 핵심에는 다윈주의가 위치해야 하며 생물학 주제들은 진화적 관점에서 기술되어야 한다고 주장했다. 이에 반해 저명한 세포생물학자이자 정치인이었던 피르호(Rudolf Virchow)는 다윈주의는 단순한 가설일 뿐 확실한 지식은 아니며, 학생들은 가설과 지식을 구별하는 데 필요한 성숙한 판단력이 결여되어 있기 때문에 확실성이 부족한 다윈주의가 교육과정에 포함되어서는 안 된다고 반박했다. 이에 대해 헤켈은 비록 다윈주의가 아직 실험적 증거는 없지만, 생물의 기원과 관련하여 알려진 사실들을 설명할 수 있는 유일한 이론이라고 강조했다. 헤켈은 유인원과 인간이 같은 조상으로부터 유래했다는 다윈주의의 세부적인 주장은 상대적으로 확실성이 덜할 수는 있으나, 생물이 진화한다는 다윈주의의 전체적인 요지는 절대적 확실성을 띤 지식이라고 강조했다.

이러한 내홍 끝에 1882년에 프로이센 중등학교 교과과정안이 나왔다. 프로이센, 그리고 프로이센의 모델을 따랐던 뷔르템베르크(Württemberg), 바이에른(Bavaria), 작센(Saxony), 바덴(Baden), 헤센(Hesse) 등의 주에서 생물학 교과과정에 린네의 분류학 체계, 지역 동식물, 인체 건강 등의 다양한 주제들이 포함되었으나, 다윈주의는 제외되었다. 뿐만 아니라 1892년 프로이센을 위시한 여러 주의 교과과정들은 반다윈주의적 입장을 공고히 했다. 그러나 이후로도, 학교 교육에 다윈주의를 도입할 것을 요구하는 목소리는 계속되었다. 대표적 인물의 하나는 스위스 취리히 대학의 식물학 교수였던 도델(Arnold Dodel)로, 그의 책 『모세냐 다윈이냐?』(Moses oder Darwin?, 1889년)는 거센 논쟁을 불러일으켰다. 도델은 학교교육이 고루한 중세 기독교 스콜라 철학으로 점철되어 있음을 개탄하면서, 신화에 불과한 성경의 내용을 가르치는 것은 학생들의 지능의 자연적 발달을 저해하는 죄악적 행위라고까지 비판했다. 도델은 학교 교육에서 모세를 빼내고 다윈을 이식함으로써 중등학생들로 하여금 자연과의 교감을 느끼는 존재로서 축복과 자부심을 가질 수 있게 한다고 보았다. 도델에 맞선 반다윈주의자 동물학자・교육자 쉬마일(Otto Schmeil)은 피르호의 오래된 논증을 활용하여, 다윈의 진화론은 단순한 가설에 불과하다고 강조했다.

중등학교 교과과정에 다윈주의를 도입하는 문제를 둘러싸고 벌어진 이러한 논쟁은 일견, 진화론 이론 자체에 대한 학술적 견해 차이에 바탕을 두고 있었던 것처럼 보이기도 한다. 그러나 실은 논쟁의 이면에는 이데올로기의 대립이 있었다. 즉, 진화론 이론의 철학적 함의에 대한 입장 차이가 작용했던 것이다. 이미 헤켈 vs. 피르호 논란이 대중의 관심을 증폭시키기 전에 소위 뮐러(Hermann Müller) 사건이 있었다. 식물학자였던 뮐러는 진보성향의 생물학 교사로, 그는 다윈·헤켈 기반의 진화론을 학습계획에 포함시켰다. 그러나 뮐러의 수업은 진화론이 지닌 무신론적·유물론적 색채로 인해 비난 여론에 직면하게 되었다. 보수적 신문들은 뮐러의 진화론 수업이 기독교의 근간을 무너뜨리며, 나아가 유물론과 무신론을 연상하게 하는 다윈주의는 학생들의 정신세계를 파탄으로 이끈다고 비판했다. 뮐러 사건, 헤켈 vs. 피르호 논쟁, 그리고 이후의 도델 vs. 쉬마일 논쟁은 모두 이데올로기 대립이었다. 다윈주의의 도입을 반대하는 진영은 대체로 종교적 성향의 보수주의자들로, 이들은 학생들이 진화론과 같은 위험한 사상에 노출되는 것을 방지해야 한다고 생각했다. 그들의 눈에는 다윈주의가 무신론과 유물론, 그리고 정치적 급진주의를 함축하고 있었기 때문이었다. 특히 보수적·권위적인 기독교 사회에 대한 믿음으로 가득했던 기독교 변증론자들은 다윈주의가 일반대중의 기독교 신앙에 악영향을 끼칠 수 있다는 우려에서 다윈주의에 대한 비판의 목소리를 높였다. 반면에 다윈주의 수업을 지지했던 진영은 상대적으로 종교적 전통으로부터 자유로웠으며 진보 성향을 지녔던 자유주의자들과 급진주의자들이 주를 이루었는데, 이들은 과학적 마인드에 입각한 민주적 세속사회를 구현하고자 했다. 사상의 자유, 특히 학문과 교육에 짙게 드리운 교회로부터의 자유를 확립할 기회를 엿보던 자유주의자들의 눈에는, 다윈주의는 교회의 영향력을 약화시킬 절호의 무기였다.

상당한 반대에도 불구하고, 중등학교 교실로의 다윈주의의 도입은 학교개혁 운동의 일환으로 꾸준히 추진되었다. 1890년대에 비평가들은 독일 학교교육 체계가 구태의연하며 단조로운 속성을 띠고 있다고 비난하면서, 학생들의 실용적·정서적 요구를 고려한 과학 교과과정의 현대화를 요구했다. 이들 비평가들 중 하나였던 뵐쉐(Wilhelm Bölsche)는 학교교육에서 진화론 학습은 인체의 신비와 자연의 미학에 대한 학생들의 감성을 높여준다고 주장하였다. 뵐쉐에 의하면, 현재의 교육과정에서 학생들은 고전에 편중된 암기학습에 시달리고 있어, 자연의 경이로운 세상을 인식할 기회를 박탈당하고 있다는 것이다. 함부르크 자연사박물관(Naturhistorisches Museum Hamburg)의 관장이었으며 생물학 교육의 개선을 주장했던 크레펠린(Karl Kraepelin)은 1907년 교사용 안내책자에서 중등학교에서의 진화론의 수업을 제안했으며, 그의 1912년 생물학 교과서는 최초로 다윈주의를 수록했다. 이러한 시험적 시도를 거쳐 제1차 세계대전 이후에는 교과과정의 핵심에 다윈주의가 포함되기 시작했다. 이후에 다윈주의는 독일의 학교 현장에서 공인된 이론으로 점차 널리 수용되어갔다.

바이마르 공화국, 나치 제3제국, 독일 생물학 교육의 이데올로기화

제1차 세계대전과 민주화 혁명의 소용돌이를 거쳐 수립된 바이마르 공화국에서 학교교육의 기본목표는 국가기조 유지에 필요한 덕목의 고양에 있었다. 이러한 교육목표를 수행하기 위해 초등학교 생물학 교육은 애향심, 국가 공동체 의식, 그리고 보건·위생 지식 등을 함양하는 데 그 초점이 맞춰져 있었다. 예를 들어 초등학생들은 인근 지역의 동식물 세계에 대한 직접 관찰과 자연환경과의 정서적 교감을 통해 조국애를 함양하도록 독려받았다. 인근의 숲·하천·호수로의 소풍과 산보, 학교정원에서 동식물 키우기, 모국 땅에서 자라는 생물에 대한 직접 체험 등의 경험은 초등학생들로 하여금 동식물의 농업적 응용과 그러한 응용이 국가 경제에 지니는 의미를 인지하는 한편으로 조국애를 함양할 수 있게 했다. 이는 건조한 생물학 교과서가 아니라 자연환경과의 경험적 학습을 강조하는 교육을 통해 애향심 함양이 가능했던 일종의 '자연학습' 수업이었다.

또한, 초등학교 생물학 교육에는 초등학생들에게 유기체 개념을 통해 국가 공동체 의식을 강화시키는 과정 역시 포함되어 있었다. 그 중심 아이디어는, 국가는 고등의 유기체와 마찬가지로 국가를 이루는 요소들의 단순한 총합 이상이며, 국가는 그런 요소들의 조화로운 작동에 의존한다는 것이었다. 이러한 아이디어는 생물학적 맥락에서는, 생물 개체는 보다 고등의 구조체의 한 고리에 해당되며 개체는 그것이 속한 고등의 구조체로부터 자유로울 수 없는, 해당 고등 유기체의 일부라는 식으로 정당화되었다. 따라서 초등학생들은 개인은 국가 공동체의 일부이며, 공동체의 법칙에 복종해야 하며, 공동체 강화에 전력을 다하며, 공동체의 위협을 막는 집단의식을 가져야 한다는 것을 생물학을 통해서 훈육 받았다. 보건교육 역시 초등학교 생물학 교육의 중요한 부분을 차지하였는데, 예를 들어 알코올 중독이나 감염질병과 같은 이슈를 중심으로 인간에 대한 이해의 고양이 교육에서 추구되었는데, 그 이유인즉 개개인의 건강은 개인적으로 중요할 뿐 아니라 정치적으로도 중요했기 때문이었다. 초등학생들은 국가에 봉사할 수 있는 건강하고 능률적인 시민으로 양성되어야 했으며, 독일 공동체에 대한 위협과 맞서 투쟁할 수 있는 강인함을 갖추어야 했다. 조국애, 국가공동체 의식, 국민보건 함양에 초점을 둔 바이마르 공화국의 생물학 교육의 실용적・정치적 지향점은 중등 교과과정의 경우

에도 예외는 아니었다.3)

바이마르 공화국에서 나치 제3제국으로 정치 체제가 이동하면서 생물학 교육의 이데올로기적 특성은 한층 더 강화되었다. 제3제국에서 학교 교육의 제1목표는 국가사회주의 독일 노동자당(Nationalsozialistische Deutsche Arbeiterpartei), 즉 나치(Nazis)의 정치적 덕목을 실천하는 것이었다. 이러한 기조 아래, 교육 내용과 교육 방법은 국가사회주의의 언명(imperatives) 아래 학문의 내재적 특징이 아니라 정치적 목적을 우선으로 하여 당 관료들에 의해 결정되었으며, 교사들은 이러한 의사결정으로부터 배제되었다. 제3제국의 교육의 기조는 학생들에게 당의 교리를 가르치며, 공동체를 우선시 여겨 개인의 사상과 행동을 포기하도록 하고, 히틀러 총통 우상화를 촉구하는 것이었다. 한마디로 이 시기의 독일 교육은 학생들을 독일 국민, 조국, 그리고 히틀러 총통을 위해 살고 죽을 수 있는 충성스런 국가사회주의자 독일 시민으로 길러내는 도구로서 기능했다.4)

생물학 교육 역시 이러한 교육목표로부터 예외는 아니었을 뿐 아니라, 어떤 면에서는 그러한 목표를 위한 핵심 수단이라 할 수 있었다. 1933년 9월 교육부 장관인 루스트(Bernhard Rust)는 독일 공동체의 인종적·유전적 속성을 수호하는 데 기여하는 새로운 과목들을 초·중등학교에 도입할 것을 훈령으로 천명했다. 나치 정권하에서도 바이마르 공화국의 생물학 교육은 명맥을 유지하였다. 즉, 동식물계의 개체들을 분류하며, 유기체에 대한 분류학적·생태학적 접근을 학습하며, 인근 지역의 동식물 세계를 이해하며, 생물학의 교육적 목적으로서의 조국애를 강조하며, 환경보호와 건강증진을 위한 지식을 고양하며, 실용사상(Arbeitsschulgedanke)의 원칙에 입각하여 경험학습의 중요성을 강조하는 등 전통적인 생물학 교육 내용은 여전히 교과과정에 포함되었다. 그러나 이에 더하여, 생물학계와 생물학 교육계는 국가사회주의 이데올로기 고양에 전력을 다함으로써 루스트의 훈령에 열성적으로 부응했다. 유전학, 인종위생, 인구정책, 계보학과 민족학 등은 이른바 '인종과학'(racial science)의 이름으로 재구조화되었다. 나치 치하에서 인종과학은 모든 교과목에 반영되었지만, 특히 생물학은 인종과학과 가장 연관성이 높은 과목이었다. 생물학자들은 인종과학을 가르치는 팸플릿・편람・교과서를 출간하고, 특별과목을 개설하고, 인종과학 교사를 양성하는 캠프 조직을 설립하고, 국가사회주의자 교사연맹(National Socialist Teacher League)을 조직하는 등 인종과학의 생물학 교과과정화를 다방면으로 추진했다.

특히, 1938년에 도입된 새로운 교과과정에서는 생물학은 독일 국가사회주의 이데올로기의 세계관에 과학적 권위를 부여하는 핵심과목의 하나가 되었으며, 생물학 교육의 그러한 역할의 중심에는 인종과학이 있었다. 당시의 생물학 수업의 컨텐츠, 즉 종/인종, 친족그룹과 속(屬), 생명군집과 국가 공동체, 선택과 리더십, 유전, 퇴행, 인종퇴행 등의 토픽들에는 인종 간 차이와 우열의 존재를 합법화하는 인종과학의 시각이 노골적으로 투영되어 있었다. 이러한 생물학 교육 내용들은 인종위생, 계보학과 인구정책 등의 주제들과 맞물려, 독일 민족의 배타적 번영을 추구하는 국가사회주의 법안이 자연의 본질에 부합함을 정당화하는 데 활용되었다. 예를 들어 인구통계학은 독일 민족이 위협에 처해 있다는 정치적 호소에 대한 증거를 제공하는 데 활용되었는데, 이는 유대인에 대한 인종청소의 정당성으로 이어졌으며, 독일 내 유대인으로부터 시민권을 박탈하는 등의 유대인 박해 법안의 지적 근거가 되었다.

제3제국의 교육과정에서 여학생을 대상으로 한 생물학 교육에는 또 다른 특별한 의미가 있었다. 미래의 주부와 어머니로서 독일 민족의 영속성을 가능케 하는 존재로서의 여학생의 가치에 주목했던 히틀러의 견해에 따라, 여성에 대한 제3제국의 교육과정의 목표는 전문인력 양성이 아니라 미래의 어머니로의 능력과 자질 양성에 있었다. 이러한 교육목표 아래에서는 자연히 남녀공학 교육은 이루어지지 않았으며, 여학생은 모성애의 고양, 결혼과 가족의 형성 등을 통해 국가공동체에 기여할 것을 중점적으로 교육 받았다. 예를 들어 1938년 교과과정에서 여학생들을 대상으로 한 생물학 교육에는 동물 사육, 유아・영아 보육, 환자 간호, 모성애 본능의 깨우침 등에 관한 내용이 별도로 포함되어 있었다.[5)]

나치 치하에서 생물학은 새로운 시대에 대한 철학적 전망을 담아 '생명과학'(Lebenskunde, science of life)이라는 이름으로 명명되면서 교육과정에서 중요성을 더해 갔다. 이 시기의 생물학 교육은 나치의 정치 담론을 지탱하는 시녀 역할을 자처함으로써 국가사회주의 이데올로기 고양에 전력을 다했다. 특히 1938년 이후 중등학교 생물학 교과서는 국가사회주의 이데올로기를 전파하는 도구적 기능에 충실했다. 교과서에 수록된 인종과학은 실용적 소양과 체제 순응적 행동들을 가르치는 방식으로 서술되었으며, 나치당과 국가의 정체성 확립에 활용되었다. 바이마르 공화국과 나치 제3제국 사이에 정도의 차이는 있었지만, 독일 중등학교 생물학 교육은 국가의 기조 유지에 필요한 정치적 이데올로기 고양을 향하여 전개했던 대중교육의 한 방법이었다.

미국 자연사박물관(American Museum of Natural History)과 생물학의 대중교육

19세기 중반 이후 미국은 과학의 전문화 추세와 대중교육에의 열망이라는 서로 상충되는 지향점 간에 균형, 즉 소위 '미국식 절충'(American Compromise)이 달성된 시기이기도 했는데, 이는 당시 미국의 박물관들의 활동으로부터 확인할 수 있다. 미국식 절충의 결과가 박물관의 활성화라는 형태로 나타난 데는 여러 가지 요인들이 작용했다. 우선, 19세기 중후반에 이르러서는 과학의 발달과 함께 새로이 발굴된 과학지식들은 기존의 종교적 가르침과 양립되지 못함에 따라, 과학과 종교 간에는 대립의 징후가 일었다. 그러나 전문과학자들은 양자 간의 갈등을 피하기 위하여, 과학의 전문성만을 고집하지 않는 유연성을 발휘했다. 전문과학자들의 이러한 유연함은 종교뿐 아니라 대중에 대해서도 전문과학의 우월성을 고수하지 않는 열린 태도로 이어졌다. 또한, 1850년대에는 노예제 반대 연합세력에 의해 자유민의 노동 이데올로기가 확산되었다. 이는 어떤 비천한 상태의 개인이라도 근면과 성실을 도구로 고귀한 지위로 오를 수 있다는 관념이다. 그리고 이러한 관념은, 치열하지만 열려 있는 경쟁에서 경쟁력을 갖추기 위한 비결로는 교육만 한 것이 없다는 시각, 즉 교육의 중요성에 대한 믿음으로 귀결되었다. 교육에 대한 국가적・사회적 관심의 제고가 불러일으킨 움직임들 중 하나는 미국의 유산을 다음 세대로 보존・전달할 필요성에 대한 공감대, 즉 미국의 과거사 보존에 대한 대중적 관심이었다. 이러한 분위기 속에서, 미국 도처에서 박물관 설립이 추진되었다. 박물관의 확산이 탄력을 받았던 계기는 1851년의 영국 수정궁 대박람회로부터 시작된 국제박람회 열풍이었다. 수정궁 대박람회는 전 세계 28개국의 예술품・제조품・진기함을 소개하면서 엄청난 성공을 거두었다. 이를 모방한 뉴욕에서의 박람회는 비록 큰 성공을 거두지는 못했지만, 전시문화 자체에 생소했던 이들의 후원을 끌어들임으로써 박물관이라는 아이디어가 널리 알려지는 데 상당히 기여하였다.[6]

미국식 절충의 기조가 구현된 박물관의 시초로는 하버드 대학의 비교동물학박물관(Museum of Comparative Zoology)을 들 수 있다. 1859년에 설립된 이 박물관의 존재는 스위스에서 건너온 박물학자 아가시(Louis Agassiz)와 떼어 이야기할 수 없다. 화석어류와 빙하에 대한 박물학 연구에서 업적을 쌓은 아가시는 미국으로 건너와 하버드 대학 교수직을 꿰찼으며, 성인을 대상으로 한 과학 강연으로 박물학의 대중화에도 크게 기여했다. 그가 설립한 박물관은 동물학의 교육과 연구를 목적으로 했지만, 동시에 일반인의 관람을 위한 전시물의 확충에도 힘썼으며 공립학교 교사들의 교육 프로그램 구성에도 도움이 될 만한 대중교육 역시 제공했다. 이미 비교동물학박물관의 설립 이전인 1840년대에 등장한 필라델피아의 자연과학 아카데미(Academy of Natural Sciences)와 워싱턴의 스미소니언 연구소(Smithsonian Institution)는 바로 이러한 문화적 요구에의 반응이었으며, 이들 연구기관들은 대중교육을 위한 장치의 마련에도 만들어나갔다. 1853년에 미국을 방문한 영국 최고의 지질학자 라이엘 경(Sir Charles Lyell)이 미국 교육이 위기에 처해 있다고 언급한 내용은 비록 과장일 수는 있으나, 그가 대중교육의 문화적 중요성을 역설한 것은 시대적 요구를 꿰뚫어 본 혜안이라 할 수 있을 것이다.[7] 미국식 절충의 정수는 1869년에 뉴욕에 설립된 미국 자연사박물관의 "사람을 위하여, 교육을 위하여, 과학을 위하여"라는 모토에 가장 함축적으로 담겨 있다.[8] 미국 자연사박물관은 고생물학 분야 최고의 연구기관으로서의 위상을 자랑했을 뿐 아니라, 이 박물관이 펼친 다양한 활동들은 대중 속으로 파고들어가 교육과 문화의 융합을 이루었다.

미국 자연사박물관이 과학연구와 대중화 양쪽의 메카로 자리 잡게 된 것은 1906년에 제4대 관장으로 부임한 오스본(Henry F. Osborn)의 리더십하에서였다. 오스본은 컬럼비아 대학 교수 시절부터 교육방법론에 대해 남다른 관심을 가졌으며 19세기 말의 주요 교육자・철학자들과 유사한 교육사상을 공유하고 있었다. 페스탈로지(Johann H. Pestalozzi), 몬테소리(Maria Montessori), 프로벨(Friedrich Froebel), 듀이(John Dewey)와 같은 유럽과 미국의 교육사상가들이 실제 사물과 대상에 대한 직접 관찰, 그리고 그러한 관찰의 사회적 응용을 통한 지식의 형성을 강조했던 것처럼, 오스본 역시 박물학과 필드 활동에서 드러난 관찰과 경험의 중요성에 주목하여 자연학습의 교육을 강조했다. 또한 오스본은 당시 미국사회의 시대적 요구를 반영한, 자연보존 철학의 옹호자이기도 했다. 19세기 말 미국 산업화・도시화의 급진전과 문명발달은 역설적으로 자연에 대한 관심을 불러일으켰다. 특히, 시어도어 루즈벨트(Theodore Roosevelt) 대통령은 산업화의 위협으로 무너진 전통 가치와 제도의 보존에 대한 관심을 촉구하면서, 자연보존이야말로 다원화된 도시산업사회에서 발생하는 변화에 직면하여 사회와 국민의 유산을 보존할 수 있는 첩경이라고 보았다. 루즈벨트 대통령과 교분이 있었던 오스본은 자연보존의 이슈에 특별한 관심을 할애했고, 이런 동기에서 뉴욕 동물원의 설립에 관여하기도 했다. 동물보존을 일차적인 사명으로 세워진 동물원의 목적에 더하여, 오스본은 이러한 보존이 일반대중을 위한 것이라는 점 역시 강조했다. 오스본에게 자연보존이란, 자연의 보존뿐 아니라 인간의 의식 고양을 위한 것이었다.[9)]

오스본이 지녔던 자연학습과 자연보존 철학은, 바로 미국 자연사박물관에서 다음과 같이 구체화되었다. 먼저 미국 자연사박물관은 자연법칙에 대한 이해를 고양시키는 활동들을 전개해 나갔다. 위에서도 서술했듯이 당시는 근대화・산업화의 부작용, 즉 자연으로부터의 고립에 대한 우려가 표출되고 자연으로의 회귀를 갈망하는 인식이 팽배해지던 시기였다. YMCA와 보이 스카우트 등의 단체들이 수렵・목재・광물자원의 무분별한 개발에 대항하여 야생동물과 산림 보호의 필요성을 제기한 것이 그러한 시대적 흐름의 예이다. 이러한 시기에 미국 자연사박물관은 문명의 발달에 위협을 느끼는 문명인들의 위안처로서, 자연의 증거를 보존・전시하는 대중교육의 장을 마련하였다. 박물관의 전시물은 자연탐험에 직접 참여하지 못한 일반대중에게 정보의 습득은 물론 자연에 대한 간접경험을 제공할 수 있었다. 예컨대, 미국 자연사박물관의 제섭(Morris K. Jesup)은 산림 및 동식물군의 표본 컬렉션을 통해 급격하게 사라져가는 자연의 보존이 지니는 중요성을 강조했다. 앨런(Joel Asaph Allen)은 조류와 동물의 보존, 그리고 생물과 그 서식지가 처한 위협에 대한 교육과 계몽을 담은 전시를 개발했다. 이외에도, 채프만(Frank M. Chapman)은 박물관은 자연을 직접 체험을 할 수 있는 기회를 제공해야 한다고 보았다. 서식지 그룹의 전시를 통해, 자연의 환경에서의 조류 전시는 관람 학생들로 하여금 자원과의 교감뿐 아니라 자연자원의 무한함을 보여주며, 관람학생들과 야생 세계와의 관계를 통해 즐거움뿐만 아니라 신체적・정신적

용기를 얻게 해준다는 것이다. 서식지 그룹은 관람객에게 자연의 감수성·아름다움·진실성을 보여주며, 자연의 창조물을 보존할 필요성을 반영한다고 보았다.

미국 자연사박물관의 전시 컬렉션은 단순히 자연물의 표본을 실내로 옮겨오거나 멸종된 생물을 상상에 의해 시각화한 것이 아니라, 생물 진화에 대한 해석이 구현되어 있었다. 특히 고생물 전시 컬렉션은 당대 척추동물 고생물학(vertebrate paleontology) 분야의 최신·최고의 연구 성과의 집약체였다. 예를 들어 박물관의 처브(Samuel Harmsted Chubb)가 구성한 말 전시 컬렉션은 말의 마운팅(박제), 움직이는 말 모형물은 물론 화석을 통한 말의 복원물까지 포함하고 있었다. 말 전시물들은 해부학적으로 상세하고 정확했을 뿐 아니라, 말의 아름다움과 생동감까지도 잘 살려내었다. 뿐만 아니라 처브의 전시물들은 오스본이 관객들에게 전달하고자 했던, 진화와 관련된 과학적 연구 성과를 담고 있었는데, 예를 들어 멸종된 말을 복원한 전시물 각각과 이들의 배열은 이른바 정향진화설(orthogenesis)에 근거하여 구성되었다. 정향진화설이란 생물진화 과정에서 어떠한 내재적인 요인으로 인해 진화가 일정한 방향성을 띠고 이루어지는 경우를 의미한다. 1908년 포유동물관(Hall of the Age of Mammals)은 시대에 따라 말 복원물들을 전시했다. 이 복원물 전시 컬렉션은 말의 진화과정을 담은 일러스트레이션, 차트, 리플릿(leaflet) 등과 복합적으로 어우러져, 신생대 에오세(Eocene) 시기에 살았던 여우만한 크기의 에오히푸스(*Eohippus*)에서부터 오늘날의 에쿠스(*Equus*)에 이르기까지 말이 자연법칙이 지닌 규칙성에 따라 점진적·단선적 방향으로 진화해 온 과정을 시각적으로 생생히 전달하고 있었다.

오스본이 주도한 전시물 중에는 오늘날에는 멸종된 신생대 포유류인 티타노테레스(*Titanotheres*)에 관한 것이 있었다. 최초의 티타노테레스인 에오티타놉스(*Eotitanops*)는 개와 비슷한 모양의 작은 동물로, 에오세 시기에 살았다. 이들 중 일부는 궁극적으로 마이오세(Miocene) 후기의 브론토프스수 로부스투스(*Brontops robustus*)와 같은 거대한 동물로 진화했다. 몸체 크기의 증가 이외에도 여타의 세부적인 특징들에서도 진화가 이루어졌다. 오스본의 연구에 의하면, 티타노테레스의 진화단계를 가장 잘 가늠할 수 있게 해 주는 특징은 두개골과 뿔의 크기였다. 오스본과 그의 동료들이 실물 크기의 석고모형으로 제작한 브론토테리움 플라티케라스(*Brontotherium platyceras*) 전시물은 박물관의 포유동물관의 상징이 되었다.[10)]

오스본과 그 휘하의 척추동물 고생물 분과 과학자들이 개발한 공룡 전시물들은 말이나 티타노테레스의 경우보다도 한층 더 정교한 과학적・기술적 디테일을 살려 제작되었다. 이 분과의 과학자・표본담당자・일러스트레이터 등은 공룡의 형태・습성・서식환경에 대한 당대의 최신지식을 총동원하여 공룡의 모습을 드라마틱하게 묘사해 내었다. 공룡 박제는 흔히 움직이는 공룡 또는 싸우고 있는 공룡을 집중해서 보여주었으며, 이는 관람객의 흥미를 한층 돋우는 오락거리가 될 수 있었다. 1910년대 초 미국 자연사박물관은 두 마리의 아나토사우루스(*Anatosaurs*), 즉 오리부리 모양의 초식 공룡의 전시물을 제작했다. 한 마리는 땅위에서 나뭇잎을 먹는 모습으로 제작되었으며, 다른 한 마리는 육식 공룡 티라노사우루스(*Tyrannosaurus*)의 접근에 놀라 도망칠 곳을 찾아 헤매는 모습이었다. 또 다른 공룡 전시물은 육식 공룡인 알로사우루스(*Allosaurus*)가 아파토사우루스(*Apatosaurus*)의 유해를 먹어치우는 모습이었다. 공룡의 강한 힘과 야만성의 절정은 공룡의 제왕으로 알려진 티라노사우루스 렉스(*Tyrannosaurus Rex*)의 전시물에서 묘사되었다. 미국 자연사박물관의 공룡 전시 컬렉션은 수천만 년 전에 사라진 파충류 전성시대의 흉포한 자연(nature red in tooth and claw)의 모습을, 어설픈 상상력이 아닌 당대의 최신 지식을 통한 고증을 통해 관람객에게 전달하고 있었다.[11)]

말・티타노테레스・공룡 이외에도, 오스본은 고인류에 관한 전시도 개발했다. 인류관(Hall of the Age of Man)은 오스본이 바라본 인류 진화의 해석을 토대로 만들어진 대규모의 전시관이었는데, 인류관에서 가장 큰 관심과 논쟁을 불러일으켰던 것은 고인류학 연관 전시였다. 고인류학 전시에서는 상이한 인종・인류의 종의 두개골과 하악골을 재구성했다. 1920년경에는 오스본은 인류와 여타 영장류 간의 계통 관계를 전시했다. 이 전시 컬렉션은 인류의 진화는 유인원의 진화와는 어느 시점 이후에는 별개로 진행되었다는, 즉 유인원과 인류는 공통의 조상으로부터 나왔지만 후자가 전자로부터 진화한 것은 아니라는 공통조상 유래의 가설에 입각하고 있었다. 피테칸트로푸스(*Pithecanthropus*, 자바 직립원인)・필트다운인(Piltdown)・네안데르탈인(Neandertal)・크로마뇽(Cro-Magnon)인・현대인 등이 분기점을 거쳐 각각 분리되어 나온 계통도가 전시되었다. 맥그리거(Howard McGregor)는 오스본의 해석에 근거하여, 네안데르탈인은 찌푸린 얼굴을 하고 머리가 둔한 인류로 재구성하였던 반면, 크로마뇽인은 지능이 좋은 인류로 그려내었다. 인류관에서 특히 대중의 관심을 끈 것은 네안데르탈인과 크로마뇽인(현생인류의 조상)의 벽화였다. 네안데르탈인은 현대의 인간보다는 짐승에 가까운 육체적 특징을 지니고 꾸부정한 자세로 느릿느릿

움직이는 둔한 모습으로 그려졌다. 크로마뇽인은 현대인의 신체적 특징과 유사하게, 키가 크고 우아한 모습으로 그려졌다.[12)]

1920년대에는 박물관은 매년 십만여 명의 관람객을 끌어들일 정도로 성장했다. 물론 전시물에 투영된 오스본의 진화관은 관람객들에게 쉽게 받아들여 진 것은 아니었다. 예를 들어, 어린 시절에 말의 진화에 관한 오스본의 화석말 전시물들을 관람했던 생물학자·유전학자 뮬러(H. J. Muller)와 고생물학자 굴드(Stephen J. Gould)는 각각 자신은 오스본이 구상한 진화 아이디어를 전적으로 수용하지는 않았다고 회상했다.[13)] 박물관에서 과학자들이 대중들에게 전달하고자 했던 과학의 메시지의 수용 여부는 별개로 하더라도, 박물관은 경이로운 생물들로 가득한 유희의 장소이자 과학적 지식을 체험하는 곳으로서, 대중을 대상으로 한 과학교육을 담당하는 새로운 수단이었다.

필름 위의 생물학과 대중교육

과학지식의 전파 수단으로 활용된 매체들의 면면은 다양했다. 17세기 어린이용 도서에 실린 뉴턴철학, 18세기 대중 강연·공연에서 이야깃거리·볼거리의 형태로 등장한 과학실험, 19세기 상류층 응접실에서의 과학 놀이와 진화에 대한 길거리 강연, 20세기 SF 소설과 영화에서 보여주는 외계인과 사이보그의 이미지 등이 보여주듯, 과학지식은 다양한 관객을 대상으로 하여 다양한 매체를 통해 다양한 형상으로 전달되었다. 특히 과학지식은 시각적 표상(visual representation)을 통해 전달될 경우 그 생생함과 파괴력은 배가되기에, 시각적 수단 또는 매체는 과학과 대중문화를 잇는 중요한 매개체가 될 수 있었다. 20

세기 초에 등장한 필름은 이러한 시각적 매체의 결정판으로서, 대중생물학의 오락적 요소를 획기적으로 개선해 주었다.

애초에 20세기 초에 필름이 과학연구에 도입된 것은 동물행동을 연구하고 분석하기 위해서였다. 프랑스의 생리학자인 마레(Etienne Jules Marey)는 조류의 비행을 관찰하고자 1882년에 크로노포토그래픽건(chronophotographic gun)을 발명했으며, 미국에서 머이브리지(Eadweard Muybridge)는 전자 셔터를 가진 여러 카메라를 이용하여 말의 움직임을 일련의 사진들에 담아낼 수 있었다. 1930년대에 16mm 필름 및 촬영장비의 등장과 함께, 과학자 커뮤니티에서 필름은 연구와 교육의 도구로 빠르게 도입되었으며 특히 야생자연에서의 동물행동 연구에서 필름은 필수품으로 널리 사용되었다.[14] 동물행동을 기록한 필름은 과학은 물론 예술과 오락의 기능이 융합된 결정체가 되었다.

앞서 서술한 미국 자연사박물관 역시 동물행동 필름을 대중교육・오락의 수단으로 활용하였다. 이 박물관에서 실험생물학 분과(Department of Experimental Biology)를 이끌었던 노블(Gladwyn K. Noble)은 탐사(expedition) 혹은 여행기(travelogue)를 필름 매체를 통해 제작하여 과학대중화에 사용했으며, 해외의 야생동물과 토착인 등 이국적인 대상들을 담은 이들 영상은 대중의 환상을 자극하는 데 성공하였다. 1927년에 박물관의 후원으로 제작된 존슨 부부(Martin and Osa Johnson)의 필름 ≪심바≫(Simba)는 2백만 달러의 수입을 거두기도 했다. '검은 대륙' 아프리카를 가로지른 어느 부부의 여행 다큐멘터리인 『심바』는 아프리카의 맹수와 원시족에 관한 내용이었다. 이러한 여행담들은 관객들을 미지의 세계로 안내했고 그 곳의 서식자들은 필름을 통해 이역만리 떨어진 문명국의 과학자와 대중들에게 연구와 오락의 대상이

되었다.[15]

1926년 미국 자연사박물관이 수행한 네덜란드령 동인도 자바(Java) 탐사는 흔히 코모도 용(Komodo dragon)으로 알려진 도마뱀을 통해 다방면으로 성공을 거두었다. 생포된 도마뱀들은 뉴욕 브롱스(Bronx) 동물원에 기증되어 하루 3만 명의 관람객을 불러일으킬 정도의 성공을 거두었으며, 죽은 도마뱀들은 미국 자연사박물관의 파충류관(Hall of Reptiles)에서 연구에 활용되었다. 미국 자연사박물관의 과학자 버든(William Douglas Burden)은 ≪코모도 용≫이라는 필름을 제작했는데, 이 필름의 주안점은 탐사를 기계적으로 연대기적으로 재구성하는 것이 아니라, 과학적 진실에 충실하면서도 일반대중의 흥미를 자극할 수 있는 소위 정서적 리얼리즘 필름을 제작하는 것이었다. 즉, 과학과 오락이 융합된 도마뱀 필름을 제작하여, 동물원에 갈 수 없는 관객들에게 대체 경험을 제공하는 것이었다. 버든의 필름은 관람객에게 마치 자바에서 코모도 용들과 함께 있는 것 같은 생생한 경험을 선사했다. ≪코모도 용≫ 필름은 미국 자연사박물관뿐 아니라 도처에서 상영되었다. 야생동물 클럽(Wilderness Club), 자연보존 클럽(Boone and Crockett Club), 박물관 평의회, 국립지리학협회(National Geographic Society)와 같은 탐험-여행가 단체들의 회합에서는 물론, 뉴욕시 유력인사의 자택연회에서도 상영되었다. 동물행동 필름의 이러한 성공은, 생물학적 지식을 전달하면서도 생물의 역동적 행동이 지닌 매력을 보여주는 데도 소홀하지 않았기 때문이었다.[16]

1935년에서 1940년에 걸쳐 노블은 척추동물의 구애행동의 진화 메커니즘을 파헤치기 위하여 내분비학과 신경외과학의 기법을 활용하는 동물행동 연구프로그램을 개발하였다. 이 연구프로그램에는 자연

환경에서의 생물의 사회행동에 대한 상세한 관찰이 필수적이었는데, 이를 위해 필름이 사용되었다. 중요한 것은, 관찰연구에 사용된 촬영분은 연구자료로서만 사용된 것이 아니라 대중을 대상으로 한 영상으로도 활용되었다는 점이다. 노블이 제작한 필름 ≪웃는갈매기의 사회적 행동≫(The Social Behavior of the Laughing Gull)은 머스키겟(Muskeget) 섬의 시금치 식생 지역에 서식하는 웃는갈매기 군집에 대한 관찰로부터 시작된다.

> 필름은 관객들을 웃는 갈매기와 재갈매기의 둥지가 지니는 차이와, 그러한 차이로 인한 새끼의 보호색의 차이를 시각적으로 보여준다. (중략) 그리고 필름은 짝짓기에서부터 어린 새의 보호를 위한 둥지 짓기에 이르기까지, 웃는 갈매기의 일생상의 주요단계들을 재구성하여 보여준다. 그 다음에 이어지는 것은 웃는 갈매기의 구애에서 중요한 것으로 알려진 몇 가지 자세들을 이해하는 데 매우 도움이 되는 장면들이다. (중략) 웃는 갈매기의 짝짓기는 필름의 스토리라인을 관통한다. 짝짓기가 성공적으로 이루어지려면 몇 가지 자세가 선행된다. 수컷은 "성적 우위"를 확보하기 위하여 암컷에게 머리를 쳐드는 반면, 암컷은 "먹이를 구걸"하는 "복종"의 자세를 취한다. 필름은 이미 짝짓기가 끝난 암컷에 대한 유사 강간 행동도 보여준다. (중략) 뿐만 아니라, 노블은 웃는 갈매기가 구애에 사용하는 자세들과, 부모와 어린 갈매기 간 소통에 사용하는 유사 자세들을 나란히 보여줌으로써, 웃는 갈매기의 행동은 대체로 성적 과시욕에 바탕을 두고 있다고 주장했다.[17]

노블의 필름을 통해 관객들은 자신들이 마치 머스키겟 섬에 있는 양 자연의 드라마를 생생하게 관람할 수 있었다. 미국 자연사박물관에서 노블과 버든은 지속적으로, 생물의 행동 연구 성과를 대중화하는 수단으로 필름이 지닌 시각적 효과를 활용하였다.

1930년대 이후 영화 관객이 점점 증가하면서 미국 대중문화에서 필름의 중요성이 더해져가는 추세에 부응하여, 노블은 1937년에는 미국 자연사박물관의 동물행동관(Hall of Animal Behavior)의 전시 코너에서도 필름을 이용한 대중교육을 고안했다. 이 행동관은 닭·개·물고기·파리·카멜레온·거북이 등의 동물이 환경과 더불어 살아가는 방식에 대한 묘사를 제공했다. 예를 들어 닭에 관한 전시 코스는 다음과 같이 과학지식의 메시지를 역동적인 시각 효과를 통해 전달하였다.

> 관람객이 말뚝 울타리 앞에 서서 농가 마당의 암탉과 수탉을 그린 그림을 보고 있는 동안, 확성기를 통해 내레이션이 울려 퍼진다. (중략) 이어 또 다른 농가의 장면이 등장하는데, 새 장면에서는 수탉의 크기가 이전 화면에 비해 훨씬 커져 있고 암탉들의 크기 역시 달라져 있다. 노블에 따르면, 이는 암탉들이 서로를 어떻게 인식하는지를 보여주는 것으로, 동물계에서 서열의 존재를 묘사해 주는 것이다. 이제 필름은 동물 세계에서 서열이 존재한다는 점과 그러한 사회적 시스템의 장점에 대해 설명한다. 이 대목은 도덕적 메시지를 담고 있는데, 즉 가족에 대한 메시지와 더불어, 가족생활의 건강한 유지에 있어 수컷의 우위가 지니는 중요성에 대한 메시지이다.[18]

노블이 개설한 동물행동관 전시는 전통적인 박물관의 전시와는 차별화되었다. 전통적인 디오라마(diorama)는 정적인 전시였던 반면, 노블의 전시는 관람객 앞에서 화상(pictorial images)의 장면이 바뀌는 역동적 틀을 제공했다. 한편 노블은 필름·동영상 기술을 이용하여 또 하나의 대중교육·오락 시설을 설립하였으니, 바로 해양 스튜디오(Marine Studios)였다. 1938년에 플로리다 동쪽 연안에 개설된 이 시설에는 6월 23일 하루에만 약 2,500명의 관람객이 방문하였다. 해양 스튜디오는 영화만큼이나 관람객들의 열렬한 호응을 이끌어내었다. 대중적 관심을 가장 크게 끈 돌고래 전시에서부터 고래류의 행동과 신경생리학 연구에 이르기까지, 이곳의 전시물들이 추구했던 것 역시 과학과 오락을 통한 자연의 재구성이었다.[19]

이상에서 보듯, 동물행동학 분야에서 필름은 연구의 방법론적 도구로 시작하였으나, 점차 마케팅 도구의 역할 역시 겸하게 되었다. 박물관은 대형 스크린을 세워 보다 역동적인 전시를 제공하는 등 생물학의 대중화는 첨단화・다양화된 전달 수단의 활용을 통해 한층 탄력을 받았다. 그리고 그와 같은 생물학의 엔터테인먼트화의 이면에는 전문성의 추구와 대중교육의 달성이라는 서로 상충되는 두 지향점의 균형을 이끌어낸 '미국식 절충'의 수십 년 된 기조가 자리하고 있었다. 미국 자연사박물관이 동물행동 필름이라는 장르를 개척한 이후에는, 1950년대에는 디즈니랜드와 애니메이션 영화로 유명한 월트 디즈니 역시 동물행동 필름 제작에 뛰어들었다. 디즈니의 필름 ≪트루-라이프 어드벤쳐≫(True-Life Adventures)는 동물 세계에 대한 대중적 이해의 고양이 벌어지는 무대를 가정의 거실로까지 확장했다. 오늘날에도 여전히, 필름과 텔레비전의 시각적 효과는 대중들에게 동물의 세계에 대한 이해와 흥미를 제공하는 중요한 수단으로 자리하고 있다.[20]

20세기 초반 생물학 교육은 학교라는 공식적인 교육 현장뿐 아니라 박물관이나 스크린과 같은 현대적인 대중문화・오락의 문화 현장을 통해서도 이루어졌다. 박물관에서는 관람객에게 대중을 대상으로 한 과학교육을 수행하는 데 있어, 전시는 물론 필름과 같은 당대 최신의 현대적 오락의 형식까지 사용하기 시작했다. 즉 20세기 초반은, 과학 대중화가 길거리 과학실험 공연이나 대중 강연 및 인쇄매체 등에 의존했던 이전 시대에 비해, 과학적 이해라는 탄두를 한결 강화된 오락성이라는 추진체를 통해 대중에게 발사할 수 있는 신무기가 과학 대중화에 장착되었던 시기였다.

나가면서

미국과 독일에서의 생물학 교육 사례는 생물학의 도구적 대중화가 국가적 차원으로까지 격상되어 이루어졌음을 보여준다. 즉, 생물학 분야 또는 이론이 생물학 발전 외의 그 무엇을 원활하게 달성하기 위한 부차적인 도구로서 사용되는 도구적 생물학 대중화가, 특정한 계층이나 이익집단이 아니라 국가적 차원에서 국민교육의 일환으로 이루어진 것이다. 국가가 교육을 통해 달성하려 했던 그 무엇은, 미국의 경우에는 건전한 미래 시민의 양성이었으며 독일에서는 보다 집단적/전체주의적 이데올로기에 충실한 국민의 양성이었다. 이 두 국가의 사례는 교육을 통해 양성하고자 한 국민상이 어떠한 것이었는지에 관해서는 차이가 있을지언정, 그러한 국민의 양성을 위한 효과적인 교육 도구로서 생물학이 사용되었다는 점에서는 본질적으로 동일하다. 따라서 미국과 독일에서의 생물학 교육 사례는 국가적으로 장려되는 바람직한 시민/국민의 양성에 있어 생물학, 나아가 과학이 지니는 중요성이 사회적/정책적 수준에서 공인 받았음을 보여주는 사례들이라 할 수 있다.

아울러 이 시기의 과학교육은 학교라는 공식적인 교육 현장뿐 아니라 박물관이나 스크린과 같은 문화 현장을 통해서도 이루어졌다. 학교라는 울타리 밖에서 이루어진 대중과학은 전시는 물론 필름과 같은 오락의 형식까지 차용하여 관람객에게 과학적 이해를 전달하는 교육의 기능까지 수행할 수 있는 인프라와 능력이 있었다. 이러한 사례들은, 생물학 대중화가 강력한 채널을 확보한 과정에 관한 것이다. 19세기 중반 이후 활성화된 박물관, 20세기 전반에 활용되기 시작한 필름 등을 활용한 과학 대중화 사례 역시, 과학 대중화 활동이 다양한 채널을 확보해 가는 과정을 보여주고 있다. 특히 이러한 새로운 과학 대중화 채널들은, 전통적으로 과학 대중화에 활용되던 정기간행물과 서적에 비해 훨씬 강렬하고 생생한 시각적 경험을 선사할 뿐 아니라 과학지식을 오락적 재미에 실어 전달할 수 있다는 점에서 과학 대중화의 신무기라 할 수 있었다.

---

1) 미국 공립 고등학교에서의 생물학 교육에 대한 기존의 연구는 매우 희귀하다. 본 2절에서는 다음 연구를 주로 참조한다. Philip J. Pauly, "The Development of High School Biology, New York City, 1900-1925," *Isis* 82 (1991), 662-688.

2) 독일 제2제국 시대 다윈주의의 학교교육으로의 도입을 둘러싼 논란에 대하여 다음 연구를 주로 참조한다. Alfred Kelly, *The Descent of Darwin: The Popularization of Darwinism in Germany*, 1860-1914 (Univ. of North Carolina Press, 1981), 57-74.

3) Sheila Weiss, "Politics, Pedagogy, and Professionalism: Biology in Nazi Germany," in Monika Renneberg and Mark Walker, eds. *Science, Technology, and National Socialism* (Cambridge: Cambridge Univ. Press, 1994), 185-186.

4) Änne Bäumer-Schleinkofer, *Nazi Biology and Schools* (New York: Peter Lang, 1995), 237

5) Weiss, op. cit., 188-189; Bäumer-Schleinkofer, op. cit., 238-244.

6) Eric, Foner, *Free Soil, Free Labor, Free Men: The Ideology of the Republican Party before the Civil War* (New York: Oxford Univ. Press, 1995), 11-39; Edward P. Alexander, *Museum Masters: Their Museums and Their Influence* (Nashville: The American Association for State and Local History, 1983), 146-151; Joel Orosz, *Curators and Culture: The Museum Movement in America, 1740-1870* (Tuscaloosa: Univ. of Alabama Press, 1990), 180-187.

7) Edward Lurie, *Nature and the American Mind: Louis Agassiz and the Culture of Science*

(New York: Science History Publications, 1974), 115, 231, 236; Orosz, op. cit., 187-195, 201.

8) Orosz, op. cit., 231.

9) Ronald Rainger, *An Agenda for Antiquity: Henry Fairfield Osborn and Vertebrate Paleontology at the American Museum of Natural History, 1890-1935* (Tuscaloosa: Univ. of Alabama Press, 1991), 105-106, 108, 115-118; Paul R Cutright, *Theodore Roosevelt: The Making of Conservationist* (Urbana: Univ. of Illinois Press, 1985), 89.

10) Rainger, op. cit., 111-113, 153-157, 164-166; S. Harmsted Chubb, "How Animals Run," *Natural History* 29 (1929), 544-551; W. D. Matthew, "The Evolution of the Horse: A Record and Its Interpretation," *Quarterly Review of Biology* 1 (1926), 139-186; idem, "Exhibition Illustrating the Evolution of the Horse," *American Museum Journal* 8 (1908), 117-122.

11) Rainger, op. cit., 157-159.

12) Rainger, op. cit., 171, 174; J. Howard McGregor, "Restoring Neanderthal Man," *Natural History* 26 (1926), 287-293.

13) Rainger, op. cit., 180.

14) Gregg Mitman, "Cinematic Nature: Hollywood Technology, Popular Culture, and the American Museum of Natural History," *Isis* 84 (1993), 639.

15) Ella Shohat, "Imaging Terra Incognita: The Disciplinary Gaze of Empire," *Public Culture* 3 (1991), 41-70.

16) W. D. Burden, "The Quest for the Dragon of Komodo," *Natural History* 27 (1927), 3-18, 특히 10; Mitman, op. cit., 643-646.

17) Mitman, op. cit., 648-649.

18) Ibid., 654-655.

19) Anomyous, "Marine Studios," *Science* 88 (1938), 50; Mitman, op. cit., 656-659.

20) Lynn Spigel, *Make Room for TV: Television and the Family Ideal in Postwar America* (Chicago: Univ. of Chicago Press, 1992).

07 전문가와 아마추어/대중의 사이에서: 전사, 조율자, 그리고 '엠피비언'적 존재로서의 과학자

들어가면서

20세기 초 '원숭이 재판'(Monkey Trial)으로 알려진 스콥스 재판(Scopes Trial)의 요지는, 테네시(Tennessee) 주 데이턴(Dayton)의 한 고등학교에서 진화론 수업을 했던 스콥스(John T. Scopes)가 주 법률을 위반했다는 이유로 벌금형의 유죄선고를 받은 것이었다. 연일 신문과 방송 매체를 장식하고 전 국민적 관심을 끌었던 진화론과 창조론 간의 대결이라는 외피를 벗기고 그 속을 들여다보면, 스콥스 재판은 과학자들이 과학과 종교 간의 지적 · 인식론적 · 실용적 관점에서의 차이를 대중들에게 각인시키는 경계 설정(boundary-drawing work) 전략 아래, 종교적 근본주의자들에 대항한 자유주의자들의 싸움에 참전한 사건이었다. 스콥스 재판을 통해 과학자들이 보여준 모습은, 전문과학의 정체성을 확립하고 과학의 위상에 대한 대중적 인가를 획득하기 위해 법률적인 투쟁에 동참하는 것도 마다하지 않는 전사의 모습 그 자체였다.

과학자들은 과학연구의 진보를 이끌어내는 데 있어 아마추어 과학활동을 십분 활용하는 전략을 구사하기도 했다. 20세기 초 버클리(Berkeley)의 척추동물박물관(Museum of Vertebrate Zoology) 설립을 둘러싼 활동을 보면, 박물학 연구의 세계는 전문생물학자뿐 아니라 아마추어박물학자 · 일반대중 · 후원가 · 보존주의자 등 생물학 비전문가들까지 포함하는 다양한 주체들 간의 상이한 이해관계가 얽혀 있는 일종의 사회적 세계임이 드러난다. 그리고 이러한 사회적 세계에서, 아마추어들과의 소통을 가능케 하는 일종의 규칙과 절차, 즉 연구 프로토콜을 조성함으로써 그들과 상호 공존과 협력을 추구했던 조율가로서의 전문과학자의 존재를 발견할 수 있다.

뿐만 아니라, 엘리트생물학과 아마추어/대중과학 간의 가교 역할을 하는 데 머무르지 않고 스스로 양쪽 영역을 활발히 넘나들며 생물학의 대중화에 기여한, 마치 수륙 양용의 '엠피비언(amphibion)'과 같은 과학자의 존재 역시 발견할 수 있는데, 영국의 줄리언 헉슬리(Julian Huxley)는 바로 이러한 존재의 표상이라 할 수 있는 인물이었다.

전사가 된 과학자들: 스콥스 재판

다윈주의가 미국에 상륙하기 전의 미국 과학자들은 종의 기원과 관련하여, 모든 종은 신의 창조에 의해 탄생하였으며 오늘날의 종은 태초에 창조된 종의 개체들이 생식을 통해 후손을 이어온 것이라는 성경적인 견해, 즉 창조론을 받아들이고 있었다. 19세기 말까지 미국 전역의 중등학교에서는 생명의 기원에 관해 성경을 문자 그대로 해석하는 입장이 주를 이루었다. 그러나 1860년대에 상륙한 다윈주의가 점차 우호적으로 수용되어 20세기 초에는 중등학교 교과서에 다윈주의가 약간이나마 포함되기에 이르자, 교과과정에서 다윈주의와 창조론의 충돌이 가시화되었다.1) 상당수의 기독교 근본주의자들은 다윈주의를 비롯한 과학이 성경과 직접적으로 충돌하고 있다고 보았다. 제1차 세계대전 직후, 대통령 후보로 출마할 정도의 유력 정치인이었던 동시에 기독교 근본주의 운동의 선도자기도 했던 브라이언(William Jennings Bryan)은 학교교육에서 다윈주의를 배제하는 캠페인을 전개했으며, 이후 브라이언의 뒤를 이어 진화론 교육 금지법을 도입하려는 시도가 각 주에서 뒤따랐다. 그 같은 법안은 1923년 오클라호마주와 플로리다주에서 통과되었으며, 테네시주에서는 1925년에 버틀러 법(Butler Law)이라는 이름으로 통과되었다. 미국 시민자유연합(American Civil Liberties Union, ACLU)은 이러한 법안들을 무력화시킬 계획에서, 이들 법안에 대항하여 재판을 일으킬 자를 지원하고자 했다. 데이턴의 한 고등학교 교사 스콥스가 이를 수락하여 그의 학급에서 진화론을 가르침으로써 버틀러 법을 고의로 위반하여 고발되었고, 이로서 소위 스콥스 재판이 시작되었다.

스콥스 재판은 세간의 화젯거리였다. 1925년 5월 7일 스콥스가 버틀러 법의 첫 위반자로 정식 기소되었다. 버틀러 법은 진화론 교육을 금지했으며 위반자에 대하여 처벌 조항을 명시하고 있었다. 당시 24세의 고등학교 과학 교사이자 축구 코치였던 스콥스는 주정부가 승인한 과학 교과서에 담긴 진화론 내용을 학생들에게 설명했을 뿐이라고 항변했으나 받아들여지지 않았다. 스콥스에 대한 기소는 진화론 교육 문제와 더불어 학문과 사고의 자유 침해라는 점이 부각되면서 여론의 집중을 받기 시작했다. 특히, 창조론의 재확립 분위기에 우려를 표명해온 ACLU가 스콥스를 배후에서 지원함으로써 이 사건은 창조론 vs. 진화론 재판으로 확대되었다. ACLU는 스콥스 재판을, 학문과 사고의 자유라는 헌법상의 권리를 재확인하고 버틀러 법의 위헌성을 폭로함으로써 진화론에 대한 대중의 인식을 고양시키는 기회로 삼고자 했다.[2)]

1925년 인구 1,500여 명에 불과한 데이턴의 한 법정에서 '인간은 원숭이의 후손이 아니다'라는 검사의 기소 선언으로 공식화된 이 재판은 주요 신문잡지들에 의해 앞다투어 대서특필되었으며, 전국민적 관심을 끈 일종의 '이벤트'가 되었다. 원고 측에서는 미국 대통령 후보로 3번이나 출마한 경험을 가진 브라이언이 변호사로 나섰고, 피고 측에서는 ACLU의 변호사 대로우(Clarence Darrow)가 변론에 임하였다. 양측이 벌인 공방은 근본주의자 vs. 불가지론자, 보수적 목사 vs. 자유주의 변호사로 대변되는 첨예한 대립이 분출된 것으로, 상대방을 멍청이로 칭하기까지 하는 불꽃 튀는 논쟁이 벌어졌던 쇼였다. 재판의 압권은 성경의 문자적 해석, 특히 창세기와 인간의 창조에 대한 브라이언의 주장에 대하여 대로우가 벌인 신랄한 심문이었다. 천지만물은 6천 년 전에 창조되었으며, 여호수아(Joshua)가 태양을 멈추게 한 것은 사실이며, 노아의 방주에 실린 것들 이외의 모든 생물들이 대홍수에 휩쓸려 내려갔다는 브라이언의 주장에 대해 대로우는 그 어떤 현명한 기독교인이라도 믿기 어려운 바보 같은 아이디어라고 일갈했다. 결국, 브라이언과 대로우가 벌인 논쟁의 핵심은 '사실'(facts)의 이슈, 즉 사실이란 무엇인가에 관한 것이었다.

지식의 본질에 관한 이러한 논쟁은 대중매체들을 통해 확대 재생산되었다. ≪애틀랜타 컨스티튜션≫(Atlanta Constitution)은 모든 지식은 그 정점에 있는 계시에 종속된다는 브라이언의 입장에 섰던 반면, ≪루이빌 쿠리어 저널≫(Louisville Courier Journal)과 ≪뉴욕 타임즈≫(New York Times) 등은 대로우가 지지했던 연역적 과학과 경험적 지식에 기반한 인식론을 강조했다. ≪시카고 트리뷴≫(Chicago Tribune) 신문은 관찰과 계시는 서로 분리된 영역임을 강조함으로써, 자연의 법칙은 오로지 연역적 과학을 통해 발견되는 것이라고 논증했다. ≪네이션≫(Nation)의 칼럼들도 관찰과 계시는 서로 다른 영역에 해당하는 체계이며, 종교가 도덕성의 이슈로 분류되는 반면 과학은 경험주의적 연구의 대상이라는 점을 지적하였다. 스콥스 재판이 과학과 종교의 대립으로 평가되는 가운데, 브라이언이 성경을 진실의 척도로 삼았던 반면, 대로우의 주장은 과학과 경험적 증거가 진실의 원천이며 이는 종교에 의해 제한될 수 없다는 것이었다.

이러한 원론적인 주제에 대한 논쟁은 물론, 다윈주의 vs. 종교의 대립 구도에 대한 잡지들의 반응 역시 다양하게 나타났다. ≪사이언티픽 아메리칸≫(Scientific American)은 1920년대에 자연관찰과 과학적 방법론을 촉구하는 대중적 기사를 담는 방향으로 선회한 잡지로서, ≪네이션≫과 마찬가지로 계시 지식을 단호하게 비판하고 경험주의야말로 계몽적 지식 획득의 방법이라고 강조했다. ≪월간 대중과학≫(Popular Science Monthly)은 스콥스 재판에 대한 입장 표명에 소극적인 편이었으나, 전체적으로는 진화론 쪽으로 경도되었다. 예를 들어, 진화와 유전의 관계를 조명하는 이 잡지의 기사들은, 멘델 유전학에 따르면 인간의 형질 전달에 대한 신비주의적인 요소는 없으며 자손의 형질의 예측은 단순히 충분한 데이터 분석의 문제이듯이, 창조 과정의 신비 역시 충분한 데이터의 수집으로 설명될 수 있는 문제라고 피력하였다. ≪하퍼스≫(Harper's)와 ≪노스 아메리칸 리뷰≫(North American Review)의 두 일반잡지는 스콥스 재판에서 드러난 과학과 종교 간의 충돌은 기사로 다루었지만, 관찰 대 계시의 논쟁과 같은 심층적인 논의는 거의 없었다. 또 다른 잡지 ≪미국과학지≫(American Journal of Sciences)는 인간의 기원과 관련하여 기본적으로 진화론의 타당성을 높게 평가하는 가운데, 진화냐 창세기냐의 문제보다 어느 버전의 진화론이 적합한 이론인지에 대한 관심을 표명했다.[3)]

결과적으로는, 스콥스 재판에서 법률적 승리는 창조론 진영에게 돌아갔다. 배심원이 피고 스콥스의 위법 사실을 인정하여 100 달러의 벌금형을 구형했기 때문이었다. 버틀러 법은 폐지되지 않았으며, 소송 이후에도 반진화법이 미시시피·아칸소 주에서 통과되면서 한동안은 고등학교에서 진화론 교육은 여전히 불가능했다. 그러나 표면적으로는 종교의 승리로 끝난 것처럼 보이는 이 재판으로부터, 과학계는 과학과 종교는 양립 불가능한 지적 체계라는 점을 일반대중에게 설득할 둘도 없는 기회를 얻었다. 요컨대, 각종 매체와 여론의 이목이 집중된 스콥스 재판에서 변호인 측의 입을 통해, 과학계는 과학과 종교 간의 경계 설정(boundary-drawing work)의 당위성을 일관되게 피력한 것이었다.

과학과 종교 간의 이러한 경계 설정은 여러 측면에서 시도되었는데, 우선 존재론적 경계 설정을 들 수 있다. 스콥스의 변호 측에 선 과학자들은 과학은 자연의 물리적·물질적 영역을 해석하고 직접적(immediate) 원인을 다루는 반면, 종교는 정신적 영역에 대한 해석의 권위를 가지며 현상의 궁극적(ultimate) 원인에 집중한다고 강조했다. 예를 들어, 스콥스 측의 하버드 대학 지질학자 매더(Kirtley F. Mather)

는 "과학은 물질의 근원에 대한 추측을 제공하는 것이 아니다. 과학은 직접적 원인과 효과를 다룰 뿐 궁극적 원인과 효과를 다루는 것은 아니다. (중략) 자연과학은 물리적 법칙과 물질적 실재를 다루지, 도덕적 법칙과 정신적 실재를 다루지는 않는다"고 피력하였다.

과학자들은 스콥스 측 변호인의 입을 빌어 또는 증인으로 재판에 직접 참여하여 과학과 종교 간 기능상에서도 경계 설정을 시도했다. 그 요지는 과학이 기술의 진보를 향한 실용적 기능을 추구한다면, 종교는 고통으로부터 위로와 도덕의 실행이라는 기능을 추구한다는 것이다. 스콥스의 변호 측은 진화란 단순히 추상적인 이론이 아니라 실용적 혁신의 원천이라고 주장했다. 변호사 말론(Dudley Field Malone)은 "다양한 작물, 식물, 딸기, 복숭아, 그리고 삶과 번영에 필수적인 여타 산물들을 고려하면, 진화론은 농업에 필수적"인 이론임을 지적했다. 대로우 역시 과학과 종교가 지니는 기능상의 차이점을 분명하게 지적하고 나섰다. 성경은 세상의 수많은 사람들에게 위로와 위안을 주는 종교와 도덕의 책이지, 과학의 책이 아니라는 것이 요지였다. 아울러 과학은 종교의 도덕적 기능을 침해하지 않으며, 종교적 믿음과 과학은 독특한 지식체계에 기여하기 때문에 둘 다 반드시 가르쳐져야 한다고 강조했다. 이와 관련하여 매더는 "진화와 기독교 중 하나를 선택하라는 것은 마치 학교에 갓 진학한 어린이에게 맞춤법과 산수 중 하나를 선택하라는 것과 진배없는 것"이라고 주장하였다. 진화와 종교 두 가지 각각에 대하여 철저한 지식을 쌓은 것이야말로 삶의 질을 향상시키는 데 필수적이기에, 과학과 종교 두 영역은 상호 배제나 경쟁의 대상이 결코 아니라는 요지였다.

과학과 종교 간의 경계 설정은 그 사회적 차이와 관련해서도 이루어졌다. 스콥스 측은 종파 간의 끝없는 논쟁에 대한 믿음은 개개인의 선택으로 귀결된다는 점을 강조하였다. 예컨대, 진화론을 믿으면서도 성경의 창조 이야기 역시 믿는 것은 개인의 선택에 따라 얼마든지 가능하며, 진화론과 창조론 간에 상호 대립이 없다고 믿는 수많은 사람들이 존재한다는 것이다. 따라서 스콥스 측은 개인이 진화론을 믿든지 창조론을 믿든지 간에 그것은 개별적으로 스스로 결정할 믿음과 해석의 영역일 뿐이라고 주장했다. 아울러, 종교적 믿음은 본질적으로 개개인마다 견해가 다를 수밖에 없는 반면에, 과학적 사실 또는 이론은 대중적・사회적 수용에 의해 공인받은 결과라는 점을 주장하였다. 동물학자 메트칼프(Maynard Metcalf)는 재판에서, 미국 내 동물학자들은 대체로 진화론에 대한 공인된 견해에 충실하며, 증거 부족을 이유로 진화의 발생을 믿지 않는 동물학자는 수백 명 중 단 하나도 없다고 증언하였다. 누구도 지켜본 적 없는 진화에 대해 어떻게 증거를 내세울 수 있느냐와 관련해서는 스콥스 측의 과학자는 분류학・비교해부학・발생학・고생물학 등 생물학의 여러 분야에 관련된 엄청난 데이터가 진화과정의 결과로 간주된다면, 그 데이터는 규칙성・합리성・일체성・일관성을 띤 증거로 받아들여질 수 있다는 요지를 폈다. 요약하면, 과학이 내세우는 데이터는 합의된 검증의 산물이라는 것이다.[4)]

스콥스 재판에서 과학자들이 시도한 과학과 종교 간의 이러한 경계 설정은, 과학이 차지하는 지식 시장의 확대를 꾀하고 과학 이데올로기에 대한 대중적 이해 증진을 꾀하고자 하는 전략적인 판단하에 이루어졌다. 그리고 이러한 판단의 이면에는 1920년대와 대공황 직전 미국 과학의 정체된 상태를 타개해 보려는 의도와 맞물려 있었다. 외부적으로도 과학은 견제의 시선에 시달리고 있었는데, 예를 들어 근본주의 기독교인들은 인식론적·도덕적 권위의 근거로서 성경이 누리고 있는 지위가 과학에 의해 대체될 수도 있다는 불안감에 시달렸다. 인문주의자들 역시 과학에 대한 정부의 과도한 후원에 주목하면서, 과학과 기술의 지배는 인류의 문명을 파괴할 수 있다는 우려를 표명했다. 스콥스 재판은, 위와 같이 과학을 둘러싸고 있는 적대적인 시선에 대한 과학계의 묵직한 반응이었다. 과학자들의 눈에는, 스콥스의 기소는 도리어 일반대중에게 과학의 사회적 위상을 고양할 절호의 기회로 비추어졌던 것이다.

스콥스 재판에서 과학자들이 보여준 모습은, 과학에 대한 대중적 관심을 독려하고 과학을 위한 대중의 재정적 지원을 얻기 위해 수사와 논증의 전술을 전개하는 과학 대중화 전사의 모습 그 자체였다. 스콥스 재판을 통해 과학자들은 과학이 대중과 괴리되어 있는 것이 아니라 대중을 위한 것임을 다양한 수사와 논리를 통해 대중에게 납득시키는 데 나섰다. 첫째, 과학의 발견이 가져다주는 실용적 응용과 혜택을 강조하는 실용성의 논리가 피력되었다. 과학지식은 전보와 전화, 비행기와 농작물 개량의 원천이 되었음을 강조하면서, 지속적인 기술의 진보는 과학교육과 연구에의 투자 확장에 달려있다고 과학자들은 강조했다. 이들은 과학지식에 대한 수요를 정당화하기 위해, 과학과 종교가 효용 측면에서 지니는 경계를 제시했던 것이다. 둘째, 그러면서도 동시에 과학과 종교의 관계가 상호배타적인 것은 아니라는 논리를 전재하였다. 물론, 과학자들은 과학이 물질적 실재를 있는 그대로 기술하며, 기술 진보를 이끌어내는 아이디어를 제공하며, 규명되지 못한 현상의 본질에 대한 집단적 합의에 이르는 유일한 수단이라고 주장하였다. 그러나 동시에 과학자들은 과학이 지닌 이러한 가치가 곧 종교와의 양립불가능성(incompatibility)을 보여주는 것은 아니라고 했는데, 종교와 과학은 모두 고유의 필요성과 효용을 지니며 상호보완적이기 때문이라는 것이었다. 즉, 과학자들은 과학의 독점적인 중요성을 강조하면서도 동시에 종교의 중요성과 권위를 퇴색시키지는 않을 수 있는 명분 역시 부여함으로써, 과학연구와 교육의 확대에 대한 종교적 반대를 누그러뜨리는 데 초점을 맞춘 미묘한 전략을 썼다.5)

과학자들의 연대와 직간접적 후원은 스콥스 측에 활기를 주었다. 예를 들어, 미국 과학진흥회(American Advancement for the Aemrican Science)는 스콥스 측의 변호비용을 충당할 기금 조성을 호소하는가 하면, ≪사이언스≫지는 스콥스 측과 연관된 과학자를 위한 기금 조성을 위한 위원회를 설립하였으며, 미국 의학협회(American Medical Association)는 교육기관에서의 과학연구에 대한 제한은 과학의 진보와 대중의 복지에 해로운 행위임을 강조하는 결의문을 통과시켰다.6) 동시에 스콥스 재판은 과학에 대한 대중의 관심을 강화시킨 이벤트이기도 했다. 예를 들어, 비영리조직체인 사이언스 서비스(Science Service)는 소송의 전망에 대한 보도부터 시작하여 과학 일반에 대한 뉴스를 대중에게 제공했다. 스콥스 재판과 같은 드라마틱한 이벤트는 대중의 과학적 이해 증진에 도움을 주었다.7) 스콥스 재판은 비록 진화론 측과 과학자들의 패배로 끝났지만, 그들이 뿌린 씨앗은 과학의 공적·대중적 위상을 고양하는 데 기여했다.

전문과학자-아마추어 융합의 조율가로서의 과학자: 버클리 척추동물박물관 사례

박물관의 기원은, 17세기에 개인 수집가들이 그들의 자연 수집물들을 담은 소위 '호기심 상자들'(cabinets of curiosities)을 대중에게 공개한 것으로 거슬러 올라간다. 자연이 지닌 경이로움과 다양성, 그리고 우주의 질서를 보여주기 위한 시도로 시작된 박물관은 대중문화 속으로 파고들어갔다. 이 과정에서 박물관은 박물학, 나아가 생물학의 발달에 연관된 다양한 주체들의 요구와 지향점이 복합적으로 얽힌 공간이 되었다. 캘리포니아 대학 버클리 캠퍼스의 척추동물박물관(Museum of Vertebrate Zoology, MVZ)은 이를 잘 보여주는 사례이다.

MVZ는 하와이의 부유한 사업가의 후계자였던 아마추어박물학자 알렉산더(Annie Montague Alexander)의 후원으로 1908년에 세워진 자연사연구 박물관으로, 설립 초기부터 대중교육을 주목적으로 한 것은 아니었다. 알렉산더가 자연사연구 박물관의 건립을 후원한 것은, 그가 대학에서 고생물학의 교육을 받았고 부친과의 아프리카 사파리 경험을 통해 박물학에 관심을 갖게 된 것과 관련이 있다. 알렉산더는 전문과학자는 아니었지만, 박물관이야말로 사라져가는 미국 서부 자연의 보존과 동물학 연구에서 중추적 역할을 담당해야 한다고 믿었다.[8)]

알렉산더는 초대 관장으로 그린넬(Joseph Grinnell)을 선택했다. 스탠포드 대학에서 박사학위를 획득한 그린넬의 연구 분야는 진화론과 생태학이었으며, 그중에서도 MVZ 재임 당시에 관심을 쏟았던 주제는 다윈의 자연선택설의 응용이었다. 다윈은 자연선택은 생물들의 적응이 이루어지는 주요 메커니즘이라고 주장하면서도, 정작 적응에 의한 변화를 끌어내는 환경의 힘에 대한 정확한 본질에 대해서는 별로 언급하지 않았다. 그린넬은 자연선택 이면에 작용하는 동력으로서 환경의 진화 과정을 분석함으로써, 다윈이 그려낸 그림을 완성시키고자 했다. 따라서 그린넬의 이론적 관심은 진화 문제에 대한 비물리적·생물적 환경에 대한 연구에 있었다. 그린넬이 자연과 진화라는 문제에 대해 접근하는 방식에서, 그가 초점을 둔 자연이란 대규모 지형학적 세계였으며, 분석과 선택의 단위는 아종·종, 서식지였다. 그린넬은 일정 구역 내에서 오랜 기간에 걸친 수집을 통해서 환경의 변화에 따른 진화를 포착할 수 있다고 보았는데, 이는 수년에 걸친 표본과 필드노트의 축적을 필요로 했다. 따라서 그린넬 휘하에서 MVZ의 연구활동은 바로 이러한 접근을 구현하는 데 초점이 맞추어졌다.[9]

환경의 진화를 규명하고자 하는 그린넬의 비전을 구현하기 위해서는 동식물군과 환경의 제반 측면에 관해 고도로 상세한, 그리고 대량의 데이터가 필요했다. 따라서 그린넬은 데이터 수집의 소양을 지닌 일군의 활동가를 필요로 했다. 또한 그린넬 본인이 주도할 수 있었던 수집 활동은 미국 서부 캘리포니아에 제한되었던 반면, 그의 연구는 다양한 지형학적 기반에서 얻은 다양한 생명 데이터를 필요로 했다. 따라서 환경의 진화라는 이슈에 대한 그린넬의 비전의 성공 여부는 수집과 큐레이션에 달려 있었다. 이를 위해서는 그린넬과 MVZ의 자체적인 역량만으로는 분명 한계가 있었던 만큼, 수집가 네트워크의 협력이 절대적으로 필요했다. 당시에 아마추어 수집가들은 농민과 도시민을 모두 아우르고 있었는데, 이들 중 일부는 매우 진귀한 표본을 확보할 수 있었을 뿐 아니라 심지어 표본을 매매하는 정도의 수완을 발휘하고 있었다. 뿐만 아니라, 일반대중은 여가활동의 일환으로 자연의 원리에 대한 기성(旣成)의 설명을 탐색하는 정도에 그쳤다면, 아마추어 수집가들은 과학연구의 목적과 자연의 본질에 대한 나름의 비전을 지니고 있었다.[10)]

캘리포니아에서 MVZ의 그린넬과 전문박물학자 커뮤니티는 아마추어 수집가들의 협력을 필요로 하고 있었다. 그러나 전문과학자들과 아마추어 수집가들과의 연계를 위해서는 여전히 극복해야할 장벽들이 남아 있었는데, 그중 가장 일차적으로 두드러진 것은 양자 간의 소통을 가능케 하는 규칙과 절차, 즉 프로토콜(protocol)의 부재였다. 즉, 아마추어 수집가들의 열정적 수집활동을 전문과학의 연구로 승화시키기 위해서는, 지역에서 수집된 표본들을 필드 노트를 통해 생태학의 단위로 전환하는 것이 필요했다. 예를 들어, 아마추어들이 수집한 각양각색의 정보들은 생물학 연구에 활용되기 위해서는 종의 위치와 연계된 종의 목록, 종의 분포 한계(distributional limits) 등의 정보로 환원되어야 했다. 여기에는 표본 수집과 보존, 종의 표식, 필드노트 작성 등 연구에 필요한 방법론의 표준화가 중요한 요소였던 만큼, 아마추어 수집가들 역시 과학자의 동맹자로 활동하기 위해서는 과학자들이 확립해 놓은 체계를 어느 수준으로는 준수해야만 했다. 이를 위해 수집가들이 이론 생물학을 전문적으로 배울 필요까지는 없었지만, 적어도 과학자가 규정한 표준의 방법론이 아마추어와 전문과학자 간의 공통어로 사용되어야 했다. 이는 분명 아마추어들에게는 용이한 일은 아니었다.[11)]

이러한 표면적 문제 이면에서 보다 근본적이고 중요했던 사항은, 각종 난관을 극복하고 과학자와 아마추어 간의 협동생태적 관계를 조성해야 할 필요성 내지는 동기에 대한 공감대였다. 전문박물학자 커뮤니티는 분명 아마추어 집단의 협력을 필요로 하고 있었고, 수집 활동에 전념해 오던 아마추어들로서는 그들의 고유한 특기를 통해 전문과학자들의 학문적 지식의 진보에도 기여할 수 있다는 측면에서 분명 양자 간의 협동생태적 관계를 위한 분위기는 영글고 있었다. 그러나 위에서 보듯 이러한 관계의 구축을 위한 상호 소통의 실현은 아마추어들이 전문과학의 체계와 패러다임에 스스로를 편입시키는 것을 전제로 하였기에, 아마추어과학자들의 자발적인 협력과 헌신을 이끌어내기 위해서는 그들이 지닌 관심사에 보다 직접적으로 호응할 수 있는 비전이 필요했다. 즉, 이는 전문 연구자들의 이해관계와 아마추어들의 관심사를 조정하는 능력, 즉, 서로 상이한 사회적 세계들로부터 상호접점의 가능성을 끌어낼 수 있는 조율자로서의 역할을 필요로 하는 대목이었다. 그린넬이 바로 그러한 조율자적 존재였다. 알렉산더와 더불어 그린넬은, 전문과학자와 아마추어 수집가들은 물론, MVZ 운영에 관여하는 캘리포니아 대학의 행정가 집단, 지역의 자연보호단체 등 다양한 커뮤니티들의 관심사가 교차하는 상호 접점을 캘리포니아 지역의 자연보존에서 찾았다. 캘리포니아는 자연보존을 위한 다양한 단체들, 예를 들어 시에라 클럽(the Sierra Club), 조류학 클럽(Cooper Ornithological Club), 서부 박물학자협회(the Society of Western Naturalists), 레드우드 보존연맹(the Save the Redwoods League)의 활동 무대였다. 이에 그린렐은 캘리포니아 보존이라는 공통의 모토 아래 캘리포니아 지역의 박물학 활동의 직간접적인 이해 당사자들의 협력과 호응을 이끌어냈으며, 이러한 협력을 MVZ를 중심으로 조직화하는 데 성공했다.[12] MVZ는 그린넬 휘하의 전문 연구가들에게는 분류학적 · 생태학적 연구를 위한 필드의 실험실이었던 동시에, 동식물군

수집에 관심 있는 아마추어 수집가들에게는 필드 활동을 통해 박물학과 자연 보존에 기여할 수 있게 해 준 창구였으며, 캘리포니아 대학 행정가들에게는 자연・과학에의 소양을 넓힐 기회를 시민들에게 제공할 수 있게 해 준 공적 도구였다. 그린넬의 MVZ 사례는, 과학을 둘러싼 전문 연구자와 아마추어의 공통의 이해관계가 하나로 수렴될 수 있는 접점을 발굴하고 그러한 접점을 중심으로 상호 협력을 구체화하는, 전문과학자-아마추어 융합의 모범 사례를 보여주었다.

전문과학과 과학 대중화 양 영역에서: '엠피비언'적 과학자로서의 줄리언 헉슬리

다윈주의 전파의 선봉장이었던 토마스 헉슬리(Thomas Henry Huxley)의 손자이기도 했던 줄리언 헉슬리(Julian Huxley)는 1920년 영국의 과학저널 ≪네이처≫(Nature)에 멕시코 도롱뇽(axolotl)의 생활사에 대한 연구결과를 발표했다. 도롱뇽은 유생 시절에는 아가미 호흡을 하다가, 성체 단계에 이르러서는 폐호흡을 하는 수륙양용 양서류로 변태하는 특징을 지니는 동물이었다. 여기서 헉슬리는 포유류 갑상선 추출물의 투여를 통해 이 변태 속도를 증가시킬 수 있음을 알아냈다. 즉, 헉슬리가 소 갑상선 호르몬을 15인치 길이의 두 마리 도롱뇽에게 투입한 결과, 15일 이내에 도롱뇽은 색깔 변화를 보여줬을 뿐 아니라 지느러미와 아가미가 몸속으로 흡수되어 버린 것이다. 마침내 며칠 뒤, 도롱뇽 한 마리는 공기 중에서 숨을 쉴 수 있게 되었으며 심지어 다른 한 마리는 뭍에서 걸어 다닐 수 있게 되었다.[13] 이 연구결과를 두고 엉뚱하게도 영국 언론은 불로장생약의 발견으로 대서특필하였다. 언론의 오보에 실망한 헉슬리는 그의 도롱뇽 유생 실험은 인간에 가해지는 화학적 변화에 관해서는 어떤 연관성을 암시한 바가 없음을 언론을 통해 강조했다.14)

이 사건을 계기로 줄리언 헉슬리는 과학지식의 정확한 해석과 전달은 일반대중에 대한 과학자의 소명임을 각성하였다. 과학자는 연구활동을 업으로 함은 물론 대중화의 사명감까지 지니는 복합적 존재여야 한다고 보았던 것이다. 일반대중과 고립된 상태에서 이루어지는 과학지식의 기계적인 발견이 지니는 위험성을 헉슬리는 경험을 통해 체득했던 것이다.15) 헉슬리가 제시한 과학자의 청사진은, 사회와는 고립된 채 난해한 과학연구에만 전념했던 고립된 연구가의 껍질을 깨고 일반대중과 전문가의 가교 역할을 할 수 있는 과학 대중화의 전사였다.

헉슬리의 과학 대중화 활동은 다양하게 수행되었다. 우선 헉슬리는 대중잡지에의 기고, 도서 출판과 같은 전통적인 인쇄매체를 적극적으로 활용했다. 헉슬리는 1923년 『생물학자의 에세이』(Essays of Biologist)를 시작으로 20여 권의 대중과학 도서를 발간하여, 인간사와 공공정책에 연관된 생물학적 지식에 대해 대중의 광범위한 관심을 불러일으켰다. 1925년에 헉슬리가 과학소설가 웰스(Herbert George Wells)와 웰스의 아들로 유니버시티 칼리지 런던(University College London)의 동물학 교수였던 조지 웰스(George Philip Wells)와 함께 생물학의 백과사전적 역사물로 1931년에 펴낸 『생명의 과학』(Science of Life)은 센세이션이라 할 정도의 반향을 불러일으켰다. 헉슬리의 대중저술들은 행동의 진화 그리고 당시에 보급형 대중과학도서 출판 시장에서 인기 있던 주제였던 동물언어 연구와 같이 교육·오락의 측면을 겸비한 주제들이 포함되어 있었다. 또한 그는 과학 대중화에 처음으로 방송매체를 활용했다. 헉슬리는 라디오 토크를 진행하면서 수학자이자 철학자였던 레비(Hyman Levy)와 함께 과학과 사회의 여러 주제들에 대한 토론을 폈다. 특히 제2차 세계대전 중 청취율 황금 시간대에 전파를 탄 헉슬리의 라디오 프로그램 ≪브레인 트러스트≫(Brain Trust)는 청취자들이 복잡하게만 느끼는 과학문제에 대하여 답변을 제공하는 포맷으로, 수천 명의 청취자를 생명의 세계로 입문시켰다.[16]

헉슬리는 과학 대중화의 전진기지로 동물원의 역할을 강조했다. 런던 동물원(London Zoo) 원장을 역임하기도 했던 헉슬리는 동물원의 역할을 단순한 동물 전시장에 국한시키지 않고 동물의 세계에 대한 일반인의 관심을 불러일으키는 데 초점을 맞추었다. 예를 들어, 동물원의 큐레이터 인력을 활용하여 어린이 대상의 동물강연을 개최했다. 어린이 관람객들이 새끼 사자, 셰틀랜드 포니(Shetland pony), 비단뱀, 침팬지 등의 동물들을 직접 스케치하거나 사진촬영을 할 수 있도록 어린이 체험관(Pet's Corner)을 운영하였다. 단순한 동물 강연이나 체험뿐 아니라 특별 전시회에서는 동물의 진화, 멘델의 유전 등 당대의 비교적 최신 과학이슈에 대한 어린이들의 관심을 유도하기도 했다. 나아가 헉슬리의 동물원은 동물원의 울타리를 벗어나 외부적으로는 동물잡지를 발행하여 교육과 오락을 결합시켰는데, 이는 100,000부의 월간 판매부수를 기록하기도 했다.[17]

헉슬리의 과학 대중화 활동은 생물학자로서의 그의 학문적 배경은 물론 그가 지닌 문학적 능력을 십분 활용하여 생명의 경이로움, 자연의 진화, 야생자연의 보존, 동식물의 생활과 습성 등 생물학에 관한 다양한 주제들을 시적·문학적 터치를 통해 전달함으로써 일반대중의 호기심과 상상력을 사로잡았다. 헉슬리는 동물 세계에 대한 지식의 보고는 죽은 표본에만 집착하는 박물관이 아니라 살아있는 박물관으로서의 자연이라는 점을 강조하면서 야생동물 보존의 필요성을 역설하였는데, 이와 관련하여 그가 1930년의 한 에세이에서 남긴 다음 대목은 과학 대중화 전사로서 그의 필력이 지닌 흡입력을 보여준다.

> 세상의 코뿔소는 인도인과 중국인이 코뿔소 뿔의 정력제 기능에 대해 지닌 믿음 때문에 대량 학살되었다. 고래는 고래도살자들의 거대한 이익 추구 때문에 위험수준으로 줄어들고 있다. (중략) 이 세상에서 가장 아름다운 날개 달린 생물들은 여전히 유행을 좇는 여성들 때문에 죽어나가고 있다. (중략) 도마뱀과 뱀들은 신발 제조용으로 죽어나간다.[18]

헉슬리의 대중적 에세이는 동물은 물론 인간을 포함하여 광범위한 주제를 다루고 있었다. 예를 들어 살아있는 생명체의 크기, 동물의 구애(courtship), 조류의 지능, 도도새의 생활사 같은 전통적인 생물학·동물학의 주제들뿐 아니라, 우생학과 사회, 기후와 인간의 역사, 진보의 개념, 과학적 인본주의 등 인간을 둘러싼 다양한 주제가 있었다. 뿐만 아니라 생물학의 사회적 영향력과 역할을 조명하는 연장선상에서, 페미니즘까지도 관심 영역으로 포함하고 있었다. 예를 들어 헉슬리는 태도 측면에서 남자와 여자의 차이는 교육과 양육의 산물일 뿐이라고 주장하였는데, 이러한 그의 주장은 그가 새들의 구애, 과시행동, 교배습관 등에 대한 과학적 관찰을 통해 동물 세계에서 성별 간 동등한 권리와 의무의 행동 패턴이 존재함을 목격한 데 근거를 두고 있었다. 또한 헉슬리는 성의 상호보완성이 행복한 결혼의 본질적인 요소라고 설파하면서, 여성도 남성만큼의 성적 즐거움을 누릴 권리가 있다고 주장하며 산아제한에 대해 묵과하는 동시에 피임 캠페인에 앞장서기도 했다.

헉슬리의 과학 대중화에는 그의 정치적 입장 역시 영향을 미쳤다. 1930년대 미국 발 대공황의 여파와 파시즘의 위협이 서구를 휩쓸던 와중에 헉슬리는 우생학자가 되었다. 예를 들어, 헉슬리는 대공황 당시에 실업 구제책 혜택은 책임질 수 없는 부양가족을 늘리지 않기 위해 아이를 더 낳지 않기로 약속한 남성에게만 주어져야 한다고 주장했다. 우생학의 기본 교의, 즉 유전이 후천적 영향을 압도한다는 명제와 궤를 같이 하여, 헉슬리는 그가 지닌 동물생물학 지식을 십분 활용하기도 하였다. 예를 들어, 동물이 산란한 후 알이 부화될 때까지 자신의 몸체를 이용하여 알을 따뜻하게 하거나 보호하는 행위인 포란(brooding, 抱卵) 본능을 소개하는 등 행동 발현에 있어 유전이 끼치는 힘에 주목하였다. 까마귀는 골프공을 품는가 하면, 갈매기는 알을 대신하여 담배깡통에 앉기도 하는 것으로 알려져 있다. 심지어 황제펭귄은 알이나 병아리를 잃어버릴 경우 차디찬 남극의 얼음 덩어리를 품기도 한다. 그러나 헉슬리는 본능이 지닌 힘이 환경에 의해 유도된 학습의 효과를 압도한다는 데는 동의했지만, 반드시 자연(본능)이 환경을 압도한다는 입장을 무조건적으로 견지하지는 않았다. 특히 그는 대부분의 인간 행동과 관련해서는 환경의 영향이 작용할 가능성에 대한 여지를 남겨두고 있었으며, 인간이 태어난 직후의 발달과정에서 환경은 훨씬 더 중요한 발달을 한다고도 주장하였다. 비록 헉슬리는 최하층 저소득 그룹에 유전적 결함이 있다는 주장에 동의하기는 했지만, 1930년대 실업자에 대한 강제 단종이 나치즘을 선동했다는 비판적 시선에 동의하여, 기존의 우생학이 맹신했던 유전적 결정론으로부터 한 발 물러선 입장으로 선회하게 되었다. 대신 그는 건강관리, 적절한 식습관, 양질의 주거·교육에 대한 사회적·제도적 뒷받침의 중요성을 강조하게 되었다.[19]

우생학에 대한 상당수의 대중저술을 발표했던 헉슬리는 시간이 지나면서 주류 우생학(mainstream Eugenics)[20]에서 새로운 개혁우생학(reform Eugenics)으로의 변화를 이끈 견인차 역할을 했다. 계급·인종에 편견을 지닌 주류 우생학적 사고를 넘어, 헉슬리의 우생학 프로그램의 비전은 유전적 차이는 계급·민족에 따라 상이한 진화의 방식에 기반한다는 전제를 깔았다. 헉슬리가 구상한 우생학 프로그램은 주류 우생학자들과는 달리 계급 간의 차이점은 유전적 변이라기보다도 환경의 차이에 의한 것이라고 보고, 하층계급의 환경 개선과 상층계급의 생식률 상승에 초점을 두었다. 그에게 우생학은 과학을 통해 사회적 진보를 진전시키는 야심찬 계획이었다.[21]

또 하나, 헉슬리는 인종문제에 대한 대중의 이해를 돕는 데도 주력했다. 미국 텍사스 라이스 연구소(Rice Institute) 재직 당시, 그는 당대 미국에서 팽배했던 인종 이슈를 통해, 그는 특정 인종의 그룹에서 두드러지게 드러나는 행동의 유전적 차이를 인정했다. 헉슬리는 인구집단 간에 드러나는 형질의 차이는 해당 형질에 대한 유전자들의 상대적 비율의 차이로부터 비롯된 것이라고 보았는데, 그러나 이것이 곧 그가 인종주의를 용인했다는 의미는 아니었다. 나치즘이 기승을 부렸던 1934년 잡지 ≪하퍼스≫(Harper's)에 그가 기고한 글에 의하면 헉슬리는 예컨대 검은 피부가 열등 지능 또는 무책임한 기질의 성향을 결정하는 것은 아니라고 보았으며, 오히려 그는 인류학자 해던(A. C. Haddon)과 함께 '인종'(race)이라는 개념을 생물학적으로 실재하는 어떠한 특정집단을 가리키는데 사용하는 것에 반대했다. 인종이란 지속적인 이주와 혼혈로 인해 여러 생물학적 형(biological type)이 혼합된 데 사용하는 것에 불과하다는 것이다. 나치 체제에서 유대인은 마치 하나의 인종인양 받아들여졌지만, 실제로 각 지역의 유대인들은 해당 지역의 비유대인(Gentiles)과 특징이 중첩되는 부분이 많다는 사실 역시 지적되었다. 또한 한 지역의 유대인들은 다른 지역의 유대인들과도 유전학적으로 차이가 있는 만큼, 유럽 각지에 분포되어 있는 유대인들을 생물학적으로 균일한 하나의 집단으로 규정하는 것은 타당하지 않다는 것이다. 따라서 헉슬리와 해던은 인종이란 개념은 철폐되어야 하며 그 대신 기술적·중립적 용어로서의 '민족 그룹'(ethnic group)이라는 단어가 사용되어야 한다고 주장했다.[22)]

마지막으로, 헉슬리가 대중화의 주제로 꼽은 것은 '진보'(progress) 이슈와 생물학의 관계였다. 열강 선진국에서조차 빈곤문제는 해결되지 않고 국가 간에는 전쟁이 난무하는 세상에서 진보라는 것에 대한 믿음은 과연 가능한가? 헉슬리에 의하면, 진보란 생물이 생존을 지속하기 위하여 오랜 시간에 걸쳐 보다 더 나은 방향으로 진화하는 경향을 의미했다. 진화는 가장 간단한 생물로부터 보다 복잡한 생물, 나아가 환경상의 도전에 직면할 능력을 지니는 형태의 생물로 나아가는 것을 의미했다. 즉, 진화는 생물 특성의 최대치를 획득하는 과정이며, 예컨대 기관의 효율성, 감각의 조정 능력, 정확성과 범위, 지식의 능력, 기억, 학습 가능성 등 생물이 지닌 속성이 생물이 외부적 환경을 보다 효율적으로 통제할 수 있는 방향으로 상승하는 것을 의미했다. 진화적 진보의 정점에 인간이 위치하는 것은, 인간은 언어와 인지, 조직, 분석, 경험의 기록, 미래세대로의 계승 등의 장점을 십분 활용할 수 있기 때문이라는 것이다. 특정 능력을 발휘하는 데 특화된 도구로서의 신체기관을 지닌 동물들(예: 오리 · 개 등)과는 달리 인간은 무한한 변화의 능력을 천부적으로 부여받았다는 것이다. 헉슬리는 동물들의 경우 한정된 가능성을 가질 뿐이며 그나마 지닌 잠재능력도 곧 소진되는 반면, 인간은 무한의 가능성을 가지고 있으며 이를 다 소진하지도 않는다고 보았다. 헉슬리는 인간의 능력은 심오한 원대한 결과를 초래한다고 보았다. 능력과 자각(self-awareness) 면에서 차이는 있으나, 자신의 자기이익(self-interest)만을 추구하지 않으며 사회적 요구를 얻고자 협동할 수 있는 능력이 인간에게는 있다는 것이다. 헉슬리는 인간의 자각은 다양한 변화를 이끌어낼 수 있으며, 이러한 자각을 통해 인간은 우연의 과정을 통한 진화가 아니라 의도적 선택을 통한 진화를 이끌어낼 수 있다는 것이다.

헉슬리에게 진화란 인간사회의 도덕 · 윤리의 진화까지도 포함하는 것이었다. 그러나 헉슬리가 생각한 사회의 윤리적 진화가 자연 상의 진화와 다른 것은, 그 지향점이 우주 · 자연의 진화의 방향에 순응하는 것이 아니라 맞서 싸우는 것에 있다는 것이다. 진화적 과정의 산물인 인간이 궁극적으로는 진화와의 투쟁을 거쳐 인간의 도덕성에 이르는 과정에 대한 고찰을 두고 헉슬리는 진화윤리학(evolutionary ethics)이라고 명명했다. 개방된 발달을 촉구하는 것이라면 옳고, 발달을 저해하고 거부하는 것은 그릇된 것이라고 보면서, 헉슬리는 인간 진화의 방향은 그릇된 것에서 옳은 것으로의 추이라고, 즉 인간 진화의 방향이 도덕성의 성취에 있다고 보았다. 인간의 능력으로는 신의 존재를 증명할 수도 반증할 수도 없다는 신념의 소유자, 즉 불가지론자(agnostic)였던 헉슬리는, 진화윤리학을 도구 삼아 인간에게는 기존의 종교가 더 이상 필요하지 않다고 보았다. 그는 진화야말로 인간의 운명을 이해하는 도구가 된다고 주장했다.[23]

과학 대중화 전사로서의 헉슬리의 화려한 활동이력에 대한 당대의 평가는 상당했다. 1930년 헉슬리는 영국 최고의 두뇌 5인의 하나로 선정되었으며 ≪런던 타임즈≫(London Times)는 그를 1류 대중과학자로 칭송하였다. 헉슬리는 과학 대중화 활동의 공적을 인정받아 유네스코의 칼링가 상(Kalinga Prize)을 수상했으며, 역사적으로도 성공적인 대중화 전사로 평가받고 있다.[24] 그러나 이러한 평가에 대한 반론 역시 제기되고 있는데, 그 근거는 헉슬리가 대중화의 타깃으로 삼았던 대중의 의미와 대상에 관한 것이다. 헉슬리가 발표하고 기고했던 과학 대중도서와 일반대중잡지가 지녔던 독자층의 두께는 비교적 엷은 것으로, 이들은 대중의 범주에 속한다기보다는 상당한 교육을 받았던 지식인과 교양인이었다는 점이다. 달리 표현하면, 헉슬리의 저서가 보여준 5,000여 권 수준의 판매부수는 그가 회자되는 것만큼 강력한 영향력을 행사하고 있지는 못했다는 반증이라는 것이다. 그러나 헉슬리가 참여한 라디오 대중화 프로그램 시도와 그 성공을 보면, 그가 지향했고 공략에 성공했던 과학 대중화 타깃의 범위는 그렇게 협소한 것은 아님을 알 수 있다. 일상생활 속에서 찾을 수 있는 과학적 호기심에 관한 청취자의 질문에 전문가 집단이 즉석에서 답변하는 형태로 진행된 헉슬리의 라디오 프로그램 ≪브레인 트러스트≫의 경우 제2차 세계대전 종전 직후에는 청취율이 거의 30% 이상을 기록할 만큼 대중적인 성공을 거두었다.[25]

헉슬리는 전문과학자인 동시에 과학 대중화 활동가로, 특히 라디오 매체의 특성을 활용한 성공적인 과학 대중화 전략을 이끈 선구적인 인물이었다. 그러나 본서는 여기에 더하여, 헉슬리야말로 '엠피비언(amphibion) 과학자'의 현대적 전형을 보여주는 존재라고 묘사하고 싶다. 엠피비언이라는 단어는 수륙 양쪽에서 서식이 가능함을 뜻하는데, 본서에서는 '엠피비언 과학자'를 과학의 전문·기술적인 지식과 담론을 생산해 내는 엘리트과학은 물론 이러한 전문적인 성과를 대중의 눈높이로 치환시키는 대중과학 사이에서 문화적 융합을 꾀한 전문과학자 겸 대중화 전사를 일컫는 데 사용한다. 사실 1류 전문과학자로서의 정체성을 고수하면서도 과학 대중화에도 상당한 기여를 했던 인물들로는, 이전 장들에서 언급된 미국의 아가시나 독일의 헤켈, 이후에 언급될 독일의 샥셀(Julius Schaxel)과 영국의 홀데인(J. B. S. Haldane) 등을 꼽을 수 있다. 그러나 본서에서 특히 헉슬리를 엠피비언 과학자의 전형으로 꼽는 것은, 그의 명쾌한 과학자관(觀) 때문이다. 앞서 언급했듯이, 그의 연구 성과에 대한 언론의 오보를 통해 과학연구와 대중과의 괴리가 가져올 위험성을 체득한 헉슬리는 과학자의 사명에 과학연구활동은 물론 과학 대중화의 책무까지 명시적으로 부여하였다. 과학의 전문화가 헉슬리 때보다도 한층 더 진전된 현대사회에서는, 전문과학자와 대중 간의 과학지식의 괴리는 한층 어려워졌을 가능성이 크다. 따라서 그가 제시한, 과학연구는 물론 그러한 과학연구 성과의 대중화를 양 날개로 하는 과학자의 청사진은 오늘날의 과학자들도 추구해야 할 이상적인 과학자의 모습을 제시하고 있다 하겠다.

나가면서

19세기 말에서 20세기 초에 이르는 시기에 생물학은 관찰생물학으로부터 실험생물학으로 그 추이가 옮겨져 갔는데, 엘리트과학자와 일반대중 간의 접점을 만들어내기 위한 대중화 활동이 모색되었다. 즉, 전문과학자이면서도 과학 대중화 활동의 중요성을 인지한 활동가들의 존재가 중요하게 등장했다. 스콥스 재판에서 과학자들은 종교와는 차별화된 지식체계로서의 전문과학의 정체성을 확립하기 위하여, 과학의 인식론적·실용적 측면에 대한 대중적 이해를 증진하는 데 앞장선 과학 대중화 전사의 역할을 수행했다. 아울러 버클리 포유동물 박물관(MVZ) 사례는 과학을 둘러싼 서로 다른 주체들의 이해관계의 접점을 중심으로 상호 협력을 이끌어내는 조율자로서 전문과학자의 역할을 보여주는 사례라고 할 수 있다. 또한 헉슬리는 스스로 전문과학자로서뿐 아니라 과학 대중화 활동가로서도 1류급의 활동을 보여주었을 뿐 아니라, 과학연구자인 동시에 과학 대중화 활동가로서의 과학자의 비전을 제시한, 엠피비언 과학자의 표상과도 같은 인물이었다.

과학 대중화 활동가들이 과학 대중화에 매진한 과학자였느냐, 아니면 과학 대중화에 매진한 대중 운동가 또는 사회이론가였느냐는, 9장에서 서술할 20세기 좌파과학의 사례와 더불어, 현대사회에서 과학 대중화의 주도적인 주체는 누가 되어야 하는 질문에 대한 참고 근거를 제시해 준다. 만약 과학연구와 대중화 운동이라는, 일견 이질적으로 보이는 활동이 난이도가 서로 대칭적이라면, 과학 대중화의 주도적인 주체는 누가 되어도 무방할 것이다. 즉, 과학연구를 본업으로 하는 전문과학자가 대중화 운동의 역량을 습득하는 데 겪는 어려움의 정도와, 대중화 운동 또는 정책의 전문가가 과학지식을 습득하는 데 겪는 어려움의 정도가 유사하다면, 전문과학자가 과학 대중화에 나서는 것과 대중화 전문가가 과학 대중화에 나서는 것은 유사한 성과를 거둘 것으로 기대할 수 있을 것이다.

그러나 현대과학은 그 어떤 분야보다도 전문가와 비전문가 간의 역량 차이가 큰 분야로 알려져 있으며, 그러한 격차는 과학의 전문화 이래로 꾸준히 확대되어 왔다는 것이 지배적인 견해이다. 그렇다면, 현대사회에서는, 전문과학자가 아닌 대중화 전문가들이나 사회이론가들이 과학 대중화를 전개하기에 충분할 정도의 과학지식을 학습을 통해 습득하는 것은 이전의 시대에 비해 한층 어려워졌을 가능성이 크다. 따라서 현대사회에서는 전문적인 과학지식을 생산하는 것은 물론 그러한 성과를 대중의 눈높이로 치환시키는 것까지 과학자의 임무에 포함되어야 할 필요성이 한층 더 커졌다고 볼 수 있다. 이러한 측면에서, 본장의 사례들이 조명한 과학 대중화 전사, 전문과학자-아마추어 융합의 조율가, 그리고 '엠피비언'적 존재로서의 과학자 등은 각각 과학계가 보유해야 할 이상적인 현대 과학자상(像)의 단면들을 보여주고 있다고 하겠다.

---

1) Edward J. Larson, *Trial and Error: The American Controversy over Creation and Evolution* (New York: Oxford Univ. Press, 1985).

2) Ray Ginger, *Six Days or Forever?: Tennessee v. John Thomas Scopes* (Boston: Beacon Press, 1958), 18-21; Jerry R. Tompkins, *D-Days at Dayton* (Baton Rouge: Louisians Univ. Press, 1965), 11-13; Stephanie Fitzgerald, *The Scopes Trial: The Battle over Teaching Evolution* (Minneapolis: Compass Point Books, 2007), 8-15.

3) Edward Caudill, *Darwinism in the Press: The Evolution of an Idea* (Hillsdale, NJ: Lawrence Erlbram Associates, 1989), 95, 98-109.

4) *The World's Most Famous Court Trial, State of Tennessee v. John Thomas Scopes*, reprinted. (New York: Da Capo Press, 1971), 78, 113, 252, 264-265, 인용문은 116, 248.

5) Thomas Gieryn et al. "Professionalization of American Scientists: Public Science and the Creation-Evolution Trials," *American Sociological Review* 50 (1985), 398.

6) Anonymous, "The John T. Scopes Scholarship Fund," *Science* (1925), 105; Daniel S. Greenberg, *The Politics of Pure Science* (New York: New American Library, 1967), 63; Daniel J. Kevles, *The Physicists* (New York: Random House, 1979), 181; L. Sprague de Camp, *The Great Monkey Trial* (Garden City, NY: Doubleday, 1968), 102, 435.

7) Tompkins, op. cit., 71-73.

8) Hilda W. Grinnell, *Annie Montague Alexander* (Berkeley: Grinnell Naturalists Society, 1958).

9) Joseph Grinnell, *Joseph Grinnell's Philosophy of Nature, Selected Writing of a Western Naturalist,* reprinted. (Freeport, NY: Books for Libraries Press, 1968), viii.

10) Sally G. Kohlstedt, "The Nineteen-Century Amateur Tradions: The Case of the Boston Society of Natural History," in G. Holton and W. Blanpied, eds., *Science and Its Public* (Dordrecht, Holland: D. Reidel, 1976), 173-190.

11) Susan Leigh Star and James Griesimer, "Institutional Ecology, 'Translations' and Boundary Objects: Amateurs and Professionals in Berkeley's Museum of Vertebrate Zoology, 1907-1939," *Social Studies of Science*, 19 (1989), 405-407.

12) Ibid., 397-401.

13) Julian Huxley, "Metamorphosis of Axolotl Caused by Thyroid Feeding," *Nature* 104 (1920), 435; Stephen J. Gould, *Ontogeny and Phylogeny* (Cambridge: Harvard Univ. Press, 1977), 177-178.

14) Ronald W. Clark, *The Huxleys* (New York: McGraw-Hill, 1968), 186-187; J. R. Baker, "Julian Sorell Huxley," *Biographical Memoirs of Fellows of the Royal Society* 22 (1976), 211, 217.

15) Julian Huxley, *Essays in Popular Science* (London: Chatto & Windus, 1926), v, vii.

16) Baker, op. cit., 211-212, 235-238; Clark, op. cit., 204, 278-279.

17) Clark, op. cit., 256-261.

18) Julian Huxley, "Man Stands Alone," 187-188, in C. Kenneth Waters and Albert Van Helden, *Julian Huxley: Biologist and Statesman of Science* (Houston: Rice Univ. Press, 1992), 243에서 재인용.

19) Julian Huxley, *Essays of a Biologist*, reprinted. (New York: Books for Libraries Press, 1970), 133-176, 86; Daniel J. Kevles, “Huxley and the Popularization of Science,” in Waters and Van Helden, op. cit., 243-245.

20) 우생학은 골턴(Francis Galton)에 의해 창시된 학문으로, 여러 가지 조건과 인자 등에 대한 연구를 통해 인류의 유전학적 개량을 목적으로 한다. 우생학과 대중과학에 대해서는 본서 8장을 참조할 것.

21) Garland E. Allen, “Julian Huxley and the Eugenical View of Human Evolution,” in Waters and Van Helden, op. cit., 193-222.

22) Kevles, in Waters and Van Helden, op. cit., 246-247.

23) Huxley, 1970, op. cit., 2-68, 235-302; Kevles, in Waters and Van Helden, op. cit., 247-250.

24) Waters and Van Helden, op. cit., 1-2.

25) D. L. LeMahieu, “The Ambiguity of Popularization,” in Waters and Van Helden, op. cit., 252-256.

08 생물학의 정치화와 대중과학: 우생학을 중심으로

들어가면서

생물학이 정치와 깊숙한 관계를 맺으면서 우생학(Eugenics)의 전성기가 도래하였다. 우생학을 제창한 것은 다윈의 사촌이었던 골턴(Francis Galton)으로, 그는 우생학을 미래세대가 지닌 인종적 질을 개량하기 위해 사회적으로 통제 가능한 수단을 제공하는 과학, 또는 바람직한 혈통이 덜 바람직한 혈통에 비해 보다 신속하게 확산될 수 있도록 도모하는 과학으로 정의하였다. 20세기 초반 우생학은 유전학에 대한 그릇된 해석에 바탕을 두고 사회·정치적 이념과 결합하여 커다란 사회적 조류이자 운동으로 전개되었다. 이러한 사회운동으로서의 우생학의 정점을 보여주는 것은 1930년대 대공황이라는 시기를 배경으로 미국 등지에서 사회적 부적합자로 분류되는 범죄자와 정신이상자 등에게 시행된 강제불임법이었다. 그러나 독일 나치 정권 치하의 우생학 프로그램이 가져온 참극은 우생학의 치부를 드러내었을 뿐 아니라 그것이 지닌 근본적인 위험성을 인식시키기에 충분했으며, 이에 대한 반향으로 구미(歐美)에서는 우생학 반대 캠페인이 대대적인 연대 아래 일어났다.

우생학은 거시적으로는 과학이 왜곡된 사회적·정치적 편견과 요구에 영합한 비극적 사례인 동시에, 미시적으로는 과학연구에 있어 이론의 내적인 튼실함과 엄밀성보다는 목적성과 외적인 가치 판단의 영향이 작용했을 때 현실화될 수 있는 위험성을 보여주는 사례이기도 하다. 이는 인종 개량과 단종에 대하여 우생학이 한편으로는 생물학이 지니는 과학적 객관성으로 스스로를 포장하면서 그 이면의 추악성을 정당화시킨 것과 더불어, 다른 한편으로는 대중 속으로 파고들어간 대중생물학의 이미지를 확립하고자 부단히 애썼던 것에서도 볼 수 있다. 따라서 우생학의 발흥과 소멸 과정은, 우생학 vs. 반우생학 vs. 개혁우생학 진영이 대중을 상대로 과학의 정치 이념화를 두고 벌인 투쟁의 관점에서 이해될 수 있을 것이다. 우생학 vs, 반우생학 진영에 선 생물학자·법률가·인류학자·의사·저널리스트·문인·종교계·사상가·사회과학자·사회개혁가·문인들은 우생학에 대한 각기 진영의 논리를 대중과 사회를 상대로 전개해나갔다.

우생학: 과학이론이 사회운동이 되기까지

다윈의 『종의 기원』이 출간되고 진화론이 상종가를 날릴 때에도, 유전학은 아직 등장하지 않은 상태였다. 지금은 근대적 유전학의 시조로 추앙받고 있는 멘델(Gregor Mendel)의 저 유명한 완두콩 논문이 출간된 것은 1865년이었지만, 이 연구는 출간 당시에는 아직 과학자 커뮤니티의 관심을 얻지 못했다. 그러나 다윈의 진화론이 자연선택의 결과로 종이 진화한다고 주장하고 일선에서는 육종가들이 인위적 선택을 통해 동식물의 형질을 선택적으로 강화하는 것이 일상화되는 등, 형질의 변화에 대한 힌트는 곳곳에서 발견되고 있었다. 다윈의 사촌인 영국의 과학자 골턴은 인간의 형질 역시 동식물과 같은 방식으로 개선될 수 있으며 따라서 인간 진화의 미래상은 인간 스스로의 힘으로 일구어 나갈 수 있다고 믿었다. 이에 골턴은 인류에 대한 유전학적 개량을 목적으로 우생학이라는 용어를 고안하였는데, 여기서 우생이란 좋은 출생 또는 유전적으로 훌륭함을 의미한다. 골턴의 우생학적 사고는 그가 1869년에 펴낸 『유전되는 천재』(Hereditary Genius)라는 책에서 잘 드러나는데, 여기서 그는 인명사전을 이용해 법률가 · 정치인 · 과학자 · 예술인 등 당시의 사회적 저명인사들의 가계를 추적 조사하였다. 연구 결과 골턴은 이들 저명인사들 대부분이 혈연관계로 묶여 있었음을 내세우며 유전은 비단 신체적인 특성뿐만 아니라 개인의 재능과 성격까지도 결정한다고 결론지었다. 골턴은 이러한 결론을 근거로 우수한 남녀 간의 선택적인 결혼을 몇 세대만 수행하더라도 뛰어난 능력의 인종을 얻는 것이 가능하다고 주장하기에 이른다. 골턴은 우생학을 미래세대의 인종적 형질을 의도적으로 개선하기 위한 사회적 통제 수단에 관한 연구, 또는 바람직한 혈통이 덜 바람직한 혈통에 비해 보다 신속하게 퍼져나갈 수 있게 도모하는 과학으로 정의하였다.

우생학은 유전에 대한 생물학 이론으로부터 많은 영향을 받았는데, 일반적으로 우생학자들은 유전 형질에 의해 인간의 특질이 거의 전적으로 결정된다고 믿었다. 특히 멘델 유전학의 재발견은 우생학이 급진전하는 계기가 되었다. 우생학자들은 멘델 유전학을 인간의 유전 문제에 적용하면서 비로소 우생학이 과학적인 근거를 갖추게 되었다고 믿었다. 이러한 생물학적 믿음을 기반으로 하여, 좋은 유전자와 나쁜 유전자를 구별하고 이들의 전파를 선별적으로 행하는 것이 우생학적 목표를 달성하기 위한 기본 방식이 되었다. 우생학은 미국과 유럽 각국으로 퍼져 나갔는데, 특히 미국과 독일의 경우에는 사회·정치적 이념과 결합하여 강력한 사회운동으로까지 전개되었다.

미국의 우생학 흐름을 주도한 기관은 대표적 우생학자였던 대븐포트(Charles Davenport)가 1910년에 뉴욕 주의 콜드 스프링 하버(Cold Spring Harbor)에 설립한 우생학 기록보관소(Eugenics Record Office, ERO)였다. ERO는 250여 명의 조사연구원을 고용하여 75만 건에 달하는 광범위한 데이터를 수집하였고, 이를 기반으로 미국 우생학 운동에 과학적인 근거와 풍부한 자료를 제공하였다. 또한 ERO는 우생학 연구의 수행뿐 아니라 그 결과를 대중화하는 데도 중요한 역할을 하였는데, 즉 일반대중을 상대로 폭넓은 출판활동을 펼쳤으며, ERO에서 훈련받은 많은 조사연구원들이 각계각층으로 퍼져나가 우생학의 전도사가 되었다. 이러한 대중적 기반을 바탕으로 우생학은 당시의 정치적 이슈에 부응함으로써, 우생학자들의 주의주장은 학자들의 망상 섞인 외침으로 그친 것이 아니라 강력한 파급력을 지니는 정치적·사회적 장치의 형태로 구체화되어갔다. 정치적·사회적 측면에서 우생학이 거두었던 본격적인 결실은, 우생학자·법률가인 그랜트(Madison Grant)가 그의 1916년 저작 『위대한 인종의 소멸』(The Passing of the Great Race)에서 우생학과 인종 논쟁을 의도적으로 활용하여 이민제한법을 제도화하는 데 일익을 담당했던 것에서 찾을 수 있다. 1924년에 통과된 이민제한법은 그로 인해 이민자 쿼터가 매년 95% 이상 급감할 정도로 엄청난 파급력을 보여 주었는데, 그러한 입법의 이면에는 이민자들에 대한 당시 미국 주류사회의 불안감과, 이러한 불안감을 전략적으로 파고든 우생학주의자들의 역할이 있었다.

제1차 세계대전 후 미국에서는 실업률이 급격히 증가하면서 자국민의 일자리를 보호할 필요성이 대두되었을 뿐 아니라, 유럽 각지로부터의 이민자들이 미국 내에서 앵글로 색슨의 인구 우위를 위협할지도 모른다는 사회적인 우려 역시 제기되었다. 즉, 새로운 이민자의 유입에 대하여, 미국사회의 주류를 이루던 지배계급인 앵글로 색슨계 백인 신교도(White Anglo-Saxon Protestant, WASP)들이 반발하고 있던 형국이었다. 인종적・종교적・민족적 소수집단 모두를 적대시하는 인종차별주의단체 KKK(Ku Klux Klan)에 대해 강력한 지지를 표명했던 그랜트는 무제한적 이민으로 인해 미국에서의 출생이 지니는 특권이 파괴되며 훌륭한 혈통의 사람이 지니는 지적・도덕적 특질이 훼손된다고 주장하였다. 즉, 우생학주의자들은 이민자들에게 만연한 낮은 IQ, 알코올 중독, 게으름, 탈법 성향 등이 모두 유전에서 비롯되는 특질이라고 주장했으며, 이러한 특질을 지닌 이민자들이 대량으로 유입된다면 미국인들이 지닌 양질의 특질이 파괴되는 결과를 빚게 될 것이라고 경고했다. 그랜트와 비슷한 논조로, 친우생학자로서의 대중적 명성이 높았던 라플린(Harry H. Laughlin) 역시 우생학적 인종론을 옹호하며 강제단종을 법령화하는 데 중요한 역할을 했다. 대븐포트를 계승하여 ERO 소장직을 물려받은 라플린은 동남부 유럽인은 열등인종이기에 그들의 이민을 거부해야 한다는 주장을 전개했다.[1)]

1930년대에 접어들면서 대서양 양편에서 우생학 운동은 정치적・사회적 문제로 보다 깊숙하게 파고 들어갔다. 1930년 미국 위스컨신 대학 생물학・유전학 강사로서 우생학자・저술가였던 위갬(Albert Wiggam)은 미국 자연사박물관이 개최한 유전 관련 강연에서 "문명이 세상을 우매(愚昧)하게 만들고 있다"고 개탄하였다.[2] 1930년대 통계치를 보면 당시의 서구사회가 노골적인 우생학적 기조를 취하고 있었음이 드러난다. 미국 전역의 정신병원들은 약 50만 명을 환자로 수용하고 있었는데, 이는 시골에서 인구 250명당 1명에 해당되는 수치로, 당시에 자녀를 정신박약자 수용소로 보낸 가정의 수는 자녀를 대학에 진학시킨 가정의 수의 2배에 해당한다는 의미였다. 영국의 경우에도 보수적 추정치를 반영하더라도 잉글랜드와 웨일즈 지역에서 최소한 30만 명의 정신장애자가 수용소에 수용되었던 것으로 나타나는데, 이들은 광인・간질환자・극빈자・범죄자(상습범)・실직자・빈민자・매춘부・술주정뱅이・무능력자 등 이른바 '사회적 문제 그룹'에 속하는 이들이었다. 영국과 미국의 우생학자들은 생물학적 논리를 앞세워, 빈자층은 생물학적 결함이 있으며 그러한 결함으로 인해 다른 계급과 차별되는 특유의 성향을 지닐 뿐 아니라, 이러한 성향은 그들 간의 결혼을 통해 영속화되는 경향이 있다고 주장하였다. 즉, 우생학자들은 인종적 편견에 이어 계급적 편견까지 합리화시키기에 이른 것이다.

우생학자들이 소위 열등인종의 유입에 대한 방지책으로 내세운 것이 이민의 제한이었다면, 이미 국내에 존재하는 사회적 문제 그룹에 대한 해결책으로 내세운 것은 생식의 제한, 즉 단종이었다. 예를 들어 하버드 대학의 자연인류학자(physical anthropologist) 후튼(E. A. Hooton)은 미국에서 생물학적 단종의 필요성을 역설했으며, ERO의 활동 역시 우생학적 단종에 학술적인 명분을 부여하였다. 강제불임법은 1907

년 인디애나 주에서 최초로 통과된 이래 미국 전역에 급속히 확산되어 이후 30여 년에 걸쳐 30개 주에서 강제불임이 실시되었다. 강제불임 대상의 범위도 감호소에 수감되어 있던 정신이상자 · 정신박약아 · 강간범 · 상습범죄자에서 성도착자 · 마약중독자 · 알코올중독자 · 간질병자 등으로까지 확대되었다. 대공황기의 암울하고 피폐한 사회적 · 경제적 여건 역시 단종에 대한 강력한 촉진요인으로 작용했다. 1937년 ≪포춘≫(Fortune)지의 조사에 따르면 미국인 63%가 상습범죄자는 물론 정신이상자의 강제단종을 지지하였다. 영국의 경우 1926년에 재편된 우생학협회(Eugenics Society)는 단종정책 실행을 장려하는 소책자를 2만여 부나 배포하였다. 단종 문제에 대한 생물학적 논의는 저명한 과학저널 ≪네이처≫(Nature)에서도 단골 소재로 등장했다. 소위 생물학적 정화주의자(biological housecleaner)들은 인도적 · 실용적 차원에서 단종의 이점을 주장하였으며, 이에 대한 근거로 미국 캘리포니아에서의 단종수술의 역사에 대한 고스니(Ezra Gosney)와 포피노(Paul Popenoe)의 보고서가 자주 인용되었다. 20세기 초 캘리포니아는 단종정책 실행의 선두에 서 있었는데, 예를 들어 1929년 약 6,255번의 단종수술 시행 횟수는 나머지 모든 주들에서의 수술 횟수를 합한 것과 맞먹는 것이었다.

미국과 영국에서 단종은 우생학자들에 국한되지 않은 다양한 세력의 지지를 얻었다. 이들 지지자들은 대학교수로부터 초등학교 교장, 여성단체의 회원으로부터 정신건강 활동가, 영국 보수적 여성 개혁협회(British Conservative Women's Reform Association)로부터 미국 뉴저지 여성유권자 연맹(New Jersey League of Women Voters), 민간협회로부터 1930년 어린이와 건강에 대한 백악관 컨퍼런스, 영국교회 주교로부터

뉴워크(Newerk) 감리교 협회, 영국국왕 조지 6세와 웨일즈의 왕자 주치의인 호더 경(Lord Horder)으로부터 미국 저널리스트 멩켄(H. L. Mencken)에 이르기까지 면면이 다양했다. 저널리스트이자 비평가인 멩켄은 미국 연방정부가 자발적으로 단종에 임하는 성인남자에게는 1천 달러의 격려금을 제공해주어야 한다고 제안했다. 국제적으로는, 스웨덴·덴마크·핀란드와 심지어 스위스에서도 우생학적 단종 수술이 시행되었다. 1933년에 포피노는 단종법은 전세계적으로 광범위한 규모로 시행되고 있다고 추정했다.[3)]

독일 히틀러 내각 역시 1933년에 우생학적 단종법을 공표했다. 이에 의해 독일에서도 정신박약자·정신분열증환자·간질환자·색맹·약물중독자·신체기형자를 포함한 소위 유전적 불구자들을 대상으로 단종이 시행되었다. 불과 수년 만에 독일 당국은 엄청난 수의 단종을 시행했는데, 이는 미국 측의 수치보다도 훨씬 컸다. 나치 우생학의 단종 프로그램은 단종 수술 이외에도 다양한 레퍼토리를 지니고 있었다. 독일 '인종'의 개선을 위하여 독일 정부는 생물학적으로 건강한 부부의 생식력은 독일 민족에 큰 보탬이 된다는 전제하에 소위 '대여'(loan) 정책을 실시했다. 아리아 인종[4)] 엘리트의 번식을 조성하기 위하여, 나치 친위대장 히믈러(Heinrich Himmler)는 친위대(SchutzStaffel, SS) 요원들로 하여금 인종적으로 바람직한 형질을 지닌 여성과의 관계하에 자녀를 출산하도록 했으며 휴식처인 레벤스보른(Lebensborn)를 세워 이들 여성들이 최고의 건강관리를 받을 수 있게 하였다. 유대인에 대한 히틀러의 반감이 심해짐과 함께, 나치의 인종적·우생학적 정책은 한층 강화되었다. 독일 제3제국은 우생학적 결혼법을 제정하여 정신장애자·특정질병감염자는 물론, 상이한 인종적 배경을 가진 사람들과의 결혼을 금지시켰다. 급기야 제국은 1939년에는 독일 정신병 시설에 수용되어 있던 정신장애자와 정신불구자들을 대상으로 단종을 넘어 안락사를 시행하기에 이르렀다. 독일의 우생학 운동은 인종청소와 밀접한 연관을 가지며 전개되었다.[5)]

요컨대, 미국과 독일에서의 주류 우생학(mainstream Eugenics)은 이른바 소극적 우생학(negative eugenics)에 해당하는 것이었다. 우생학은 우수한 형질을 가진 인구의 증가를 꾀하는 적극적 우생학(positive eugenics)과 열등한 형질을 지닌 인구의 증가를 방지하는 소극적 우생학으로 나뉠 수 있다. 미국과 독일에 관한 상기 사례에서 보듯, 당시의 주류 우생학은 대부분 병적인 것 또는 열등한 것으로 간주되는 형질보유자들을 강제단종・격리・안락사 등의 조치를 통해 사회에서 제거하거나 차단하는 전략을 썼다. 본장의 이후 서술에서 보듯, 이러한 주류 우생학은 학술적・윤리적으로 거센 비판에 처하게 된다.

반격: 반우생학 운동의 연대를 향하여

나치 독일 치하에서 진행되고 있던 우생학적 정책의 야만성은 반(反)우생학적 연대를 불러일으키기에 충분했다. 영국의 자유주의자들과 노동당원들, 미국의 자유주의자(civil libertarians), 사회복지사와 사회과학자들, 그리고 급진적 사상가, 페미니스트 등이 반우생학 전선에 함께 앞장섰다. 특히 종교계의 우생학 반대가 드셌다. 카톨릭의 교리에 따르면 신이 창조한 세계에서 인간의 신체적 특성이란 어디까지나 부수적인 것일 뿐 정신적 능력이 더 중요하기에, 비록 생물학적 부적합자라도 불멸의 영혼으로 가득한 신의 아들로서 존중을 받을 권리가 있다고 보았기 때문이다. 교회의 관점에서 볼 때, 자식을 생산하는 데 있어 중요한 것은 사랑과 종교적 윤리이지 부모의 신체적·지능적 완벽함은 아니라는 것이다.[6)]

인문주의 비평가들도 우생학의 야만성을 고발하는 데 동참했다. 영국의 문인 체스터턴(G. K. Chesterton)은 카톨릭으로 개종한 이래 우생학에 대한 전면적인 비판을 쏟아내었다. 체스터턴은 우생학을 군국주의, 독선적인 과학, 비천한 전문가의 횡포 등으로 묘사하면서, 우생학은 개인의 자유의 신성한 부분, 즉 성(性)의 성역에 압제를 가하는 것이라고 보았다. 법률 실무자들 역시 경찰력을 동원한 우생학의 강제 정책은 해당 주에서 피할 수 없다면 다른 주로 피해버리면 되기에 어차피 실효성이 떨어지는 우스꽝스런 법안이 될 것이라고 전망했다. 체스터턴의 인문주의적 비평이든 법률 실무자들의 실용적 비평이든 결혼과 출산에 대한 우생학적 개입은 시민적 자유에 대한 통제에 해당한다는 점에는 견해를 함께 하고 있었다. 비평가들은 주류 우생학 운동은 정치적 권리 측면에서 인간이 평등하게 태어나지 않았다는 주장을 서슴지 않는다는 점에서 우생학은 민주주의를 부정하는 것이며 일종의 카스트(caste) 체계의 확립을 도모하는 것이라고 지적했다. 아울러 자선기관·사회복지관·정신박약자기관 등에서 우생학적 정책이 가져다준 참상을 직접 목도했던 사회복지사들의 경험이 알려진 것 역시 우생학에 대한 비판적 여론에 불을 지폈다.[7)]

그러나 동시에, 반우생학 여론은 단순히 우생학의 희생자들에 대한 연민에서뿐 아니라 인류학·심리학·사회학과 같은 사회과학적 근거에 힘입어 강화되었다. ERO의 설립자인 대븐포트(Charles Davenport)의 형이며 뉴욕 이탈리아 사회복지협회(Italian Settlement Society)의 협회장이었던 윌리엄 대븐포트(William E. Davenport) 목사는 민족 그룹에 따른 행동 특질, 예를 들어 민족에 따른 폭력성 또는 알코올 중독 정도를 고찰했다. 그러나 그 결과 윌리엄 대븐포트는 그가 조사했던 이탈리아인들이 우생학자들이 내세운 생물학적 결정론과는 무관한 결과를 보여주었다고 결론지었다. 우생학에 대한 또 하나의 비판은 우생학적 조치가 저소득 그룹에 집중되어 있다는 점에서 나왔다. 카톨릭 신학자들은 그들이 우생학을 거부하는 것은 우생학이 그들의 신앙과 양립 불가능하기 때문만이 아니라, 우생학적 조치 실행 대상의 대부분이 리버풀, 런던 이스트 엔드(East End), 뉴욕, 보스턴, 필라델피아와 시카고 등 대도시의 가난한 이민자 집단에 편중되어 있기 때문이라고 주장하였다. 사회개혁가들 역시 그들의 경험에 근거하여, 하층계급에 대하여 인종적・우생학적 접근보다는 그들이 처한 사회적 여건의 향상에 초점을 맞추어야 한다고 강조했다.[8)]

우생학에 대한 이러한 외부의 전방위적인 공격에 앞서, 이미 우생학 내부적으로도 그것이 지닌 과학적 기반, 즉 유전학과 관련하여 기류 변화가 일고 있었다. 유전학은 우생학 운동 초기만 해도 우생학에 적대적이지 않았다. 오히려 우생학의 메카였던 미국 ERO의 소장 대븐포트가 미국 내 신진 유전학자의 연구를 지원함으로써 유전학과 우생학 사이에는 우호적인 관계가 수립되었다. 사회주의자인 생리학자 러브(Jacques Loeb), 보수적 민주주의자인 동물학자 콘크린(E. G. Conklin), 급진주의자인 유전학자 뮬러(Hermann J. Muller), 보수주의자인 식물유전학자 이스트(Edward M. East) 등 다양한 정치적 색채를 가진 생물학자들이 우생학 운동에 관용적인 입장을 표명했으며, 우생학 운동이 특정한 이해관계에 봉사하지 않고 과학적으로 신뢰가 있다는 전제하에 우생학을 지지했다. 그러나 라플린을 위시한 우생학자들의 우생학 저술들이 문외한의 호기심을 자극하는 데만 초점을 맞추었음이 드러나고, 우생학 연구들이 방법론과 증거의 제시와 추론의 방식에서도 빈약함을 노출하게 되면서, 우생학의 과학적 주장과 현대 유전학의 연구 성과 사이에는 점차 메울 수 없는 간격이 드러나고 있었다. 이는 자연스럽게 전문생물학자들이 우생학 비판에 동참하는 결과로 이어졌다. 동물학자 콘크린, 생화학자 및 인구동태 통계학자인 펄(Raymond Pearl), 유전학자인 캐슬(William Castle)과 모건(Thomas Morgan)은 우생학은 과학적 합법성을 결여한 채 오로지 정치적 이슈와 연계했다고 지적했다.[9)]

이와 같은, 우생학의 내부로부터의 붕괴 징조는 1920년대 말부터 점차 가시화되었다. 1929년 워싱턴의 카네기 연구소(Carnegie Institution)의 소장인 메리엄(John C. Merriam)은 위원회를 구성하여 ERO를 평가했는데, 오랫동안 우생학을 지지해왔던 메리엄이었지만 결국은 ERO를 폐쇄시켜 버렸다. 컬럼비아 대학의 모건은 우생학과 연계된 미국 육종협회(American Breeders' Association)의 직책을 사임했을 뿐 아니라, 이 협회의 저널에 실린 우생학 논문이 지닌 주장의 무모함과 신뢰성 부족을 개인 자격으로 비난하고 나섰다. 우생학에 대한 학계의 의심스러운 시각은 미국 유전학협회(American Genetics Association)의 기관지인 ≪유전학지≫(Journal of Heredity)에서도 우생학 관련 논문이 제외되기 시작한 사실에서도 나타났다. 수차례의 판을 거듭하여 출간된 『인간 발달에서의 유전과 환경』(Heredity and Environment in the Development of Man)을 통해, 콘크린은 주류 우생학의 터무니없는 주장에 의문을 제기했다. 초파리 방사선 유전학으로 명성이 자자했던 뮬러는 제3차 국제우생학 학술대회에서 주류 우생학의 주장을 비난했다. 주류 우생학의 멩켄 서클(Mencken's circle)의 일원으로 한 때 우생학을 지지했던 펄은 ≪아메리칸 머큐리≫(The American Mercury) 1927년 11월호 「우월성의 생물학」(biology of superiority)이라는 제하의 글에서, 우생학은 인종과 계급에 대한 편견으로 가득한 일부 사회학·경제학·인류학·정치학의 근거 없는 주장을 무비판적으로 뒤섞은 잡동사니를 마치 과학인양 포장한 것에 불과하며, 이러한 잡동사니를 일반대중들이 받아들이고 있는 것은 불행이라고 탄식했다.[10]

이와 같은, 주류 우생학 운동에의 비판에 앞장선 과학자들은 바로 다름 아닌 생물학자들로, 영국의 홀데인(J. B. S. Haldane), 줄리언 헉슬리(Julian Huxley), 호그벤(Lancelot Hogben), 미국의 제닝스(Herbert S. Jennings) 등이 대표적이었다. 홀데인은 유전학 교수로서 유니버시티 칼리지 런던(University College London)의 생물통계학 교수였으며 헉슬리는 런던 동물학협회의 회장이었다. 호그벤은 런던 정경대학(London School of Economics)의 사회생물학 교수였으며 제닝스는 존스 홉킨스 대학의 동물학 교수였다. 이들 모두 20세기 새로운 실험생물학의 신봉자로서, 유전학과 진화생물학 분야에 크게 기여했던 인물들이었다. 개인적 친분이 두터웠던 이들은 반우생학 흐름을 함께 이끌었다. 홀데인과 헉슬리는 영국 이튼 대학(Eton College)에서 우정을 나눈 친구였으며, 호그벤은 1922년 에딘버러 대학에서 ≪실험생물학지≫(Journal of Experimental Biology) 창간에 그들과 함께 했다. 비록 늦깎이 교수생활을 시작했지만, 제닝스는 미국을 대표하는 반우생학자였다. 대서양 양편에서 영국과 미국 생물학자들은 텍사스의 라이스 연구소(Rice Institute)에서 생물학을 가르쳤던 경험이 있었던 헉슬리를 중심으로 양국의 반우생학 공동전선의 형성에 기여하였다. 특히 양차 세계대전을 배경으로 이들 네 명은 반우생학 운동에서 두드러진 역할을 했다. 이들은 대중적 생물학자로서 생물학 이론과 생물학 분야의 진보의 사회적 중요성에 대하여 책과 잡지 기고문의 형태로 활발한 저술활동을 전개했다. 호그벤은 단호한 어조의 주장을 펼쳤고, 헉슬리는 유연한 명료함의 스타일을 보였던 반면, 제닝스는 엄격조의 직선적 스타일의 저술을, 홀데인은 위트와 더불어 강력한 논조를 보여주었다.[11)]

개혁우생학(Reform Eugenics)을 향하여

주류 우생학자들은 특정 집단이 지닌 유전적 열등함의 문제와 사회적 퇴보의 문제를 연결시키면서, 소위 우수한 집단에 열등한 인종의 집단의 인구 비율이 높아지면 훌륭한 혈통의 인종이 지닌 지적·도덕적 특질이 훼손되어 사회의 퇴보로 이어질지도 모른다는 사회적인 우려를 자극했다. 그러나 그들이 특정 열등 집단에 의해 사회의 범죄율이 상승한 결과라고 인용했던 수치들은 전체 인구 규모에 비교해볼 때 그리 주목할 만한 것은 결코 아니었다. 이외에도, 1904년 신체적 퇴행 문제의 조사를 위해 조직된 영국정부위원회가 상당수의 증인으로부터 수집한 결과를 보면, 당시에 어떠한 점진적 신체적 퇴행이 진행되고 있다는 의견은 거의 나오지 않았다.[12)]

1920년대에는 어떠한 점진적인 지적 퇴보가 진행되고 있다는 징후는 없다는 데 전문가와 비전문가들이 의견을 같이 했다. 미국의 저널리스트인 리프만(Walter Lippmann)은 1922년 ≪신공화국≫(New Republic)지의 연재물을 통해, 미국 육군 IQ 테스트 프로그램이 도출한 결론에 대해 신랄한 비판을 쏟아내었다. 위 프로그램이 제시한, 미국인의 평균적인 정신연령이 겨우 14세 수준이라는 결론은 정확한 것도 아니며 어떠한 의미를 부여할 만한 가치조차 없는 것이라고 비판하면서, 리프만은 유전적 지능의 측정이라는 개념이 지닌 근본적인 오류를 공격했다. 즉, 일련의 테스트들이 표방하는 소위 '지능'이라는 것이 신장이나 몸무게와 같이 구체적 실체를 가진 개념이 될 수 없다는 것이었다. 선천적 능력으로서의 지능의 속성에 대한 논쟁은 특히 미국에서 뜨거운 공방을 불러일으킨 것은, 사회의 주류를 차지하고 있던 WASP들과 다양한 비주류 소수 그룹들 간의 경쟁의식과 갈등 탓이 컸다. 반면 영국에는 미국과는 달리 다양한 언어와 민족 그룹이 없었으며, 미국에서와 같은 대대적인 IQ 테스트 결과 같은 것도 없었다. 미국 초·중등학교에서는 IQ 테스트가 시행되었지만, 영국에서는 지역 교육위원회의 대다수가 IQ 테스트의 도입을 금지했다.[13]

그러나 집단을 구분하는 단위가 인종이든 계층이든 간에, 어느 특정 집단이 다른 특정 집단에 비해 열등하다는 것을 전제로, 해당 열등 집단의 인구 확산을 경계하는 시각은 영국과 미국을 막론하고 팽배해 있었다. 영국의 엘리트 주류 우생학자들은 우수한 계층에 비해 열등한 계층의 출생률이 높게 나타남으로써 영국사회는 위협에 직면하게 될 것이라고 강조했다. 그리고 이민자의 나라 미국에서는 동남부 유럽으로부터 건너온 이민자들의 확산을 미국사회의 퇴행과 동일시하는 시각이 널리 퍼져 있었다. 라플린이 주장한 북유럽인 우수 인종론은 실제로 미국에서 이민제한법의 근거가 되었는데, 이 법안의 통과가 탄력을 받았던 1922년에는 우생학에 대한 과학적 반격 역시 시작되었다. 생물학자 제닝스는 편집자의 요청에 의해 잡지 ≪조사≫

(The Survey)지에 투고한 기고문, ≪사이언스≫에서 전문과학자들에게 보내는 서한, 그리고 미국 하원위원회에서의 진술 등 다양한 경로를 통해 우생학의 논리적 결함을 폭로하고 나섰다. 제닝스는, 실제로 동남부 유럽으로부터의 이민자들의 경우 다른 인종 그룹들에 비해 정신박약자 수용소와 공공무료병동에 수용되는 빈도가 확실히 더 높다는 점은 인정했다. 그러나 제닝스는 해당 이민자 그룹이 지닌 정신적·도덕적·신체적 쇠약은 해당 이민자들이 지닌 생물학적 특성보다도 그들이 처해 있는 빈곤과 무지, 그리고 영어 구사력의 취약함에서 기인하는 바가 크다고 주장하였다. 제닝스는 만약 라플린의 데이터가 신뢰할 만한 것이라면, 아일랜드 출신의 이민자들은 미국 내에서 정신박약자가 가장 많은 인종이며, 심지어는 폴란드인과 유고슬라브인들은 북유럽의 어느 국민들보다도 바람직한 민족이라는 결론 역시 가능하다고 지적하였다. 제닝스는 당시에 미국으로 유입되고 있던 이민자들의 경우에 유전적 결함과 질병의 정도가 이전 세대의 이민자들의 경우보다 더 크게 나타나고 있다고 볼만한 근거는 없다고 주장했다. 제닝스는 인종 문제와 관련하여 우생학이라는 그릇된 생물학의 기세가 등등해지고 있음에 대해 비판했다.[14)]

1930년대 접어들어서는 정신박약자 발생률 증가를 인종 문제의 관점에서 해석하는 우생학의 입장에 대한 비판이 본격화되었다. 유전학자 호그벤은 정신박약자의 엄청난 증가세가 한 세대 내에 유전적 선택으로부터 기인하기는 어렵다는 과학적 근거를 제시했다. 뿐만 아니라 호그벤은 개인적으로는 정신박약의 증가라는 현상이 과연 실재하는지에 대해서조차 의심했는데, 그는 소위 정신박약 여부를 알려주는 증거란 것은 상황에 따라 얼마든지 다르게 해석될 수 있는 여지가 있다고 보았기 때문이었다. 사회학자들은 만약 정신박약자의 증가가 있었다 하더라도 이는 인종의 특질이 퇴보한 결과라기보다는 잔인할 정도로 극심한 사회적 빈곤의 영향 때문이라고 보았다. 예를 들어 영국에서는 개인은 즉결 재판소에 소환되거나, 구빈법의 수혜를 신청하거나, 또는 정신지체 특별기관에 수용되거나 하면 정신박약으로 분류되었다. 따라서 만약 영국에서 정신박약 시설 수용자들이 증가했다고 해도, 이는 반드시 정신박약자의 증가에 의한 것이라기보다는 사회적 빈곤에 의한 것일 가능성이 크다는 주장 역시 설득력 있었다. 미국에서의 분석들 역시 정신박약자들이 증가했다고 주장할만한 근거는 사실상 없다는 점을 보여주었다. 이러한 맥락에서, 영국과 미국에서 정신박약자 관련 통계는 계급에 따라 수치가 편향되어 있다는 지적 역시 제시되었다. 유복한 가정의 정신박약자는 가정의 보호에 힘입어 정신박약자로 분류되는 것을 피할 수 있는 반면, 가족을 돌볼 여력이 없는 저소득층 가정에서의 정신박약자는 공공기관으로 수용되는 빈도가 높기 때문에, 부유층에 비해 빈곤층에서의 정신박약자의 통계치는 높게 나타날 수밖에 없다. 따라서 표면적으로 드러나는 통계치에 근거하여 빈곤과 정신박약과의 상관관계를 주장하는 것은 명백한 오류라는 것이다.

우생학이라는 이 그릇된 생물학에 대한 또 다른 반론은 인종이라는 개념 자체를 해체시킴으로써, 유전적 우열성과 인종을 연계시키는 우생학의 시도를 근본부터 공격하고 나섰다. 줄리언 헉슬리(Julian Huxley)는 생물학적 증거들이, 개별 민족은 내부적으로 균일한 특성을 보여준다는 주류 우생학의 가정을 지지하지는 않는다고 보았다. 설령 인종을 규정하는 데 있어 생물학적 유사성이 중요한 기준으로 작용한다고 가정하더라도, 인종 간의 유전적 차이가 사회적으로 모두 의미 있는 것은 아니라고 보았다. 1935년 헉슬리는 케임브리지 대학의 인류학자 해든(A. C. Haddon)과 공저로, 그랜트의 책에 대한 혹평을 담은 『우리 유럽인들: '인종 문제'에 대한 고찰』(We Europeans: A Survey of 'Racial Problems')을 출간하였다. 헉슬리와 해든은 인종이란 개념은 생물학적으로 아무 의미가 없으며, 많은 생물학적 유형의 혼합, 지속적인 이주와 근친혼의 산물일 뿐이라고 규정하였다. 따라서 헉슬리와 해든은 인종이란 개념은 철폐되어야 하며 그 대신 기술적·중립적 용어로서의 '민족 그룹'(ethnic group)이라는 단어가 사용되어야 한다고 주장했다.[15]

우생학이 지닌 과학적 근거의 취약함에 대한 다방면적인 비판은 자연히 우생학에 대한 냉담한 평가로 이어졌다. 1932년에 개최된 제3차 국제우생학 학술대회는 겨우 100명 정도의 인원을 끌어 모은 정도였으며, 우생학에 대한 도서와 논문들의 출간도 지속적으로 줄어갔다. 훗날 노벨상을 수상하는 미국의 뮬러(Hermann J. Muller)는 1935년에 "우생학은 인종적·계급적 편견의 옹호자와 교회·국가의 기득권 옹호론자, 히틀러주의자와 반동주의자들을 위한 유사과학으로 악용되고 있다"고 썼다.[16] 1930년대 중반쯤에는 주류 우생학은 결함투성이 잡동사니 과학으로 충분히 인지되었다. 1930년대 대서양을 사이에 두고 영국과 미국에서는 각각 주목할 만한 보고서를 내놓았다. 1934년 영국에서 브록(Laurence G. Brock)을 위원장으로 하여 정신박약에 대한 공동위원회(Joint Committee on Mental Deficiency)가 내놓은 보고서와 1936년 미국에서 보스톤의 정신과의사인 마이어슨(Abraham Myerson)이 이끈 미국 신경학협회(American Neurologial Association)의 보고서는 단종 정책에 우생학적 의도가 반영되어 있는지의 여부와는 별도로, 적어도 단종이 강제적으로 실행된 사례는 없었다고 언명했다. 양국의 보고서는 모두 단종 시술은 몇몇 중대한 유전적 질병에만 적용되어야 하며 자발적인 동의에 의해서만 이루어져야 한다고 주장했다. 이 두 보고서는 대서양 양쪽에서 지식인들의 광범위한 주목을 받았다. 마이어슨 보고서는 미국에서 이미 기존의 단종법에 대해 비판을 견지해 오던 반우생학주의자들을 고무시키는 데 도움을 주었다. 그러나 미국과는 달리 기존에 단종 허용 법안이 없었던 영국에서는, 브록 보고서는 유전적 질병의 경우에 자발적인 단종을 지지하는 우생학자들의 주목을 끌었다. 영국 우생학협회(Eugenics Society)는 자발적 단종을 법제화시키려고 노력했지만 이를 성공적으로 공론화시키지는 못했다. 자발적 단종에 대한 영국 내 생물학자들의 입장에도 서로 다른 온도의 차이가 있었다. 호그벤과 헉슬리는 산아제한과 낙태와 마찬가지로 자발적 단종은 일종의 사회정의의 문제라고 간주하면서 그에 대해 지지를 표명했던 반면, 홀데인은 단종은 빈자에게만 적용될 가능성이 농후하다는 점에서 경제적 차별의 소지를 지닌다고 비판하는 등 단종법에 대한 영국사회의 견해는 양분화되었다. 극작가 쇼(George Bernard Shaw)는 사회적 부적합자(the unfit)를 대상으로 한 단종을 비판하면서, 아마도 단종이 몇 세대 전에 시행되었더라면 쇼 자신은 태어나지도 못했을 것이라며 비꼬았다. 결국은 영국에서 자발적 단종을 법제화하려는 움직임은 와해되어 1939년경에는 거의 백지화되었다.[17]

반우생학 연대를 더욱 불타오르게 하고 결과적으로 우생학의 수명에 사형선고를 내린 것은 제2차 세계대전 중에 독일 점령지에서 벌어진, 우생학이 야기한 참상이었다. 종전 후 알려진 바에 따르면, 강제

수용소에서는 실험용 단종 센터가 세워졌으며 거기서 남자는 거세 절차 테스트에, 여자는 X선·주사·전기장치를 이용한 단종 방법 테스트에 필요한 생체 도구로 활용되었다. 유대인 대량학살의 현장인 아우슈비츠(Auschwitz)에 대한 보고서에 의하면, 독일은 최고의 효력을 지니는 단종 방법을 찾아내어 서유럽을 전후 1세대 만에 독일인들로 채워 넣을 야심을 지니고 있었던 것으로 나타났다. 나치 치하의 강제수용소의 참상이 낱낱이 알려진 것은 종전 이후였지만, 이미 제2차 세계대전 중과 그 이전에도 미국으로 전해진 뉴스들 중에는 독일 나치주의자들에 의해 광범위한 규모로 시행된 우생학적 단종에 대한 것이 포함되어 있었다. 독일에서 흘러나오는 이러한 정보들은 우생학적 단종에 대한 과학적·정치적·종교적 반발을 거세게 불러일으켰다. 미국에서도 단종법이 추가적으로 새로운 주에서 가결되는 것을 특히 카톨릭계가 중심이 되어 저지했다. 단종 문제에는 카톨릭 종교계뿐 아니라 정치적 좌파주의자 역시 가세하였으며, 단종 반대를 향한 연대가 대서양 양쪽에서 조성되었다. 단종법의 본고장이었던 미국에서 단종법의 시행은 1940년대를 거쳐 50년대에는 명맥이 끊어졌다. 우생학적 단종을 향한 대공세는 마침내 주류 우생학 운동을 침몰시켰다.

그럼에도 불구하고, 우생학의 근본 아이디어는 결코 사라지지 않았다. 인간의 생물학적 개량의 꿈을 포기하지 못한 소수의 열정가들에 의해 우생학은 끈질기게 그 모습을 변화해 가며 살아남았다. 그러나 이들은 그 전의 주류 우생학자들과는 여러 모로 달랐다. 이 새로운 부류에는 유니버시티 칼리지 런던(University College London)의 국립 골턴 우생학연구소(Galton Laboratory for National Eugenics) 소장 피어슨

(Karl Pearson)을 계승한 피셔(Ronald A. Fisher) 부류의 반인종차별적 보수주의자들과, 극작가 쇼(George Bernard Shaw)와 엘리스(Havelock Ellis)의 전통에 있는 급진주의자들[18]이 함께 포함되어 있었다. 뿐만 아니라 저명한 생물학자들이었던 헉슬리와 제닝스 역시 포함되어 있었으며 사상적으로는 호그벤・홀데인・뮬러 등 온건한 좌파주의자로부터 마르크스주의자까지 아우르고 있었다. 좌우의 경계를 초월한 이들의 연합이 가능했던 것은, 유전학・인류학・심리학 등의 과학의 진보를 위해서는 주류 우생학의 가설이 의존하고 있는 과학적 기반이 논파되어야 하며 새로운 우생학은 유전학의 새로운 결과와 부합되어야 한다는 데 이들이 인식을 같이 하였기 때문이었다.[19]

우생학에 대한 새로운 믿음을 표명한 새로운 세대의 우생학 리더, 미국의 우생학자 오스본(Frederick Osborn)과 영국의 정신과의사 블랙커(C. P. Blacker)가 있었다. 둘 다 주류 엘리트 우생학에 의혹을 품었던 인물들이었다. 블랙커는 주류 우생학의 편협한 유전학을 수용하지 않았다. 예를 들어, 광산사고의 희생자의 가계보를 보게 되면 광산사고가 잦은 경향은 성에 연관된 유전자의 산물이라는 어처구니없는 주장 등이었다. 오스본과 블랙커는 각각 미국과 영국의 우생학협회를 보다 새로운 방향으로 이끌어가면서 새로운 우생학의 전도사가 되었다. 블랙커는 영국 우생학의 급선무는 나치 류의 오명을 피하는 데 있다고 보았는데, 이유인즉 일차적으로 나치의 친(親)북유럽・반(反)유대적 인종 정책은 그 자체로 어리석을 뿐 아니라 미국의 경우와는 달리 영국의 우생학 부류에는 유대인을 대상으로 하는 정책이 포함되어 있기 때문이었다. 블랙커와 오스본은 유전학의 과학적 성과와 부합하는 우생학을 확립하고자 했으며, 두 사람 모두 우생학협회를 사회의 구원을 약속하는 선동의 주체로부터 유전과 건강에 관한 건전한 교육 운동의 중심으로 전환시키고자 했다. 영국과 미국에서 주류 우생학 회원들이 은퇴하게 되자 오스본과 블랙커는 대중선동적인 우생학을 버리고 대신 우생학 관련 분야의 전문성을 강화하는 방향으로 우생학의 미래를 설정했다.

1940년대에 이르러 두 사람은 상당수의 저명한 유전학자 · 의사 · 정신과의사 · 인구학자 등의 회원으로 구성된 우생학협회를 구상했다. 이러한 새로운 우생학의 전도사들은 여전히 우생학이라는 이름은 포기하지 않았지만 과거 우생학의 부정적 유산과는 결별하고 사회적 편견 역시 거부했던 이들이었다. 영국 우생학의 중심에 있었던 헉슬리는 미국 측의 우생학자들과 친분을 계속해서 유지했다. 블랙크 · 홀데인 · 오스본 · 뮬러 각각의 부류들은 비록 느슨하게 연대된 그룹이었지만 스스로를 소위 개혁우생학자(reform eugenisist)라고 불렀다. 이들의 목적은 유전지식을 이용한 인간의 개량에 있었지만, 당대의 다른 개혁가들과는 물론 종래의 주류 우생학자들과도 뚜렷한 차이점이 있었다. 개혁우생학자들과 당대의 다른 개혁가들과의 차이점은 생물학이라는 과학에의 믿음에 있었다. 개혁우생학자들은 인간의 발달에서 양육의 역할은 인정하면서도 유전의 역할 역시 작용한다는 믿음을 견지했다. 개혁우생학자들은 생물학이라는 과학은 헉슬리의 문구대로 "인간의 내재적 다양성과 불균등"을 규명하는 데 도움이 되는 도구라고 주장했다. 동시에 이는 개혁우생학자들이 주류 우생학자들과는 다른 점이기도 했다. 전통적인 우생학의 관점은 정신적 능력에서 생물학적 불평등은 존재한다는 것으로, 예를 들어 똑같은 사회경제적 계층의 사람들 중에서도 IQ 테스트의 결과는 다양한 범위의 스코어에 걸쳐 있으며 따라서 오로지 생물학적으로 타고난 능력의 차이만이 IQ의 차이를 설명해 줄 수 있다는 것이다. 그러나 개혁우생학자들은 이와는 달리 유전의 역할에 대한 규명이 쉽지 않다는 점을 인정했으며, 유전적 요인만큼이나 주거・의료관리・교육・기회의 부족이라는 요인 역시 저소득 그룹에 만연한 신체적・정신적 질병의 원인이 될 수 있다고 보았다. 즉 개혁우생학자들은 유전만으로 계층 간의 차이를 설명할 수는 없다는 점을 받아들였던 것이다. 개혁우생학자들은, 타고난 능력의 유전이라는 메커니즘을 신봉하고 인종과 계층을 동일시하는 종래의 주류 우생학자들의 입장으로부터 완전히 벗어나고자 했다. 개혁우생학의 시각에서 사회는 모든 유능한 사람들의 생식력의 공헌을 필요로 한다는 것이다. 개혁우생학자들은 '인종'에 대한 관심사는 '인구'에 대한 관심으로 대체되어야 한다고 보았다. 이는 단순히 용어상의 변화가 아니라, 개혁우생학자의 달라진 믿음을 반영하는 것이었다. 즉 우수한 생물학적 특질은 특정 집단의 전유물이 아니라 대부분의 사회적 그룹에서 발견 가능하며, 사회적 그룹에서 나타난 바람직한 변이를 더욱 더 강화함으로써 해당 그룹들이 지닌 수준을 끌어올려야 한다는 것이다.[20] 오스본이 1940년 『우생학 서언』(Preface to Eugenics)에서 쓴 다음의 대목에는, 개혁우생학이 지향하는 방향이 잘 드러나 있다.

> 개인의 특이성을 주장하는 데 있어, 우생학은 개인의 존중이라는 미국의 이상을 보완한다. 민주주의에서 우생학이 지향하는 바는 인간을 한 가지 유형으로 만들려는 것이 아니다. 그것의 지향점은 허약한 건강상태, 낮은 지능, 반사회적 성격 등의 변이는 줄이고 높은 수준의 활동에서의 변이는 증가시킴으로써 인간 변이의 평

균적인 수준을 고양시키는 데 있다.[21)]

19세기 말~20세기 초반 미국과 유럽에서 생물학의 어느 분야도 우생학만큼 당대의 이슈거리가 된 것은 없었다. 우생학은 생물학적 유전에 의해 신체적 특성뿐 아니라 개인의 재능과 성격 역시 결정된다는 주장을 근거로 인류를 유전학적으로 개량할 것을 목적으로 하는 학문으로, 대체로 유전학과 연관되어 과학적인 근거를 갖게 되었다. 이러한 생물학적 믿음을 기반으로 좋은 유전자와 나쁜 유전자를 구별하고 이들의 전파를 선별적으로 행하는 것이 우생학적 목표를 달성하기 위한 기본 방식이 되었다. 비록 과학의 표피를 둘렀으나, 주류 우생학은 사회적・정치적 편견에 의거하여 생물학, 구체적으로 유전학의 본질을 왜곡한 유사과학이자, 대중과학이 지닌 어두운 면모를 드러내었다. 대서양 양편에서 전개된 우생학에 관여한 미국과 영국의 사회 내 각계각층의 엘리트층 지식인들은, 그들이 전문생물학자이건 아니건 간에, 과학적 지식을 특정한 사회적・정치적 이념을 사회와 대중에게 전파하는 데 활용하는 도구적 과학 대중화의 절정을 보여주었을 뿐 아니라, 그러한 대중화 과정에서 사회적・정치적 편견이나 목적의식에 맞추어 과학의 본질을 왜곡하는 결과를 낳음으로써, 도구적 과학 대중화가 야기할 수 있는 부정적 영향의 전형을 보여주었다.

나가면서

우생학의 대중 전파는 생물학 이론, 구체적으로 유전학 이론이 사회·정치적 이념과 결합하여 커다란 사회적 조류이자 사회 전체를 대상으로 한 운동으로 전개되었다는 점에서, 도구적 대중화의 사례로 분류할 수 있을 것이다. 아울러 우생학 운동의 주체들의 면면과 그 운동에서 대중들의 역할을 볼 때 우생학 운동은 계몽적 대중화의 사례에 가깝다. 따라서 우생학 운동 과정에서 생물학의 대중화는 전체적으로는 도구적-계몽적 대중화에 해당한다고 볼 수 있다.

본서 2장에서 언급했듯이, 도구적 대중화는 양날의 검과도 같은 과학 대중화 방식이라고 할 수 있다. 즉, 단기적으로는 과학 분야나 이론이 대중과 사회 속에 뿌리 내리고 사회적 영향력을 확보하는 데 기여할 수는 있으나, 그 과학 분야나 이론을 도구로 사용하는 과학 외적인 요인의 성격에 따라 해당 과학이론이 엉뚱한 방향으로 악용될 위험을 수반한다. 뿐만 아니라, 그러한 과학 외적인 요인의 폐해가 클 경우, 그에 대한 비난은 거기에 연루된 과학 분야나 이론에까지 전이될 수 있다. 오늘날 유전학에 대한 비판과 우려의 상당 부분은 우생학의 악몽에 바탕을 두고 있다고 해도 틀린 말은 아니다. 우생학 사례는 도구적 과학 대중화에 내재된, 과학 분야나 이론의 오용 가능성에 대한 가장 극적이고 설득력 있는 사례의 하나라고 할 수 있다.

이러한 오용의 가능성에 대한 경각심과 더불어, 우생학의 진행 과정이 과학 대중화에 던지는 또 하나의 화두는, 전문과학자들이 보다 적극적으로 과학 대중화의 일선에 나서야 할 당위성이다. 우생학이 도태된 것은 한편으로는 그것이 정치적으로 올바르지 못했기 때문이며,

우생학적 사고에 기반한 독일 나치의 유대인 대학살이 대중에게나 우생학자들에게나 경악을 안겨주었기 때문이다. 하지만 다른 한편으로는, 우생학이 지닌 과학적 증거 자체가 지닌 부실함이 여러 생물학자들에 의해 밝혀짐으로써 1930년대에는 이미 우생학이 유력한 생물학 이론으로서의 위력을 상실해 간 것 역시 우생학의 퇴조에 크게 작용했다. 즉, 우생학의 퇴조에는 생물학자들의 자체적인 정화 작용이 크게 기여했다고 볼 수 있는데, 이는 사회적 · 정치적 편견이나 목적의식에 바탕을 두고 과학의 본질을 왜곡하는 시도에 대해, 과학적 엄밀성과 윤리성을 갖춘 전문과학자의 연구가 방부제 역할을 할 수 있음을 보여준다. 물론 전문과학자들이 과학 대중화의 일선에 나서는 정도가 강할수록, 전문과학자들 스스로가 자신의 분야와 이론을 사회적 이념의 달성이나 스스로의 영달을 위해 왜곡하는 경우 역시 증가할 수 있을 것이다. 그러나 그러한 왜곡은 전문과학자가 아니라 특정한 사회적/정치적 이념을 지닌 비전문과학자들에 의해서도 가능하며, 그러한 경우 전문과학자들은 비전문과학자들의 왜곡된 과학 대중화에 맞설 수 있는 거의 유일한 존재라는 점에서, 전문과학자들이 과학 대중화에 보다 적극적일 필요는 여전하다. 즉, 전문과학자에 의한 도구적 과학 대중화의 활성화는 왜곡된 과학 대중화의 가능성과 그에 대한 교정의 가능성을 함께 높여주는 데 반해, 전문과학자가 배제된 도구적 과학 대중화의 활성화는 왜곡된 과학 대중화에 대한 교정수단 없이 그러한 왜곡의 가능성만 높여줄 수 있다. 따라서 우생학 사례는 도구적 대중화에 내재된 위험에 대한 강력한 역사적 사례인 동시에, 한편으로는 그러한 위험을 경감시키기 위한 차원에서라도 과학의 대중화에서 전문과학자가 중심이 되어야 할 당위성을 암시하는 사례라고 할 수 있다.

1) Hamilton Cravens, *The Triumph of Evolution: The Heredity-Environment Controversy, 1900-1941* (Baltimore: Johns Hopkins Univ. Press, 1988), 176-177.

2) *The New York Times* (March 22, 1930), 22.

3) H. L. Mencken, "Utopia by Sterilization," *American Mercury* 41 (1937), 406; Daniel J. Kevles, *In the Name of Eugenics: Genetics and the Uses of Human Heredity* (New York: Knopf, 1985), 113-115.

4) 나치 독일은 독일 민족을 아리아 민족으로 부르면서 세계 최고의 민족으로 치켜세우고 신비화했다. 18세기 말에 인도어와 유럽어와의 연관성이 제시되면서 인도-유럽 어족이라는 관념이 생겼는데, 얼마 안 가 유럽인들은 이 언어계통에 속하는 사람들을 인도-유럽 '인종'으로 분류하기 시작했다. 19세기 초에는 이 인도-유럽 인종은 헤로도토스의 책에 등장하는 '아리아'라는 이름을 본 따 아리아 인종, 또는 아리아 민족으로 불렀다. 독일인들은 유대인인 셈족보다 훨씬 우월한 아리아 인종이 지닌 최고의 유전형질이 남아 있는 민족이 바로 튜톤(독일) 민족이라고 생각했다. 유대인 학살의 명분은 바로 유대인과의 혼혈로부터 아리아 민족의 순수한 혈통을 보존한다는 것이었다.

5) George I. Mosse, *Toward the Final Solution: A History of European Racism* (Howard Fertig, 1978), 219; Kevles, 1985, op. cit., 117.

6) Samuel J. Holmes, *The Eugenic Predicament* (Harcourt, Brace, 1933), 122; Thomas J. Gerrard, Rev., *The Church and Eugenics* (Orchard House, Westminster: P. S. King & Son, LTD, 1917), 19-20.

7) G. K. Chesterton, *Eugenics and Other Evils* (new York: Cassell and Company, Ltd, 1922), 76-77, 151-152.

8) Kevles, 1985, op. cit., 120-121.

9) Cravens, op. cit., 177-178.

10) Raymond Pearl, "The Biology of Superiority," *American Mercury* 12 (Nov. 1927), 260; Cravens, op. cit., 179-180.

11) Kevles, 1985, op. cit., 122-123.

12) William M. Gemmill, "Genius and Eugenics," *Journal of Criminal Law and Criminology* 6 (1915), 83-84.

13) Walter Lippermann, "The Mental Age of Americans," *New Republic*, 32 (Oct 25, 1922), 213-215; idem, "Tests of Hereditary Intelligence," *New Republic*, 32 (Nov. 22, 1922),

328-330; idem, "A Future for the Tests," *New Republic*, 33 (Nov. 29, 1922), 9-11; Gillian Sutherland, "Measuring Intelligence: English Local Education Authorities and Mental Testing, 1919-1939," in Charles Webster, ed., *Biology, Medicine, and Society, 1840-1940* (Cambridge: Cambridge Univ. Press, 1981), 325-327.

14) Kevles, 1985, op. cit., 131-132.

15) Julian Huxley and A. C. Haddon, *We Europeans: A Survey of 'Racial' Problems* (Jonathan Cape, 1935), 18, 103-104, 261-263.

16) H. J. Muller, *Out of Night: A Biologist's View of the Future* (Vanguard Press, 1935), ix-x.

17) Kevles, 1985, op. cit., 164-168.

18) 엘리스(Havelock Ellis)는 영국 의사・저술가・사회개혁가로서 동성애(homosexuality)에 대한 의학 교과서로 유명하다. 골턴 연구소의 회장이었으며 다수의 우생학 저술을 내놓았다.

19) Kevles, 1985 op. cit., 169-170.

20) Ibid., 170-173.

21) Frederick Osborn, *Preface to Eugenics* (Harper & Brothers, rev. ed., 1951), 296-297.

09 20세기 서구 좌파과학의 무기로서의 대중생물학

들어가면서

1914년 제1차 세계대전 발발, 1918년 독일 바이마르 공화국의 성립, 1929년 미국 대공황 엄습, 1920년대 소련의 공산주의 체제 등장, 1920년대 영국 노동당 내각의 등장 등의 정치·경제·사회적 격변은 과학자 사회에도 첨예한 영향을 미쳤다. 예를 들어, 사회주의적 이데올로기와 세계관을 추구하는 독일 사회민주당(Sozialdemokratische Partei Deutschlands), 영국 노동당과 소련 공산당 등의 출현은 서구사회에서 급진적 생물학(radical biology)의 출현을 가능하게 했다. 독일 바이마르 공화국 시기 활동했던 예나 대학(Friedrich-Schiller-Universität Jena)의 발생학자 샤셀(Julius Schaxel)은 프롤레타리아 노동자들이 자연과 사회에서의 자신들의 지위를 인지하는 도구로서 '사회주의자 과학'(socialist science)의 개념을 제시함으로써 노동운동 문화 속으로 파고들었다. 샤셀의 급진적 사회주의자 과학은 ≪우라니아≫(Urania)지에 고스란히 투영되었다. ≪우라니아≫는 마르크스주의 관점에서 자연과학 지식의 계몽을 목적으로 노동자 계급에 라이프스타일 개혁과 자본주의 사회에 맞선 계급투쟁을 위한 지식을 전파하는 데 앞장선 대중과학지였다.

1930년대 미국에서도 유전학자 뮬러(Hermann J. Muller)는 동료 과학자들을 대상으로 미국 자본주의 체제를 비판하고 소련의 공산주의 이데올로기를 옹호했던 논객이기도 했다. 뮬러는 유전학을 도구 삼아 공산주의 유토피아 사회로의 이행의 가능성을 확신했던 급진사상의 생물학자였다. 또 다른 부류의 급진적 생물학자는 제1차 세계대전 직후 산업사회의 위기가 고조되고 서구 열강의 패권경쟁이 심화되었던 영국에서 나왔다. 20세기 초 생물학의 전문화가 심화되어감에 따라 전문과학자들이 과학 대중화를 기피하는 경향을 보였던 와중에서도, 좌파과학자들은 과학적 사회주의자 이데올로기와 문화 확산을 향한 열정을 보여주었다. 진화론자・유전학자 홀데인(J. B. S. Haldane)과 호그벤(Lancelot Hogben)은 각각 계급 간 투쟁에 필요한 과학 마인드로 무장된 과학적 전사(warrior)와 과학적 시민(citizen)으로서의 노동자상(像)을 강조했다.

독일 바이마르 공화국, 샥셀, 그리고 '사회주의자 과학'의 대중화

러시아에서의 사회・공산주의 혁명의 여파는 유럽 전역에 미쳤다. 1919년에 수립된 독일 바이마르 공화국은 사회민주주의(Social Democracy) 이념을 실현하고자 했던 정치적 실험체였다. 처음부터 바이마르 공화국은 혼란이 지속되었다. 제1차 세계대전 직후 심각한 인플레이션, 경제수준의 하락, 빈부격차와 불평등 해소를 향한 개혁의 바람이 불면서 독일 사회민주당이 급부상했으며 새로운 공화국의 가장 강력한 옹호자가 되었다. 바이마르 공화국의 체질 개선을 위하여 도처에서 사회주의자 문화운동이 일어났다. 일찍이 교육의 가치를 높이 평가해왔던 사회주의자들은 자체적으로 도서관·학교·서점·출판사 등을 통해 문화활동을 전개했다. 조직노동자들, 그리고 이들과 연계한 동맹자들은 부르주아 세력에 대항하기 위하여 사회민주당과 노동조합과의 연합하에 문화조직의 네트워크를 활용했다. 이들 노동자 계급 조직체들은 주기적으로 과학을 접하며, 대안의학을 실천하거나, 자유사상을 전파하거나 하이킹을 했다.

바이마르 공화국의 사회주의자 연합세력은 친과학적이었을 뿐 아니라, 과학을 중요한 문화활동의 하나로 간주했다. 사회주의자들은 과학이 부르주아와의 문화전쟁에 있어 중요한 무기라고 보았으며, 따라서 이전 세대의 노동운동이 과학에 대해 적대감이나 무관심으로 일관했던 것에 대해 비판적이었다. 사회주의자들 관점에서, 조직노동자(組織勞動者)들은 부르주아 계층으로부터 기인한 과학지식을 적절히 활용함으로써 사회주의자 문화 형성에 기여할 수 있는 인적 자원이었으며, 과학자들이 조직노동자들에게 과학적 도움을 줄 수 있다고 확신했다. 예를 들어 발생학자 샥셀은 프롤레타리아 노동자 문화의 일부로서의 '사회주의자 과학'을 고양하기 위해서는 과학자들이 부르주아 전통의 과학의 지식체계를 거부하는 대신 오히려 그것을 적절히 이용하여 조직노동자들이 자연과 사회에 대한 진실을 전파할 능력을 갖출 수 있도록 지적 계몽을 해야 한다고 강조했다.[1)]

헤켈의 제자로 예나 대학의 발생학자였던 샥셀은 노동자를 대상으로 '사회주의자 과학' 이데올로기 고양을 위한 문화활동을 주도했던 급진적 사회민주주의자(social democrat)였다.[2] 샥셀은 한때 봉건제에 맞서 투쟁하면서 과학을 도구화했던 부르주아들이 이제는 신비주의와 비합리주의에 사로잡혀 진실을 외면하고 있다고 비판했다. 그 결과, 기존 과학, 소위 '부르주아 과학'은 더 이상 자연과 사회의 실재를 정확하게 인식하지 못하고 있다는 것이다. 이에 대한 대안으로 샥셀은 유물론적 과학에 바탕을 둔 '사회주의자 과학'을 제안했다. 즉, 샥셀은 사회주의자 미래를 건설할 유일한 세력은 프롤레타리아 노동자이며, 노동자 계급은 부르주아 과학 전통에 대한 비판적 지식을 바탕으로 부르주아 사회에 저항하기 위한 투쟁의 무기인 '사회주의자 과학'의 역량을 갖추어야 한다고 보았다. 샥셀은 프롤레타리아 노동자들이 자연과 사회에서의 자신들의 실재를 인식하고 변화시키는 데 도움을 줄 수 있는 투쟁의 지식(fighting knowledge)을 그의 책 『미래의 인간』(Menschen der Zukunft, People of the Future)에 담아냈다. 이 책은 헤켈 · 마르크스 · 엥겔스 · 룩셈부르크(Rosa Luxemburg) · 베벨(August Bebel) 등의 많은 급진 사상가들을 인용하여, 헤켈의 『창조의 자연사』에 대한 마르크스주의 버전의 유물론적 문답서였다.

사회주의자 과학을 향한 좌파과학자들의 목소리는 ≪우라니아≫를 통해 파악할 수 있다. 예나(Jena)에서 우라니아 자유교육협회(Urania Free Education Institute)에 의해 1924년에 창간된 ≪우라니아≫는 제1차 세계대전 독일의 패배로 나타난 정치적 위기의 산물이었다. 예나 대학은 동물학자 헤켈이 제1차 세계대전 이전 반세기에 걸쳐 독일 다윈주의의 요새로 만들었던 본거지였다. 예나의 경제에서 고급 현미경과 천체투영관을 생산하던 자이스 광학(Carl Zeiss Optical)과 정밀공학업체들이 차지하는 비중은 컸는데, 이들 업체들은 노동자의 과학교육을 도모하기도 했다. 예나는 독일 중부 튀링겐주(Thuringia)의 대학도시로서 사회민주주의자들이 밀집해 있었으며 문화활동이 활발한 곳이었다. 예나, 그리고 이웃의 작센주(Saxony)는 급진주의자들의 보루였으며, 부르주아 사회에 대한 계급투쟁 성향과 문화적 적대감이 팽배한 지역이었다. ≪우라니아≫의 논조는 마르크스주의의 급진사상의 관점에서, 대중을 상대로 한 자연과학 지식의 전파를 통해 사회주의 사회로의 이행의 필연성을 강조했다.

≪우라니아≫ 잡지 기고자들은 샥셀 이외에도 노동운동과 연계된 다양한 지식인들을 포함하고 있었다. 예를 들어, 생물학자 카머러(Paul Kammerer), 헤켈의 전기작가인 슈미트(Heinrich Schmidt)와 통계학자 굼벨(Emil J. Gumbel)과 같은 좌파과학자들, 배게(Max H. Baege)와 하르트비히(Theodor Hartwig)와 같은 자유사상가들, 성 개혁가인 호단(Max Hodann) 등의 진보적 의사들, 지엠젠(Anna Siemsen)과 같은 사회민주당 좌파 교육사상가 · 교육자들, 드레슬러(Hermann Drechsler) 등 과학저술가들, 그리고 사회민주주의 교육문화 조직체의 상당수의 저명인물 등이 있었다. 주독자층은 여가 시간에 과학지식을 함양하고자 하는 조직노동자들과 노동자 교육자들이었으며, 특히 사회주의자 하이킹 클럽 '자연의 친구들'(Friends of Nature) 조직과 프롤레타리아 자유사상가 그룹의 멤버들이었다. 1895년 비엔나에서 세워졌던 '자연의 친구들'은 산업노동자들의 야외 활동을 목적으로 한 사회주의자 하이킹 클럽이었다. 84,000명의 회원을 지녔던 '자연의 친구들' 조직에는 숙련기술노동자 · 금속노동자 · 인쇄노동자 · 사무노동자 등이 가입해 있었으며 여성도 참여했다. 스스로 지적 엘리트 노동자라고

생각한 이들은 강연 참여와 잡지·도서를 구매함으로써 자연과학의 중요한 소비층이 되기도 했다. ≪우라니아≫의 또 다른 주요 독자층으로는 사회민주당의 청년사회주의자(Socialist Workers' Youth) 세력이 있었다. 출간 첫 호에 약 25,000부의 해외구독을 달성한 ≪우라니아≫의 성공은 전적으로 위와 같은 사회주의자 노동자 계층의 지지에 힘입은 것이었다. ≪우라니아≫는 '자연의 친구들'과 여타 문화 조직체로부터 인력을 채용하여 ≪우라니아≫에 대한 홍보와 배포를 담당하게 했다.[3)]

샤셀 역시 ≪우라니아≫의 지면을 통해 유물론적 과학, 그리고 사회주의자 과학에 대한 이해를 노동자들에게 전파하는 데 노력을 기울였다. 이러한 기사들은 그의 전공이었던 발생학과 생물학 분야에서의 최신 발견을, 인간사회의 변혁과 사회주의 체제의 필연성을 지지하는 데 활용하는 형태를 띠었다. 예를 들어 그는 멕시코 도롱뇽 액솔로틀(axolotl)의 신체 재생 능력에 대한 실험연구를 소개하면서, 액솔로틀이 잃어버린 신체 일부를 재생하는 과정은 단순히 원상태로의 복구가 아니라, 남아있는 신체 부분의 상태와 연관되어 재생부분의 구조(형태)가 결정된다는 점을 강조했다. 이는 생물의 신체부분은 미리 결정된 방식대로 형성되는 것이 아니라 유연하게 변화 가능하듯이, 인간 역시 주변상황을 통제함에 따라 생명을 통제할 수 있다는 주장을 뒷받침하는 데 사용되었다. ≪우라니아≫에서 자주 소개된 바 있는, 개구리 종의 개체발생과 계통발생에 대한 관찰 시리즈물은, 단순세포로부터 올챙이를 거쳐 4개의 다리를 가진 개구리로의 변이하는 과정을 사회가 사회주의로 체제로 이행하는 필연성을 암시하는 것으로 강조되었다. 또 다른 예는 성경 이야기를 진화론적 관점으로 재해석한 기사였다. 이는 생존경쟁을 통해 인류가 진화해 온 것처럼 인류사회는 계급투쟁을 통해 사회주의 체제로 이행한다는 주장을 담고 있었다.[4]

그러나 ≪우라니아≫에 투영된 사회주의자 과학 이데올로기가 발생학과 진화론의 생물학적 이론의 차용을 통한 사회주의 체제의 필연성 주장으로만 나타난 것은 아니었다. ≪우라니아≫는 과학의 광범위한 주제들을 다루었으며, 특히 과학이 개인의 삶에 미치는 라이프스타일 개혁과 계급투쟁 간의 관계를 조명했다. 예를 들어, ≪우라니아≫는 자연과학 그중에서도 생물학과 의학을 통해 인체 내 다양한 과정에 대한 정보와 인간의 정신건강 그리고 개인의 삶에 도움이 되는 과학지식을 응용하는 라이프스타일을 전파하였다. 채식주의·자연예찬·대안의학 등은 사회주의자 노동자들에게 친과학적 라이프스타일로 보급되었다. 예를 들어 ≪우라니아≫의 부록인 ≪인체≫(The Body)는 건강한 삶과 신체의 운동을 다루었으며 과학적 라이프스타일이 진정한 자유인의 형성에 도움이 되는 것을 목적으로 했다. ≪우라니아≫가 전파한 친과학적 라이프스타일의 목적은 독자들로 하여금 단지 미신으로부터 벗어나게 하는 것만이 아니었다. 사회주의자 과학이 추구한 노동자상이란 부르주아의 삶을 거부하며 동료 프롤레타리아와 더불어 건강한 삶을 살아가는 책임 있는 투쟁가였다. 사회주의자 과학의 이데올로기는 ≪우라니아≫의 부록인 ≪하이킹≫(Social Hiking)에서도 드러났다. 하이킹은 낭만주의적 자연으로의 회귀가 아니라 계급투쟁의 목적을 향한 과학적 수단이었다. 하이킹을 통해 건강한 신체적 능력과 단단한 정신적 무장을 갖춘 노동자들은 사회주의적 안목으로 세상을 바라보는 관점을 함양하게 된다는 것이었다.[5] 노동운동과 자유사상 문화운동의 현장에 다가가기 위한 다양한 시도를 통해 ≪우라니아≫는 노동자·사회주의자들에게 자연과 사회에 대한 지식을 원활하게 전파하는 기관지로서의 역할을 수행했다.

소련 공산주의 체제와 미국 좌파생물학

1917년 러시아 볼셰비키 혁명의 결과로 태동한 소련 공산주의 체제는 미국 지식인의 사고에도 큰 영향을 미쳤다. 1930년대 미국 대공황이 야기한 경제 추락 속에서, 소련의 계획주의 경제체제는 위대한 실험으로 비추어졌다. 소련의 계획경제를 바라본 영국의 사회주의자 웹 부부(Beatrice and Sidney Webbs)는 소련의 경제시스템은 대량실업과 만성적 혼란을 제거할 뿐 아니라 인간에 유익한 과학의 응용을 통해 국부와 개인 복지의 증가를 가능하게 한다고 보았다. 뿐만 아니라 1930년대 과학기술에 기반한 소련의 산업화에 미국 공학자들이 중요한 역할을 했다. 예를 들어 포드(Ford) 자동차사의 공학자들이 스탈린이 주도한 소련자동차 산업 발흥에 상당히 깊게 관여했다. 물론 이들 미국 공학자들이 사회주의자로 전향한 것은 아니었다.[6]

1930년대 소련 과학계에 대한 우호적인 지지는 미국 생물학계에서 나왔다. 존스 홉킨스 의과대학의 간트(W. Horsley Gantt)는 파블로프 생리학연구소(Pavlov Institute of Physiology)에서 5년간의 활동을 마치고 귀국한 후 소련 과학에 대해 상세한 비평을 내놓았다. 간트는 우수한 연구소들이 설립되고 새로운 연구 분야와 과학연구자들이 증가하는 등 레닌 정권의 친과학적 정책이 거둔 성과를 증언하였다. 간트는 소련에서 정부의 안정적인 재정 지원에 힘입어 공산주의 체제 철학의 구현에 기여할 과학연구들이 진행 중이라고 전했다. 실제로 신생 공산주의 공화국 소련에서 과학기술의 중요성은 교리화되었으며 하나의 믿음체계로 자리 잡았다. 마르크스·엥겔스·레닌·트로츠키·스탈린 등은 변증법적 유물론을 과학적 인식론으로 받아들였으며, 과학기술을 사회진보의 하부구조의 주요 요소라고 강조한 바 있었다. 소련의 지도자들은 과학과 기술은 경제적 풍요와 인간의 잠재능력의 구현을 가능케 해주는 열쇠라고 보았다. 즉, 소련의 경제는 과학기술의 기반 위에서 성취될 수 있다는 것이다.[7)]

소련에서 과학기술에 대한 체제 차원에서의 중시는, 이이러니하게도 과학자들에 대한 통제로 이어졌다. 1929년 스탈린은 과학자들에 대한 사상 검증을 강화했다. 스탈린 치하에서 과학아카데미(Academy of Science)는 개편을 거쳐 공산당의 통제하에 위치하게 되었다. 과학아카데미에 대한 스탈린의 단속은 미국 과학매체에서 소련 과학에 대한 논란을 유발했다. 1927년 소련을 방문한 바 있던 콜로라도 대학의 동물학자 코커럴(T. D. A. Cockerell)은 소련에서의 대량생산 방법과 현대 기계농에 기반한 농업의 사회화야말로 수백만 명의 식량문제를 해결하는 방식이라고 평한 바 있었으며, 소련 체제에서의 과학과 교육에 대해 강렬한 인상을 받았던 인물이었다. 심지어는 그는 과학자들에게는 사회주의보다 자본주의를 딱히 더 선호할 이유는 없다고까지 말한 바 있었다. 그러나 이처럼 사회주의에 대해서도 개방적이었던 코커럴이었지만, 과학은 연구의 자유를 누리고 연구결과를 표명할 수 있는 곳에서만 번성할 수 있다는 점을 들어 과학에 대한 소련정부의 교조주의적 간섭을 비난했다.[8)]

1931년에 런던에서 개최된 국제 과학기술사 학술대회(International

Congress on the History of Science and Technology)는 소련 과학에 대한 서구 과학계의 복합적인 반응으로 장식되었다. 이 학술대회를 통해 드러난 소련 과학의 특성에 대하여 일군의 미국 과학자들은 냉담한 반응을 보였다. 예를 들어, 수학사에 대해 발표했던 미국 컬럼비아 대학 수학자인 스미스(David Eugene Smith)는 소련으로부터의 발표 논문들 자체에 대해서는 우호적으로 평가했지만, 이러한 논문들이 소련의 사회주의 선동에 기여한다는 점에 대해서는 불편해했다. 또한, 공산주의 체제와 과학의 관계에 대해 평가했던 철학자 긴즈버그(Benjamin Ginzburg)는 소련 과학의 드라마틱한 성장, 그리고 사회적 병폐의 개선에 대한 기여에 갈채를 보내면서도, 변증법적 유물론에 기반한 공산주의 교리에 끼워 맞춘 소련식 스타일의 과학은 과학이라기보다는 선언에 가까운 허구에 불과하다고 덧붙였다.[9)]

한편, 런던 학술대회에서 드러난 소련 과학의 존재감은 일부 과학자들에게 영향을 미쳤다. 세계적 명성의 유전학자였던 영국의 줄리언 헉슬리(Julian Huxley) 역시 그중 하나였다. 학술대회를 계기로 이후에 소련을 방문했던 헉슬리는 소련 정부의 강력한 계획적 집단주의(planned collectivism) 아래 시베리아 황량한 대초원 위에 도시들이 속속 건설되는 모습에 놀라워했다. 헉슬리는 과학이야말로 소련 계획경제의 동력이라면서, 스탈린 체제하의 소련 과학에 대해 우호적인 평가를 내렸다.[10)]

소련 과학에 우호적인 관심을 표한 것은 헉슬리만은 아니었다. 미국 텍사스 대학의 유전학자로 훗날 초파리 돌연변이 연구를 인정받아 노벨상을 수상한 1류 과학자였던 뮬러(Hermann J. Muller) 역시 그러했다. 고등학교 학창시절부터 사회주의에 경도되었던 뮬러는 컬럼비아 대학 시절 대학연합 사회주의자 협회(Intercollegiate Socialist Society)의 일원이 되었다. 1914년 컬럼비아 대학의 모건(Thomas Morgan)의 지도 아래 대학원 과정을 마친 뮬러는 라이스 연구소(Rice Institute)의 생물학 교수로 합류했는데, 당시 이 연구소의 소장은 바로 헉슬리였다. 뮬러는 순수과학을 자연과 인간의 문제에 대한 근본적인 응용과 통제를 가할 수 있는 수단으로 보았으며, 그런 응용 단계로의 도달은 과학의 대중적 지지를 필요로 한다고 믿었다. 따라서 뮬러는 과학의 정신을 대중에게 전파하는 적극적인 활동으로서 과학 대중화가 지니는 중요성을 강조했다.[11] 뮬러는 소련을 처음으로 방문한 것은 1922년이었는데, 이때 소련 응용생물학연구소(Institute of Applied Biology)의 소장인 바빌로프(N. I. Vavilov)를 만났다. 소련 유전학의 질적 수준에 깊은 인상을 받은 소련에 초파리 사육법을 전수함으로써 소련에서 모건류(類)의 고전 유전학 연구프로그램이 안착되는 데 기여했다. 뮬러 이외에도 소련 유전학의 발달에 관심을 지녔던 미국 유전학자들은 소련 학계와의 교류에 나섰다. 컬럼비아 대학의 유전학자 던(Leslie C. Dunn)은 미국 록펠러 재단의 후원으로 모스크바 실험생물학연구소(Institute of Experimental Biology)를 방문했을 때, 유전학자 세레브로프스키(Serebrovskii)와 과학과 정치에 대해 논했다. 세레브로프스키는 확고한 사회주의자였다.

1930년대에 들어 뮬러의 정치적 급진화와 친소련 경향은 한층 가속화되었다. 공산주의 사상에 공감했던 뮬러는 소련과 관련된 모든 것에 애정을 과시했으며, 1932년경에는 미국 텍사스에서 공산주의자로 활동했다. 1932년 구겐하임 재단(Guggenheim Fellowship)의 후원과 바빌로프(당시에는 소련 농림부 장관의 지위에 있었다)의 초청으로 소련을 다시 방문한 뮬러는 여정 내내 엥겔스의 『유물론과 경험비판론』(Materialism and Empirio-Criticism)을 탐독했다. 바빌로프는 뮬러에게 레닌그라드에 있는 응용식물학연구소(Institute of Applied Botany) 소장직을 제안하는 등 환대를 폈다. 소련 도처의 실험연구소들을 방문하면서, 뮬러는 소련이야말로 인간유전학(human genetics)에 대한 진보적인 정책을 펼 수 있는 잠재력을 가진 체제라고 찬사를 보냈다. 미국을 떠나 소련에 체류하게 되면서 뮬러는 레닌그라드와 모스크바 등의 유전학연구소에서 방사선유전학(radiation genetics), 의료유전학(medical genetics)을 포함하여 유전학 전반에 대한 연구체계를 조직화했다. 이는 유전학이 뮬러의 전문분야기기 때문이기도 했지만, 한편으로는 뮬러는 유전학은 인간의 본질적인 특성에 관한 과학이기 때문에 사회체제를 전복시킬 잠재력을 지닌 것으로 보았기 때문이었다.[12]

1934년에 뮬러는 그가 심혈을 기울여 쓴 <유전학과 레닌의 독트린>(Lenin's Doctrine in Relation to Genetics)이라는 논문에서, 소련의 리센코(Trofim Lysenko)와 그의 추종자들이 주장했던 당대 라마르크주의 유전학을 비난하고 나섰다. 당시 소련에서는 과학계와 정치권에 대한 리센코의 영향력이 짙어지면서, 유전적 요소를 강조하는 고전 유전학자와 리센코 유전학자 간의 갈등이 고조되고 있던 시기였다. 리센코 유전학이 각광받은 이유 중의 하나는 그의 춘화처리법(vernalization, 春化處理法)에 있었다. 춘화처리법이란 통상적으로 가을에 파종하는 밀의 종자를 습도와 저온을 이용하여 봄에 파종하여 재배하는 방식으로, 리센코는 그의 춘화처리법이 완성된다면 소련의 가혹한 겨울 기후에 밀이 얼어죽는 사태를 예방하여 밀 생산량을 획기적으로 증대시킬 수 있음을 약속했다. 리센코의 춘화처리법은 유전적 결정요인보다도 환경요인의 중요성을 강조한다는 점에서, 마르크스주의자들의 유물론적 역사 해석과 이념적으로도 일치하는 것으로 받아들여졌다. 게다가 리센코에 대한 소련 정부의 강력한 지지는 리센코 유전학에 대한 비판을 더욱 어렵게 했다. 그럼에도 불구하고 뮬러는 소련 공산주의 체제에 대한 신뢰를 거두어들이지 않았으며, 서구세계를 향해 소련 과학에 대한 우호적인 이미지를 지속적으로 전파했다.

사회주의 이상 실현에 유전학자로서 기여하기 위한 뮬러의 열정은 계속되었다. 1935년 뮬러는 그의 미출간 원고를 수정하여 『어둠으로부터: 한 생물학자의 미래관』(Out of the Night: A Biologist's View of the Future)이라는 제목으로 출간하였다. 뮬러는 이 책에서, 모든 이들에게 교육·주거·사회서비스에 대한 동등한 기회를 제공하는 사회주의 국가에서라면 성공적인 우생학 프로그램이 결실을 맺을 수 있다고 주장했다. 즉, 인공수정기술을 통해 양질의 유전자를 지닌 태아를 잉태하는 우생학 프로그램을 통해 국민의 유전적 형질 향상을 꾀할 수 있을 것으로 기대한 것이다. 그는 이러한 비전의 우생학 프로그램은, 인종과 계급에 대한 편견에 기초하여 현상유지를 옹호하는 반동운동인 주류 우생학과는 판이한 것이라고 주장했다. 뮬러는 유토피아적 우생학 사회가 도래하려면 물질적·문화적·생물학적으로 지속적인 진보를 추구하는 사회주의 체제의 확립이 선행되어야 한다고 강조하면서, 오로지 사회주의 사회에서만 유전학은 인간에 유익한 지식으로 기능할 수 있다고 주장했다.[13)]

뮬러의 행보와 주장은 미국 과학자들 사이에서 찬반 논쟁을 불러일으켰다. 미국 컬럼비아 대학의 유전학자 그라우바드(Mark Graubard)는 뮬러에 동조하여, 1935년 『유전학과 사회질서』(Genetics and Social

Order)라는 책에서 소련을 부의 욕망과 투쟁, 타인의 억압과 탄압, 그리고 인종과 국가 간의 증오, 출세주의와 편견 등으로 오염되지 않은 문화와 교육의 세례가 이루어지는 세계 유일의 국가로 찬양했다. 반면 미국 ≪유전학지≫(Journal of Heredity)의 편집장 쿡(Robert C. Cook)은 사회적 문제 해결에 과학자들이 개입할 필요성은 인정하면서도, 모든 유전학자들이 마르크스주의자로 전향해야 할 의무는 없다고 강조했다. 아마도 뮬러에 대한 가장 직접적인 비판은, 과학을 통한 사회적 문제해결 과정에 대중적 참여를 허용하는 문제와 관련하여 발생학자 리틀(Frank Little)이 내놓은 문제제기일 것이다. 리틀은 미국에서나 소련에서나 일반시민은 전문가 수준의 과학 소양을 갖추지 못했기 때문에 생물학 지식의 응용은 훈련받은 전문과학자 그룹에 제한되어야 한다고 보았다. 아울러 리틀은 대중에 의한 과학의 통제는 일단 확립되어 버린 다음에는 부작용이 나타나는 경우에도 다시 되돌릴 수 없는 비가역적인 측면이 있음을 우려했다.[14]

뮬러에 대한 소련으로부터의 반응은 더욱 한층 더 싸늘했다. 앞서 언급한 그의 1935년 저작은 계급차별이 없는 체제하에서 좋은 형질을 지닌 인구의 증가를 꾀하는 적극적 우생학(positive eugenics)을 통해 사회주의 이상향의 건설을 주장하고 있었지만, 시의적절하지 못했다. 리센코 유전학이 지배적이었던 당시 소련에서 리센코와 그의 지지자들은 서구의 유전학은 그 종류 여하를 막론하고 부르주아 자본주의 과학이며, 서구의 고전유전학은 진보정신의 억제, 인종차별의 지지, 파시즘의 유도 등 반동정신으로 점철된 유사과학체계라고 선동하고 있었다. 1936년 스탈린의 억압적 독재정책과 리센코주의의 발흥이 두드러짐에 따라, 소련은 더 이상 뮬러가 생각했던 그런 이상향이 아니었다. 게다가 스탈린이 뮬러의 우생학 주장에 부정적인 견해를 보임에 따라 소련에서 뮬러의 지위는 날이 갈수록 약화되어갔다. 체포·투옥·암살이 횡행한 대숙청의 정국에서 뮬러는 심지어 자신이 소련에서 키운 제자들의 체포와 처형까지 목격하게 되었다. 뮬러는 리센코 유전학은 과학이 아니라 샤머니즘이며 사기라고 항변했지만, 소련에서 유전연구를 지속할 희망이 사라지자 끝내는 소련을 떠났다.[15)]

영국 좌파생물학자들과 '과학적 사회주의'(scientific socialism)

제1차 세계대전 직후 영국사회는 국가경쟁력 측면에서 위기에 봉착했다. 내수경제는 활력을 잃었으며, 산업경쟁력도 취약해져갔다. 영국의 제조산업은 과소자본과 취약한 과학기반의 한계로 인해 라이벌 독일과의 경쟁에서 밀리고 있었다. 아울러 노동계와 산업계의 이해관계가 정치 지형과 맞물리면서 노동계의 파업이 빈번하게 일어났다. 내우외환의 위기상황에 대한 반응은 이른바 '사회제국주의자들'(Social Imperialists)이라고 불리는 그룹으로부터 나왔다. 사회제국주의자들 중에는 토리당의 체임벌린(Joseph Chamberlain), 자유주의자인 홀데인 자작(Viscount Richard B. Haldane),[16)] 웹 부부와 같은 페이비언 사회주의자들(Fabian socialists)[17)]과 영국 과학길드(British Science Guild, BSG)와 같은 특정 단체에 속한 인물들이 포함되었다. 사회제국주의자들은 정치와 실무적·학문적 배경 측면에서 다양성을 지닌 이질적 그룹들의 집합이었지만, 대외적으로는 영국의 패권유지를, 대내적으로는 노동자 계급의 이익을 증진하기 위한 사회개혁을 외쳤다는 점에서 공통적이었다.[18)] 예를 들어 천문학자 겸 과학 대중화 활동가로 영국의 과학저널인 ≪네이처≫(Nature)의 단골 기고자였던 그레고리 경(Sir Richard Gregory)은 과학·과학자들이 산업에서 수행해야 할 역할과 전국민이 지녀야 할 과학적 태도를 강조했다. 그레고리는 과학적 태도와 관련하여, 변화를 수용하는 의지, 새로운 상황을 탐색하는 능력, 편견과 선입견이 아니라 합리적 방법을 통한 진실의 추구 등을 강조했다. 또한 그레고리는 노동운동 역시 과학적 접근을 수용해야 하며, 산업발달을 이끌 동력은 과학적 통찰력과 조직화된 산업연구에 있다고 지적했다. 그레고리는 노동조합의 파업을 반사회적, 나아가 '반과학적' 행위로 규정했다. 대신 영국의 국가발전과 복리를 위해 노동자계급은 과학과의 연대를 통해 통합사회를 모색해야 한다고 주장했다. 그는 이러한 통합을 추구하는 기구로, 천문학자 로키어 경(Sir Norman Lockyer)에 의해 1905년에 설립된 BSG를 지목했는데, 이는 아마도 과학자단체가 사회개혁을 위한 전위세력으로서의 역할을 부여받은 선구적인 사례일 것이다. BSG는 노동계를 대상으로 과학에 대한 이해의 증진과 과학연구 진보의 중요성을 설득하는 데 나섰으며, 그 결과 과학적 세계관은 노동조합주의자들에게도 파고들어갔다.[19)]

과학/과학자와 좌파 이데올로기 간의 조우는 노동자 계급에 과학을 전파한 것으로 끝나지 않았다. 역으로, 과학자 공동체 내에 좌파적 과학자 그룹이 등장했다. 물론 그 배경에는, 과학과 노동의 관계에 대한 인식이 변화하면서 과학자 공동체 역시 현실에서의 생존과 이해관계의 추구를 무시할 수 없었던 탓이 컸다. 과학과 사회의 역학관계를 조명하려는 과학자 공동체의 노력은 공동의 목적하에 단일화된 체계를 갖춘 조직체의 필요성에 대한 공감대를 불러일으켰으며, 그 결과 1918년에 설립된 전국과학노동자연맹(National Union for the Scientific

Workers)은 임금수준 확보, 종신 보장, 실업 구제 등 과학자 회원의 경제적 이해관계를 대변했다. 연맹은 협상수단으로 파업을 선호하지는 않았지만 필요하다면 과감히 감행했는데, 이는 과학자 그룹의 노동자로서의 의식화를 보여준다. 1,000여 명의 연맹 회원들에는 노동조합주의자이거나 심지어 영국 공산당에 속한 좌파 사회주의자들이 있었다. 이른바 영국 과학계에서 사회주의자 그룹(school for socialists)이 등장한 것이다. 이들 사회주의자 그룹은 당시 영국 과학계의 주류는 아니었다. 20세기 초 영국 과학은 케임브리지 과학으로 대변되는 연구중심의 고등과학의 성격이 강했다. 일류 과학자들이 대거 포진해 있던 케임브리지 과학은 이론・실험 활동을 수반하는 순수과학에 치중한 엘리트주의를 표방했다. 케임브리지 과학자들은 그들만의 사회적 가치・동료애를 공유했으며 상당한 응집력을 보여주었다. 그러나 케임브리지 과학의 이러한 전형성으로부터 일탈한 연구자들은 1920년대 과학의 반문화(counter cultures) 세례를 받았다. 그들 중에는 홀데인(J. B. S. Haldane)과 호그벤(Lancelot Hogben) 등이 있었는데, 이들 좌파 과학자들은 노동자들의 삶을 개선하는 무기로서의 과학연구의 면모를 강조했으며, 사회주의 이상향을 향한 전사 또는 시민으로서의 과학자의 책무를 스스로 실천했다.

유복한 가정에서 태어난 홀데인은 제1차 세계대전의 경험을 통해 정치적 좌파 세계관에 빠져들었다. 대전쟁은 어떤 가치도 없는 살상과 파괴를 불러일으켰으며, 홀데인은 전우들의 희생을 되돌아보는 과정에서 전쟁 직후 노동자들의 삶에 관심을 가지게 되었다. 홀데인은 전통적인 영국 자유주의의 도덕적 타락과 이데올로기의 진부함을 버리고, 노동자의 행복을 위한 거대한 사회적 변화가 과학적 근거 위에서 이루어져야 한다고 강조했다. 그의 관심사였던 우생학에 대하여, 홀데인은 사회적 부적합자의 단종을 강요했던 주류 우생학에 신랄한 비판을 가했다. 대신 그는, 국가가 나서 사회적 부적합자들에게 평등한 교육 환경을 제공하고 빈부격차의 해소를 통해 생활수준의 향상을 꾀하는 등의 광범위한 조처를 취한다면 계급 없는 우생학의 유토피아가 전개될 것으로 기대했다. 홀데인의 우생학 비판은 그가 추구했던 사회주의의 한 단면이었으며, 그는 사회주의와 과학의 밀월관계를 강조했다. 홀데인은 국가의 물질적 기반은 과학에 있지만 물질적 번영을 위한 지적 토대는 과학에 있지 않다고 보았으며, 이러한 부조화를 개선하기 위한 시도는 부르주아 지배계급이 아니라 과학적 마인드와 세계관으로 무장된 노동자 계급에 의해 이루어진다고 주장했다. 따라서 홀데인은 노동자·사회주의자들이 사회주의 쟁취를 위하여 과학의 안목으로 무장한 전사(warrior)가 되어야 한다고 했다.

호그벤은 플리머스 형제교회(Plymouth Brethren)의 선교사의 아들로 태어나 엄격한 종교적 분위기에서 성장했다. 학창시절부터 노동자 친구들과의 교류를 통해 호그벤은 노동자 계층에 대한 공감대를 지니고 있었다. 케임브리지 트리니티 칼리지에서 의학을 공부하면서 호그벤은 대학 내 좌파 단체인 페이비언 협회(Fabian Society)에 가입했다. 호그벤은 당시의 영국은 자본가들에 의한 노동자들의 약탈에 의존하는 사회라고 보았으며, 평등에 입각하여 조화롭게 살아가는 사회주의 사회로 옮겨가야 한다고 보았다. 일찍이 접한 마르크스와 엥겔스의 저술을 통해 호그벤이 구상했던 사회주의 사회의 이상향은 사회적 필요와 과학적 진보와의 상호작용에 기반한 것이었다. 제1차 세계대전의 발발은 호그벤으로 하여금 급진적 좌파사상으로 치닫게 했다.

반전사상을 지녔던 호그벤은 징집을 거부하여 유죄선고를 받았다. 호그벤의 주요 정치활동은 노동자 교육에 있었으며 플렙스 연맹(Plebs League)으로 알려진 노동자 교육단체가 주무대였다. 이 연맹은 남녀 노동자들의 정치적 이념과 전술 무장을 위한 교육을 담당하는 곳이었다. 호그벤은 노동자 대학(Central Labour College)의 강사로서, ≪플렙스지≫(Plebs Magazine)의 저술가로서 큰 활약을 펼쳤다. 호그벤은 노동자・사회주의자들은 계급투쟁에 필요한 과학적・경제적 지식을 겸비해야 할 뿐 아니라 과학의 오용으로 인한 파괴력을 인지할 수 있는 과학적 소양을 갖추어야 한다고 주장했다. 호그벤은 바로 이 점이 과학적 시민의 특징이라고 했다. 1920년대에 사회주의 활동에 깊게 연루된 이래 1940년대까지 호그벤은 현실 정치에서 노동당과 마르크스주의에 대한 지지 입장을 번복과 재번복하기를 거듭하였는데, 이는 소련 공산당의 폭정에 대한 실망감과 우려에서였다. 그러나 그가 결국 최종적으로 선택한 것은 과학 대중화 전략을 통해 마르크스주의적 과학관을 전개해나가는 것이었다.[20]

홀데인과 호그벤 둘 다 과학적 사회주의 전파의 일환으로 과학 대중화 활동에 뛰어들었다. 홀데인은 다윈주의의 자연선택 메커니즘을 수학적으로 모형화한 업적으로 유명했던 1류 과학자로서, 유니버시티 칼리지 런던(University College London) 교수로서, 왕립학회의 정회원으로서 과학적 명성을 누렸으며, 실험실 밖에서도 대중의 관심과 주목을 받았다. 예를 들어 그의 책 『다이달로스, 혹은 과학과 미래』(Daedalus, or Science and the Future)는 시험관아기 대량생산 등 당대에는 상상하기 어려웠던 선구적인 아이디어를 담고 있었다. 또 다른 책에서 홀데인은 지구 밖 행성에서의 생명체, 이른바 '대존재'(Great

Being)라고 불리는 초인적 존재의 가능성 등을 다루었다. 그의 1929년 『생명의 기원』(Origin of Life)은 생명체는 당과 여타 유기물의 혼합물로부터 기원한다는 유물론적 해석을 보여주었다. 홀데인의 책들은 베스트셀러로 등극했으며, 그는 당대의 문화적 영웅의 하나로 군림했다. 호그벤도 과학저술가로서 명성을 누렸다. 그의 책 『백만인을 위한 수학』(Mathematics for the Million)과 『시민을 위한 과학』(Science for Citizen) 등은 역사적 방법론을 도구로 과학과 사회에 대한 마르크스주의 관점을 조명했다. 전자의 책은 공전의 히트를 쳤으며 후자의 책 역시 크게 널리 읽혀졌다. 그의 책 『과학』(Science)은 과학의 시대에 남녀 모두 시민으로서 알아야 할 기본적인 과학지식을 제공했다. 비록 하디(G. H. Hardy)와 같은 전문수학자의 비판을 받기도 했지만, 호그벤의 저서는 수많은 비과학자들에게 즐거움을 안겨주었다.

홀데인은 과학적 전사로서, 호그벤이 과학적 시민으로서 노동자계급이 사회주의 급진사상을 포용할 것을 강조한 차이는 있었지만, 둘 다 과학과 사회주의의 상호 연계를 위해 과학 대중화를 도구로 십분 활용했다. 특히 홀데인은 과학적 사회주의의 전파에 과학강연을 적극 활용했다. 홀데인은 대중과의 교감에 뛰어났으며, 직선적이면서도 위트 있는 그의 달변은 대중저술·대중강연에 탁월한 기량을 보여주었다. 1930년대와 40년대 ≪일간 노동자≫(Daily Worker)지에 실린 그의 과학 칼럼은 널리 회자되었다. 홀데인은 호그벤 및 X선 결정학자 버널(John Desmond Bernal) 등과 더불어, 도서를 통한 대중화 활동을 활발하게 편 좌파과학자들의 하나였다. 대중강연과 방송에 대해서도 홀데인의 경우 1년에 100여 건까지도 대중강연 스케줄이 있었다. 호그벤은 또한 사회주의 정기간행물에의 기고자뿐 아니라 편집인으로도 활동했다. 호그벤은 ≪사실≫(Fact, 1937년 창간)지의 편집인의 한 명으로, 미국의 마르크스주의 계간지 ≪과학과 사회≫(Science and Society)의 해외 편집인으로, 그리고 1938년 창간되어 영국 공산당의 관리하에 있었던 계간지 ≪계간 현대≫(Modern Quarterly)에서도 활동했다. 요컨대, 홀데인과 호그벤은 과학적 사회주의를 전파하는 대중화의 선봉에서 다양한 노력을 경주한 전문과학자들이었다.[21)]

나가면서

지금까지 우리는 1920년대와 1930년대 서구사회에서 정치적 급진주의 사상이 부상했던 시기를 배경으로 다양한 전문생물학자들의 사회주의 활동을 조명했다. 독일의 샤셀, 미국의 뮬러, 영국의 홀데인과 호그벤을 위시한 좌파과학자들은 자본주의 사회의 형성에 기여했던 과학은 이제는 자본주의 사회의 모순의 해결과 새로운 사회주의자 세상으로 나아가는 해방의 역할을 수행해야 한다고 강조했다. 요컨대, 그들은 전문생물학자이자 사회주의자로서, 과학자의 사회적 책임 수행의 차원에서 대중과학 활동을 독려했으며, 스스로도 대중강연·저술을 통해 노동자와 일반대중을 계몽/교화하는, 대중을 '위한' 과학에 앞장섰다.

다윈주의 대중화 이후, 생물학과 과학의 대중화 사례에서 참여적 과학 대중화는 식물채집 활동과 자연학습의 경우를 제외하고는 찾아보기가 어렵다. 이는 상술했듯이, 과학의 전문화가 심화됨에 따라 대중이 전문과학의 지식창출 활동을 흉내 내기조차 어려워진 탓이 크다. 20세기 초반 서구 좌파과학은, 생물학 이론을 대중과 노동계급의 사회주의 의식화를 위한 계몽의 무기로 활용했다는 점에서 참여적 과학 대중화보다는 계몽적 과학 대중화의 성격이, 본질적 과학 대중화보다는 도구적 과학 대중화의 성격이 두드러진다. 그러나 이전의 도구적-계몽적 생물학 대중화 사례들에 비해 20세기 초반 서구 좌파과학은 도구적 대중화의 주체들이 바로 전문과학자들 자신이었다는 점이 두드러진다. 이러한 현상은 본서 1부의 3장에서 본 것처럼 독일에서의 다윈주의의 대중화 과정에서도 일부 드러난 것이기도 하지만, 보다 시간이 경과한 1920년대 이후의 서구 좌파과학의 경우에는 도구적 과학 대중화의 주체가 전문과학자들에 편중되는 정도는 한층 더 강함을 알 수 있다.

이는 일차적으로는 전문생물학자들 역시 사회의 구성원으로서 사회주의 이론의 영향으로부터 자유로울 수 없었으며, 따라서 이들 중 사회주의에 동조하는 일부가 자신이 지닌 전문지식을 무기로 스스로 사회주의의 전사 또는 전파자로 나선 것으로 해석할 수 있다. 즉, 20세기 초반 서구 좌파과학의 대중화 주체들의 주류가 전문과학자들이라는 사실은, 사회주의 사조가 일부 전문과학자들까지 성공적으로 포섭한 결과라고 할 수 있다.

그러나 과학을 사회주의 운동의 도구로 사용한 주체들에는 전문과학자들 '역시' 포함되어 있었던 것이 아니라 '주로' 전문과학자들이 포함되어 있었다는 점에서, 20세기 초반 서구 좌파과학에 대한 도구적 대중화의 주체들의 구성비율이 단지 당시의 사회주의 사조의 약진을 의미하는 것만으로는 부족하다. 그보다는, 위와 같은 사실은 전문과학자와 여타 집단 간의 과학지식과 역량 측면에서의 간격이 갈수록 확대되고 있음을 보여주는 사례라고 할 수 있다. 즉, 20세기 과학과 생물학의 수준은 이제 전문과학자가 아닌 대중화 운동가들이 자신의 이념적 성향과 필요에 맞추어 전략적인 학습을 통해 습득할 수 있는 단계를 넘어섰음을 암시한다. 예전 같으면 대중화 운동가들이나 사회이론가들은 그 스스로는 전문과학자가 아님에도 불구하고 전문과학자들이 제공하는 과학지식을 소화하여 대중을 향한 계몽운동에 활용하는 것이 가능했다. 그러나 근대 이래 꾸준히 진행되어 온 과학의 전문화로 인해 20세기에는 전문과학자가 아닌 존재가 과학을 대중을 설득하기 위한 도구로 사용하기는 어려워졌을 가능성이 있다. 20세기 초반 좌파과학의 사례는 바로 이러한 가능성을 확인시켜주는 사례이다. 달리 말해, 전문과학자와 대중 간의 격차뿐 아니라 전문과학자와 비과학 분야의 엘리트 지식인들 간의 격차 역시, 20세기 전반에는 이미 매우 극복하기 어려운 수준으로 벌어졌다는 암시를 제공하고 있는 것이다.

이러한 해석은 앞서 살펴본 엠피비언의 부각과 더불어 현대 과학 대중화의 방향에 대한 방향성을 제시해 주는 동시에, 전문과학자들에게 중요한 책무를 부과해 준다. 즉, 대중과 사회에 관한 전문가들로 하여금 과학지식에 대한 소양을 쌓게 하여 그들로 하여금 과학 대중화의 임무를 수행하도록 할 것인가, 아니면 전문과학자들로 하여금 대(對)대중 커뮤니케이션과 정책 관련 역량을 강화시켜 그들로 하여금 과학 대중화의 일선에 나서게 할 것인가와 관련하여, 후자의 실현 가능성이 상대적으로 높을 가능성을 암시하고 있는 것이 바로 20세기 초반 서구 좌파과학에서의 역사적 사례들이라고 하겠다. 전문과학자들이 적극적으로 주체화된 과학 대중화의 실행 방향하에서는 더더욱 많은 과학자들이 전문과학자이자 대중화 활동가인 과학 엠피비언

(7장 참조)이 될 것을 요구받게 될 것이며, 미래의 전문과학자를 지망하는 과학도들에게 있어 인문학적/교양적 역량을 강화하는 일은 과학대중화를 위해 더욱 중요해지게 될 것이다.

---

1) Nick Hopwood, "Producing a Socialist Popular Science in the Weimar Republic," *History Workship Journal* 41 (1996), 117-118.

2) Christian Reiss and et al. "Introduction to the Autobiography of Julius Schaxel," *Theory in Biosciences* 126 (2007), 174; Christian Reiss, "No Evolution, No Heredity, Just Development_Julius Schaxel and the End of the Evo-Devo Agenda in Jena, 1906-1933," *Theory in Biosciences* 126 (2007), 156-158.

3) Nick Hopwood, "Biology between University and Proletariat: The Making of a Red Professor," *History of Science* 35 (1997), 371-372; Hopwood, 1996, op. cit., 120-130, 140-142.

4) Hopwood, 1997, op. cit., 375, 399.

5) John Williams, *Turning to Nature in Germany: Hiking, Nudism, and Conservation, 1900-1940* (Stanford: Stanford Univ. Press, 2007), 67-106; Hopwood, 1996, op. cit., 136-140.

6) Richard H. Pells, *Radical Visions and American Dreams: Culture and Social Thought in the Depression Years* (Univ. of Illinois Press, 2004), 61-69; Sidney Webb and Beatrice Webb, *Soviet Communism: A New Civilization*, vol. 2 (London: The Left Review, 1936), 602; Thomas Hughes, *American Genesis: A Century of Invention and Technological Enthusiasm, 1870-1970* (Chicago: Univ. of Chicago Press, 2004), 275-278; P. J. Kuznick, *Beyond the Laboratory: Scientist as Political Activists in 1930s America* (Chicago: Univ. of Chicago Press, 1987), 111.

7) A. McGehee Harvey, "W. Horsley Gantt-A Legend in His Time," *Integrative Physiological and Behavioral Science* 30 (1995), 237-243; Loren R. Graham, *Science and Philosophy in the Soviet Union* (Vintage Books, 1974), 13.

8) T. D. A. Cockerell, "The Russian Academy of Sciences," *Science* 74 (17 April 1931), 420-421.

9) David Eugene Smith, "The Second International Congress on the History of Science and Technology," *Science* 74 (14 August 1931), 177; Benjamin Ginzburg, "Science under Communism," *New Republic* (6 January 1932), 207-208.

10) Juxley Huxley, *A Scientist among the Soviets* (Harpers, 1932), 52, 77; Kuznick, op. cit., 118.

11) Elof Axel Carlson, *Hermann Joseph Muller, 1890-1967, A Biographical Memoir of the National Academy of Sciences* (2009), 8-11.

12) Kuznick, op. cit., 119-121; Elof Axel Carlson, "Speaking Out about the Social Implications of Science: The Uneven Legacy of H. J. Muller," *Genetics* 187, issue 1 (2011), 3.

13) Carlson, op. cit., 3-4; H. J. Muller, *Out of Night: A Biologist's View of the Future* (Vanguard Press, 1935), vii, ix, 113-114.

14) Mark Graubard, *Genetics and the Social Order* (Tomorrow, 1935), 10-11; C. C. Little, "Bolshevik Genetics," *Journal of Heredity* 26 (Nov. 1935), 453-454; Hermann J. Muller, "Genetics and Politics," *Journal of Heredity* 27 (July 1936), 267-268; C. C. Little,"Applications of Biology to Human Affairs," *Journal of Heredity* 27 (August 1936), 317-318; Robert Cook, "Genetics and Politics," *Journal of Heredity* 27 (July 1937), 268.

15) Carlson, op. cit., 18-19.

16) 정치가 체임벌린(Joseph Chamberlain)은 급진적 자유주의자였으며, 대외적으로는 영국의 안정과 번영을 위해 영국의 팽창을 추진한 제국주의자였다. 교육가・법률가였던 홀데인(Richard B. Haldane)은 대법관을 지냈으며 자유당(휘그당)의 의원으로서 영국의 제국주의적 정책을 강력하게 주장했다. 1911년 홀데인은 귀족의 작위인 자작(viscount)칭호를 받았다.

17) 1884년 영국에서 결성된 페이비언 협회(Fabian Society)는 사회주의와 계급투쟁사관에 바탕을 둔 혁명적 개혁이 아니라, 민주적인 수단에 의한 점진적이고 유기적인 사회변화를 강조하는 사회진화론의 입장을 취했다. 사회를 도덕적・이성적인 하나의 유기체로 보고 개인의 효용을 초월한 '공공선(公共善)'의 추구를 목표로 삼았다. 노동조합운동에 의한 산업민주주의(industrial democracy)의 추진, 의회제 민주주의에 의한 점진적인 사회개혁의 달성을 모토로 하여, 수많은 지식인을 거느리고 영국 사회주의운동의 주류가 되었다.

18) Bernard Semmell, *Imperialism and Social Reform* (Doubleday & Co, 1968), 43-73.

19) R. Brightman, "The Scientific Outlook," *Nature* 130 (26 Nov. 1932), 791; R. Gregory, "Science and Labour," *Nature* 106 (1920), 38; T. Humerstone, "Science and Labour," *Nature* 113 (1924), 738; R. Gregory, "Science and the Empire," *Nature* 110 (16 Dec. 1922), 798.

20) Gary Werskey, *The Visible College: A Collective Biography of British Scientists and Socialists of the 1930s* (New York: Holt, Rinehart and Winston, 1978), 20-21, 52-67, 158-164.

21) Ibid., 84-86, 92-98, 172-175.

10 생명공학 시대에서의 과학 대중화

들어가면서

19세기에 다윈 진화론이 각광을 받을 무렵, 생물학 분야에서는 또 하나의 기념비적인 발견이 진행되고 있었다. 근대적인 유전학이 싹을 틔우고 있었던 것이다. 자식이 부모와 유사한 형질을 물려받는 유전이라는 현상 자체는 이미 고대의 시기에도 경험적으로 잘 알려져 있었으나, 오늘날과 같은 유전학의 시발점을 연 것은 수도사라는 직책과는 다소 어울리지 않게 유전현상의 연구에 매달렸던 멘델(Gregor Mendel)이었다. 1865년에 발표한 완두콩 교배실험을 통해, 멘델은 부모로부터 자식에게로 형질이 유전되는 현상을 과학적 메커니즘으로 설명했다. 이후 수십 년에 걸친 생물학자들의 끈질긴 탐구는 생명체의 구조와 형질에 관한 일종의 설계도라 할 수 있는 유전자는 DNA라는 고분자물질로 이루어졌다는 점을 밝혀내었다. DNA는 당・인산・염기가 1:1:1의 비율로 결합되어 있는 뉴클레오티드(nucleotide)라는 화합물이 차곡차곡 포개어 합쳐진 폴리뉴클레오티드(여러 개의 뉴클레오티드)라는 사슬 두 개가 나선형을 이루며 결합한 것이다. 1953년 왓슨(James Watson)과 크릭(Francis Crick)은 DNA가 지닌 이러한 이중나선(double helix) 구조를 밝혀냈을 뿐 아니라, 부모 개체의 유전정보가 자식 개체의 유전정보로 전달되는 메커니즘의 핵심원리를 DNA의 이중나선 구조를 통해 제시하였다.

특히 DNA를 통해 생명체의 유전 체계를 이해하려는 노력들은 20세기 중반 이후 분자생물학의 발흥을 낳았다. 분자생물학은 생화학·유전학·생물물리학 분야의 결합으로, 유전현상의 핵심은 DNA라는 생화학적 물질에 저장되어 있는 유전정보라는 데서 출발하여 유전현상을 생화학적 원리를 통해 접근하는 분야이다. 분자생물학은 그동안 막연히 지칭되던 유전자의 정체를 DNA라는 물질로 환원하고, DNA의 구조와 그것이 생명체 구성을 위한 세포 형성에서 지니는 역할을 규명함으로써, 생명체를 기존의 형이상학적이며 철학적인 개체가 아니라 생체 정보의 구현체이자 저장고로써 이해한 혁신적인 접근 방식이었다.

생명공학 시대의 도래: 생명 신비의 규명을 위한 노력의 산업적 응용

분자생물학이라는 날개를 단 유전학은 생명공학이라는 산업적 응용을 낳았다. 넓은 의미에서는, 그리고 원칙적으로는 생명공학이란 생명현상에 관한 과학적·경험적 지식을 질병의 치료 등 의학적 용도로 응용하는 것은 물론, 물질이나 제품의 생산 등 산업적 용도로 응용하는 것까지 모두 포괄하여 의미한다. 예를 들어 효모에 관한 생물학적 지식을 응용하여 맥주를 대량 생산한다든지 하는 것 역시 넓게는 생명공학의 범주에 넣을 수 있다. 그러나 생명공학이란 특히 유전공학의 유사어로 사용되는 경향이 있으며, 유전과 생물 발생 현상에 대한 과학적 지식과 기술, 구체적으로는 유전물질 DNA에 대한 분자생물학과 배아 등에 대한 발생학의 지식과 기술을 산업에 응용하는 것을 주로 지칭하고 있다. 가령 어떠한 생명체의 DNA에 수정을 가하여 해당 생명체로부터 생성되는 물질이나 후손 개체의 형질을 의도하는 방향으로 변형시키는 것을 들 수 있는데, 당뇨환자들에게 필요한 인슐린을 생성할 수 있도록 대장균의 DNA를 조작한다든지, 농작물의 DNA를 조작하여 생산성이 높고 병충해와 기후에 보다 강한 새로운 작물을 개발한다든지 하는 것 등이 현재에도 보급이 널리 이루어진 생명공학 기술의 예이다.

생명공학이 지닌 잠재력, 그리고 그것이 지니는 파급력은 일차적으로 인간의 생활에서 생명현상이 지니는 중요성에 있다. 인간의 생활에 필요한 자원들의 필수적인 부분은 생명자원으로부터 나오는 것이며, 인간의 삶의 질을 결정짓는 요인들의 상당 부분은 인간이 지닌 생명현상에 직결되어 있다. 단적인 예로 인간의 생존에 가장 기본이 되는 식량인 곡식과 가축은 각각 재배된 식물과 사육된 동물이라는 생물자원으로부터 나온다. 따라서 이들 식물과 동물의 DNA에 수정을 가하여, 구체적으로는 그 안에 저장된 물질의 배열을 수정하여 유전정보를 수정함으로써 이들 식물과 동물 개체의 어떠한 특징들을 조정할 수 있다면 인간의 식량자원은 양적으로나 질적으로나 개선될 수 있다. 또한 생명공학은 인간이 겪는 가장 큰 고통의 근원인 질병이나 신체 이상을 치료하는 데도 획기적인 진전을 가져올 수 있다. 질병의 발병 여부는 물론 환경에 의해서도 영향 받지만, 부모로부터 물려받은 체질, 즉 유전으로부터 기인하거나 영향을 받는 경우도 빈번하다. 따라서 유전자에 수정을 가하거나 유전자를 선별함으로써 이러한 유전병을 치료하거나 예방할 수 있다면, 그것은 많은 인간들이 겪고 있거나 겪을 것으로 예상되는 고통을 근원적으로 해소시켜 주는 방법이 될 수 있다.

분자생물학, 그리고 그 응용분야로서의 생명공학이 지닌 이러한 잠재력이 실제로 폭발하기까지는 그리 오랜 시간이 걸리지 않았다. 분자생물학은 1960년대 이후 폭발적인 진보를 거듭해 온 것이다. 생화학자 니런버그(Marshall W. Nirenberg)는 유전자의 염기서열 분석을 통해 유전 암호를 처음으로 해독했으며, 생화학자 마테이(J. Heinrich Matthaei)는 단백질의 합성에서 RNA의 염기서열을 아미노산 염기서열로 바꿔주는 유전 암호를 발견했다. 생화학자 콘버그(Arthur Kornberg)는 DNA의 화학적 합성을 가능하게 해주는 DNA 중합효소(DNA polymerase)를 발견하였다. 이러한 분자생물학과 생명공학의 여러 발견과 발명들 중, 아마도 가장 커다란 파장을 가져다준 것은 유전자 재조합(gene recombination) 기술, 즉, 어느 한 DNA의 일부 조각을 잘라내어 그 조각을 다른 DNA에 끼워 넣는 기술의 발명이라고 할 것이다. DNA를 접착시키는 도구는 1967년 분자생물학자 겔러트(Martin F. Gellert)가 DNA 조각을 이어 붙이는 효소인 DNA 리가아제(DNA ligase)를 발견함으로써 마련되었다. DNA 일부를 잘라내어 조각으로 만들 수 있는 일종의 DNA 가위는 미국의 미생물학자 스미스(Hamilton Othanel Smith)와 네이선스(Daniel Nathans)가 DNA 제한효소

(restriction enzyme)를 발견함으로써 해결되었다. 스미스와 네이선스 이전에도 DNA를 잘라내는 기술은 발명되어 있었으나, 그러한 방법들은 정확도가 떨어지는 한계가 있었다. 반면 제한효소는 특정한 염기서열이 반복되는 부위만을 정확하게 골라서 잘라줄 수 있는 장점이 있었다. DNA 접착 효소와 제한효소의 발명으로 인해 이제는 DNA 중 원하는 부위만을 잘라내고 이렇게 잘라낸 DNA 조각은 다른 DNA의 원하는 부위에 다시 붙이는 것, 즉 유전자 재조합이 가능해졌다.

과학자와 산업가들은 유전자 재조합 기술이 우선 유전적 결함을 보충하는 치료용 단백질을 만드는 데 활용할 수 있을 것으로 기대했으며, 그러한 예측은 현실화되었다. 오늘날 일반적으로 통용되는 것과 같은 유전자 재조합 기술은 1973년 미국 스탠포드 대학의 코헨(Stanley Cohen)과 캘리포니아 대학의 보이어(Herbert Boyer)가 개발하였는데, 이들은 제한효소를 사용하여, 항생물질에 대한 내성을 발현시키는 DNA를 실험실에서 배양된 대장균에 삽입하는 데 성공한 것이다. 여기서 한 발 더 나아가 보이어는 1977년에는 인간의 유전자, 즉 DNA의 일부를 대장균에 삽입하는 데도 성공하여, 이 대장균을 통해 인간의 단백질을 생산할 수 있는 길을 열었다. 보이어가 벤처자본가 스완슨(Robert A. Swanson)과 함께 설립한 제넨테크(Genentech)사가 1982년에 최초의 재조합 인간 인슐린을 시판하는 데 성공하면서, 이제 생명공학은 인류의 생활에 본격적인 영향을 끼치기 시작했다. 인슐린의 시판에 앞서 GE(General Electric)사 소속의 차크라바티(Ananda Chakrabarty)가 개발한, 석유를 분해하는 유전자 조작 세균이 1980년 미국 대법원으로부터 특허 자격을 인정받는 등 생명공학의 발흥과 함께 그것의 산업적 응용을 위한 제도적 장치 역시 정비되었다.

생명공학의 의료적 응용, 특히 1970년대 등장한 유전자 재조합 기술은 그동안 꿈꾸지 못했던 가능성을 인간에게 선사하였다. DNA 조작 대장균을 이용한 인슐린 제조는 그 기술의 면모 자체로는 획기적인 것이지만, 인간에게 필요한 물질이나 제품의 수율(收率)이 기술 진보를 통해 극적으로 개선되는 사례 자체는 인류가 과학기술의 역사에서 흔히 경험해 온 일이다. 유전자 조작 식품(genetically modified organism, GMO) 역시 품종 간 교배 등의 전통적인 육종법을 통한 신품종 개발에 비해 농산물 형질 개선의 폭이 다양하고 넓기는 하지만, 그러한 장점이 반드시 전통적인 작물을 GMO로 대체해야 할 비교우위를 제공하는 것은 아니다. 그러나 유전자 재조합과 그 관련 기술들을 인체에 적용하는 경우, 유전적 질환은 보다 근원적으로 해결이 가능하기에 기존의 치료법에 비해 획기적인 진전이 가능하다. 인간의 유전질환의 치료를 위해, 결함이 있는 유전자를 정상적인 유전자로 바꿔주기 위해 환자에게 정상 유전자를 주입시키는 유전자 요법(gene therapy)의 시술은 이미 현실화되어 증가 추세에 이르고 있다. 나아가 태아의 유전자를 조작하여 장차 태어날 아기의 유전적 질병을 예방하는 방법은 아직까지 현실화된 바는 없으나, 이론적으로는 가능하다.

미국을 중심으로 프랑스·영국·일본 등 15개국의 국제적 공동협력 과제로 1990년부터 2001년까지 수행되었던 인간 게놈 프로젝트(human genome project, HGP)는 생명공학뿐 아니라 과학의 역사를 통틀어 가장 거대한 프로젝트 중 하나일 것이다. 인간의 유전정보 집합체(게놈)에 담긴 유전정보, 즉 35,000여 개의 유전자 DNA를 구성하는 30억쌍 개의 염기서열을 모두 밝혀 질병의 원인을 규명하고 치료법을 개발하기 위해 실행된 HGP 역시, 궁극적으로는 유전자 조작을 위한 사전정보 구축의 성격이 짙다. 어떤 특정한 염기서열에 의해 특정 질병의 가능성이 유전되는 것이 밝혀지더라도, 유전자 재조합을 통해 유전자를 정상적인 방향으로 수정을 가할 수 없다면(조작할 수 없다면) 인간 게놈에 관한 지식은 실질적으로 활용에 제약을 받을 것이기 때문이다.

생명공학에서 유전자 조작과 더불어서 중요한 축을 차지해 온 것은 동물 복제이다. 유전자 조작은 DNA에 수정을 가하는 유전자 재조합 기술에 바탕을 두고 있는 반면, 동물 복제는 유전자에 손을 대는 것이 아니라 어느 한 개체의 유전자가 들어 있는 핵을 암컷의 난자의 핵과 바꾸어 넣는 기술, 즉 핵치환 기술에 바탕을 두고 있다. 복제하고자 하는 원본 개체의 체세포 핵을 어미가 될 개체의 난자핵과 치환시키면 해당 어미 개체의 자식은 원본 개체의 유전적 특징을 그대로 지니고 태어나게 된다. 동물 복제는 DNA에 직접 손을 대는 것은 아니기 때문에, DNA에 담겨 있는 유전정보에 대해서는 아직 알지 못하고 단지 유전정보가 세포의 핵 어딘가에 있을 것이라고만 추측하던 시절에도 동물 복제는 이미 시도되었다. 1938년 독일의 발생학자 슈페만(Hans Spemann)은 핵이식 방법을 통한 동물 복제라는 개념을 이론적으로 제시하였으며, 이는 1952년에 하버드 대학교의 브릭스(Robert Briggs)와 킹(Thomas J. King)이 개구리 복제에 성공함으로써 현실이 되었다. 이후 농축산업 분야를 중심으로 동물 복제기술은 꾸준히 축적되어, 1996년에는 복제양 '돌리'(Dolly)가 탄생하였다.

유전자 조작과 동물 복제에 더하여, 20세기 말 이후로는 줄기세포(stem cell) 연구가 급부상하면서 인간 배아 복제 이슈가 각광을 받게 되었다. 줄기세포는 정자와 난자의 결합으로 수정란의 세포가 아직까지 뼈·심장·피부 등 다양한 조직 세포로 분화가 이루어지지 않은 상태를 일컫는다. 즉, 줄기세포는 장차 신체의 어느 기관으로든 분화될 능력을 지니고 있으나 아직까지는 그와 같은 분화가 이루어지지 않은 미분화 상태의 세포를 의미한다. 따라서 이론적으로는 줄기세포의 분화를 유도하는 방식과 조건에 따라 신체의 어느 기관의 세포라도 얻을 수 있기에, 줄기세포를 이용하면 이상이 있는 인간 장기나 세포를 대체하는 것이 가능하다.

이러한 줄기세포의 확보는 배아 복제에 많은 부분을 의존하고 있다. 물론 인간 배아로부터 얻은 배아줄기세포(embryonic stem cell)만이 유일한 줄기세포는 아니지만, 인간 배아 복제는 줄기세포를 충분한 숫자만큼 얻을 수 있도록 증식해 주는 해결책의 하나이기 때문에 많은 관심을 받아왔다. 예를 들어 골수나 제대혈(탯줄에서 나오는 혈액) 등에서 추출한 줄기세포인 성체줄기세포(adult stem cell)는 인간 태아로 자라날 인간 배아를 사용하지 않기에 윤리적으로 문제가 없는 장점에도 불구하고, 얻을 수 있는 줄기세포의 양이 적고 배양이 어렵다는 문제가 있다. 역분화 줄기세포(induced pluripotent stem cell, iPS)는 이미 분화를 거쳐 성장이 완료된 체세포(예: 피부세포)에 유전자 변형을 가하여 줄기세포 상태로 되돌려진(역분화) 것을 지칭하는데, 종양 발생 가능성이 크고 역분화 효율이 떨어져 비용문제가 특히 두드러진다. 2001년 10월 미국의 생명공학 회사인 어드밴스트셀테크놀로지(Advanced Cell Technology)는 핵이 제거된 여성의 난자에 인간의 체세포에서 추출한 핵을 이식함으로써 최초로 배아 복제에 성공하여 세계적인 논란을 일으켰다. 인간 배아 복제는 그 자체가 목적이라기보다는 향후 손상된 세포의 대체에 필요한 새로운 세포를 얻기 위한 배아줄기세포를 대량 생산할 수 있게 해 준다는 데 의의가 있다. 아직은 배아 복제 기술조차도 개선의 여지가 많은 상태이지만, 더욱 중요한 것은 이 분화되지 않은 세포덩어리인 줄기세포를 특수한 조직으로 분화시키고 이를 필요한 부위에 재이식시키는 기술이다. 이러한 줄기세포 분화와 이식 기술 분야는 각국의 생명공학계와 의료계, 산업계는 물론 각국의 정부기관까지 망라하는 총체적인 국제 경쟁의 각축장이 되고 있다.[1]

전후 과학 발전의 배경적 요인: 거국적 과학경쟁 체제와 과학에 대한 국가적 승인

생명공학의 이러한 발흥과 성장의 배경에는 물론 그 원천지식의 바탕이 되는 분자생물학의 발전이 자리하고 있음이 물론이다. 이러한 분자생물학의 발전 역시, 20세기 중반 이후 과학계와 산업계에 확고히 뿌리를 내린 거국적 과학경쟁 체제와 무관하지 않다. 제2차 세계대전 이후 미국을 위시한 선진국들은, 전시 상황에서의 연구개발 활동이 전쟁의 승패에 미친 영향에 고무되어(예: 맨하탄 프로젝트), 거국적인 과학프로젝트의 수행이 빈곤・보건・주거・교육・교통 등의 사회적 난제 해결에도 기여할 것으로 기대하였다.

물론 국가적 차원에서의 과학진흥의 역사는 미국의 경우만 하더라도 스미소니언 연구소(Smithsonian Institution)와 미국 연안기초조사국(U.S. Coast Survey)의 설립으로 대변되는 19세기 중반까지 거슬러 올라가는 등, 제2차 세계대전 이전에도 이미 서구 각국에서 과학진흥은 국가적 과제로 인식되고 있었다. 그러나 미국 과학 역사상 커다란 전기이자 오늘날과 같이 국가가 제반 과학 분야의 전반적인 발전을 정책적으로 보장하고 독려하는 체제가 확립된 것은 제2차 세계대전 직후 미국 국립과학재단(National Science Foundation, NSF)의 발족에 힘입은 바가 크다. NSF의 토대를 마련한 것은 매사추세츠 공과대학(Massachusetts Institute of Technology)의 전기공학 교수 출신으로 과학연구개발국(Office of Scientific Research and Development)의 국장으로 재직 중이던 부시(Vennevar Bush)였다. 부시가 미국 정부에 제출한 <과학: 끝없는 프론티어>(Science: the Endless Frontier)라는 제하의 보고서는 NSF의 발족은 물론 전후 미국 과학의 방향에 결정적인 영향을 미쳤다. 부시는 연구계약제(research contract)를 이용한 협동연구를 통하여 산업계·학계·정부 및 군부 간의 연구개발 협력을 독려하면서 동시에 민간 차원의 특허 보호를 통한 연구의욕을 자극하여 연구개발이 활성화될 수 있는 장치를 확립하였다. NSF로 대표되는 과학 지원 시스템은 과학연구에서 관-산-학의 역할을 지원-연구로 분업화시켰다는 것 이외에도 그 연구의 중심에 기초과학을 포진시켰다는 것에 의의가 있다. 부시는 기초과학이 국부의 근원이자 국제경쟁에서의 패권을 차지하는 데 있어 절대적이라고 주장한 인물이었다.[2] 상기 보고서에서 부시는 다음과 같이 기술한 바 있으며, 이는 바로 NSF의 설립 취지에 반영되었다.

> 기초과학 연구에 있어 실용적 목적을 고려할 필요는 없다. 기초연구는 자연과 자연법칙에 대한 일반적인 지식을 가져다준다. (중략) 오늘날은 역사상 그 어떤 시기보다, 기초과학 연구가 기술적 진보를 견인하는 시대이다.[3]

다소 앞뒤가 맞지 않아 보이기도 하는 이러한 서술은, 역설적으로

기초과학 연구가 지니는 실용적 가치에 대한 강력한 옹호를 보여주고 있다. 기초과학 연구는 설령 그것이 실용적 기술과는 무관해 보이더라도 사실은 지식의 진보를 통해 장기적으로는 기술 진보를 가져다줌으로써 국부의 증진에 기여한다는 취지로, 이는 지식 자체를 위한 지식(knowledge "for its own sake alone")으로서 과학이 지니는 가치에 대한 가장 강력한 형태의 정당화이다. 이러한 취지에 입각한, NSF로 대표되는 국가적 과학 지원 시스템의 구축은 과학연구의 중요성과 정당성이 국가적으로 공인받고 천명되었을 뿐 아니라, 그러한 중요성과 정당성에 의거하여 국가가 내부적으로는 거국적 과학연구 체제로, 대외적으로는 국제적 과학경쟁 체제에 돌입했음을 보여주는 신호탄이었다. 세부적인 사항에는 차이가 있지만, 미국 이외에도 제2차 세계대전 이후 주요 선진국들의 경우 과학계는 물론 정부・산업계까지 가세하여 거국적인 과학경쟁 체제에 돌입했다.

이러한 체계하에서는 국가의 과학 정책은 '무조건적 위임'(blind delegation)의 원칙하에 과학계에 연구의 자율성을 부과하는 것을 기조로 삼았다.[4] 이러한 기조가 의미하는 바는 복합적이다. 하나는 이러한 원칙은 과학이 나치 치하에서의 독일이나 당시의 소련에서처럼 정치적 이념의 도구로 악용되는 것을 방지하는 안전장치의 역할을 수행한다는 점이다. 국가가 과학연구의 주제 선정이나 목적 설정에 관여하지 않고, 지원에 주력함으로써 과학연구가 특정한 정치적인 목적을 위한 도구로 활용될 위험성은 제도적으로 방지되었다. 무조건적 위임 원칙이 지니는 또 하나의 의미는 과학연구에 역사상 부여된 적이 없었던 특권적인 지위를 보장하였다는 점이다. 즉, 과학연구는 심지어 실용성과는 무관해 보이는 경우에조차 장기적으로는 국민의 복리 증진과 국부의 견인이라는 국가의 거시적인 목표에 기여할 잠재력이 있다는 인식 아래, 과학자들과 과학연구가 국가적 지원이라는 형태로 공공의 자원을 누릴 수 있는 특혜를 보장받은 것이다. 이러한 위임 정책하에서는 과학계와 대중의 관계는 보뇌이(Christophe Bonneuil)가 '포드식 접근'(Fordist arrangement)이라고 불렀듯이, 대중은 과학계와 담당관료들이 과학연구의 수행과 지원을 담당하도록 재가하는 대신 그 결과물을 의학과 기술 진보의 형태로 향유하는, 일종의 분업적 관계에 해당하는 것이었다.[5] 이러한 체제는, 과학을 과거와 같은 정치적 악용의 위험으로부터는 보호하는 한편으로, 과학연구활동 또는 그와 관련된 정책에서 대중의 의사와 역할은 소외시킬 수 있는 위험성을 수반하는 것이었다.

전후 과학 체제에서 대중의 위치: 과학 발전의 수동적 수혜층 지위의 강요

위와 같은 거국적 과학경쟁 체제하에서 대중과학의 위상은 실제로 어떻게 변해갔을까? 이미 다윈주의 대중화 이후, 생물학과 과학의 대중화 사례에서 참여적 과학 대중화는 식물채집 활동과 자연학습의 경우를 제외하고는 찾아보기가 어려웠다. 이는 앞서 상술했듯이, 과학의 전문화가 심화됨에 따라 대중이 전문과학의 지식창출 활동을 모방하기조차 어려워진 탓이 크다. 본서의 이전 장에서는 생물학 분야에서의 전문화의 과정에 초점을 맞추었지만, 다른 분야에서의 대중과학의 위상 역시 생물학과 마찬가지로 20세기에는, 또는 이미 그 이전부터 이와 비슷한 상황에 도달했다. 이는 분명 장기적으로는 과학

연구에 대한 대중의 관심과 지지를 저하시키는 잠재적인 위험 요소를 야기하는 것이었다.

이에, NSF의 이사로 활동하던 위버(Warren Weaver)는 1958년에 대중을 위한 과학 정보 제공활동(public informational activities)에 대한 관심의 부재를 질타했고, NSF는 즉각적으로 '과학의 대중적 이해'(Public Understanding of Science) 프로그램에 1백50만 달러의 예산을 편성했다. 이 프로그램의 목표는 '시민들로 하여금 과학과 과학교육의 필요성을 환기시키는' 것으로, NSF는 이를 통해 과학과 과학교육의 발전을 위한 건전한 국가 정책의 대중적 기반이 마련될 것으로 기대하였다. 이러한 계몽적 정책은 일말의 논란조차 없는 전폭적인 공감대 아래 1959년에 통과되었으며, 이제 NSF는 과학자들의 연구뿐 아니라 과학 저술가와 언론인 등의 과학 대중화 활동까지 적극적으로 지원하게 되었다. 과학 분야 전반에 대한 국가적 지원을 아우르는 NSF의 특성상 그 과학 대중화 지원사업은 다양한 분야를 망라했지만, 특정 과학 분야에 관련된 정부 분과 역시 개별적으로 해당 분야에서의 과학 대중화에 앞장섰다. 예를 들어 제2차 세계대전 이후 설립된 미국 원자력위원회(Atomic Energy Commission)는 원자력 에너지와 핵무기에 대한 대중의 오해를 개선한다는 목적 아래 대중을 대상으로 한 원자력 정보 제공 활동에 나섰다. 이러한 과학 대중화 활동은 비단 정부 기관에 의해서만 수행된 것은 아니었다. 과학자 개인과 과학협회는 물론, 민간 출판사와 언론매체의 과학 저술가들까지 과학지식을 비전문가인 대중이 이해할 수 있는 언어로 재구성하여 제공하는 일에 나섰다. 예를 들어 NSF의 '과학의 대중적 이해' 프로그램에 앞서 1951년에 미국 과학진흥회(American Association for the Advancement of Science, AAAS)는 과학 대중화를 위한 정책 준칙(policy statement)을 수립하고,

이후 수년간에 걸친 세부 계획 준비 작업에 착수하였다. 그 결과 협회의 기관지였던 ≪월간과학≫(The Scientific Monthly)지를 교사나 타 분야의 과학자들을 타깃으로 하여 개편하는 것을 비롯하여, 일반독자들을 위한 서적 간행, 학회 참여 리포터들에 대한 지원 확대, 학회 발표에 대중 친화적인 주제의 포럼 등의 구체적인 정책이 실시되었다. 뿐만 아니라 이후에는 미디어 전문가까지 영입하는 등의 적극적인 행보를 보였다. ≪라이프≫(Life)지 편집자 출신의 피엘(Gerard Piel)과 플래너건(Dennis Flanagan)의 주도 아래 창간 이후 100여 년 만인 1948년에 리모델링된(사실상 재창간된) ≪사이언티픽 아메리칸≫(Scientific American)지는 재창간 투자비를 3년 안에 두 배로 회수하는 성공을 거두었다. 1930년대에 창설된 미국 과학저술가협회(National Association of Science Writers)의 활동이 팽창한 데 이어, 1960년에는 과학저술진흥회(Council for the Advancement of Science Writing)가 대중을 위한 과학 기사와 저술 분야에 뛰어들었다. 즉 과학진흥의 관점에서 보면, 전후의 미국에서는 거국적 과학경쟁 체제뿐 아니라, 거국적 과학 대중화 체제 역시 시도되었던 것이다.[6)]

한 가지 주목할 것은 이러한 체제하에서 과학 대중화 프로그램들이 주력했던 바는 바로 과학의 혜택을 대중들에게 각인시키는 것(public appreciation of science)이었다는 점이다. 즉, 전후 미국에서 과학 대중화 활동들은 과학과 과학자들에 대한 대중의 인식을 개선하고, 과학계로부터의 지원 요청에 대해 우호적으로 반응하도록 이끈다는 목표의식 아래 수행되었으며, 이를 위해서는 지식의 집합체이자 세계를 이해하는 방법으로서 과학연구의 유용성을 대중들에게 끊임없이 각인시키는 것이 필요했다. 이러한 지향점은 다음과 같은 NSF의 보고서의 한 대목에도 잘 드러나 있다.

과학의 진보는 기초과학과 과학교육을 위한 프로그램에의 충분한 지원을 대중이 얼마나 잘 이해하고 지지하느냐에 달려 있다.7)

이와 본질적으로 동일한 지향점은 AAAS의 1951년 정책 준칙에서도 드러난다.

미국 과학진흥회의 목표는 인류의 진보에 있어 과학이 제공하는 방법들이 지니는 중요성과 가능성에 대한 대중의 이해를 증진시키는 것이다.8)

이러한 지향점과 목적의식은 일견 과학 발전에 있어 대중의 중요성을 인식하고 그들을 대상으로 하는 설득 작업에 정부와 과학계가 함께 매진했다는 점에서 과학의 발전에서 대중의 중요성이 격상된 것으로 해석할 수도 있다. 그러나 실상은, 전후 미국의 '과학에 대한 대중적 이해를 증진'하기 위한 일련의 활동들은 '과학의 혜택에 대한 대중적 인식을 각인'시키는 데 초점을 맞추고 있었다. 정부기관과 학회의 전시회, 출판 미디어와 언론매체들을 통한 과학 대중화 활동들은 과학적 발견과 지식의 최신 동향을 비전문가의 언어로 번역하여 대중에게 전달하는, 정보 제공에 주력했다. 이러한 초점은 보다 거시적인 오늘날의 관점에서 보면 크게 두 가지의 논란거리를 안고 있다. 첫째, 위와 같은 정책적 지향점은, 과학 전반 또는 과학연구에 대한 대중의 부정적인 견해가 있다면 그것은 과학에 대한 지식과 이해의 부족에서 기인하는 것이며, 따라서 정확한 과학지식과 이해가 제공된다면 자동적으로 과학에 대한 대중의 태도는 개선될 것이라는 인식을 전제로 한다는 것이다. 이는 마치 인간 이성에 대한 전폭적인 지지를 보여주었던 근대 계몽주의를 연상시킨다. 둘째, 이 시기의 과학 대중화 활동은 대중에게 과학지식을 전달하는 데 치중한 나머지 여론 수렴 창구나 제도적 장치를 통해 과학계의 연구 지향점과 대중의 의사 사이의 접점을 찾는 데는 등한시했다는 점이다. 앞에서 언급한 '무조건적 위임'의 원칙은 과학계에 연구의 자율성을 부여하는 순기능을 지니는 것이었지만, 그로 인한 과학계와 대중 사이의 '포드식 분업'의 관계는 대중의 지위를 정부 지원이라는 공적인 장치를 통해 과학계에 지원을 제공하는 무조건적인 후원자의 역할에 한정하는 것이었다. 과학 대중화가 정부와 과학계가 혼연일체가 되어 추진하는 국가적인 과제로 부상한 전후 미국사회에서, 역설적으로 과학 대중화의 대상인 대중은 과학연구 또는 과학정책에서 그 주체성을 상실하게 된 것이다.

진화하는 현대 대중과학: 일방적 수혜층 양산 수단에서 능동적 감시의 도구로

미국의 경우를 예로 들면, 바로 앞에서 기술한 것과 같은 수동적 대중과학의 기조는 적어도 1960년대 초까지는 팽배해 있었다. 그러나 대중과학은 1960년대 초에 들어 변화를 경험하게 된다. 1962년에 생물학자 카슨(Rachel Carson)이 펴낸 『침묵의 봄』(Silent Spring)은 살충제 DDT의 오용으로 인한 자연 생태계의 파괴를 체계적으로 조명하면서, 이러한 위험한 상황이 정부기구 및 일부과학자들이 별다른 증거도 없이 사탕발림으로 대중들을 안전사각지대로 유도한 결과임을 고발했다. 현대사회가 살충제의 잠재적 위협에 놓여 있음을 경고한 카슨의 주장은 환경주의 운동에 대한 새로운 인식을 불러일으켰을 뿐 아니라 환경문제를 정치적 차원의 이슈로까지 끌어올렸다. 거대 농업화학업체의 고소 위협과 화학·농업 관련 학계의 이해관계 섞인 반발에도 불구하고, 『침묵의 봄』의 주장이 지닌 타당성을 과학적으로 지지하는 일련의 보고서들은 산업계와 정부기구에 의한 살충제의 느슨한 관리와 운영에 대한 카슨의 비판에 힘을 실어주었다. 그 결과 미국 상·하원 위원회에서 살충제 사용 규제책의 입법화를 위한 분위기가 조성되었다. 이는 전후 미국사회를 주도해왔던 과학 만능주의에 대해 대중과 진보적인 학자들이 연합하여 일으킨 저항의 신호탄이었다.[9)]

뿐만 아니라, 1960년대 후반과 1970년대에는 여성운동·반핵운동·환경운동을 통한 대중의 사회적 참여는 사회와 세계 전반에서 기존 체제와 관습의 제도적 모순을 대중들에게 일깨워줌으로써, 과학계에서도 영향을 미쳤다.[10)] 즉, 과학의 산물이 가져다줄 수 있는 부작용에 대한 비판이 힘을 얻기 시작하면서, 과학기술 정책에 대중의 참여를 요구하는 목소리가 높아진 것이다. 대중의 이러한 목소리는, 미국 정부로 하여금 과학기술 정책 입안에 일반시민의 관점을 반영할 수 있도록 행정 절차를 개혁하게 이끌었다. 이러한 대중 참여의 선구자적인 사례는 바로 생명공학 분야에서 이루어졌다. 1970년대 중반 미국에서 생명공학 연구 지원 정책에 관한 합의회의(consensus conference)가 최초로 개최되었는데, 초기에는 전문과학자들만이 참가할 수 있었으나 이후에는 시민대표들에게까지 문호가 개방되었다. 이러한 합의회의를 통한 과학기술 정책에의 대중 참여는 미국만의 현상은 아니었으며, 유럽에까지 확산되어 갔다.[11)]

1970년대에 이어 1980년대에도, 전후 과학기술 정책을 지탱해 왔던, '무조건적 위임'의 원칙은 갈수록 거세지는 압력에 처하게 되었다. 이는 과학계에 무조건적인 연구의 자율성을 보장하는 것이 바로 과학 발전은 물론 국민 복리 증진의 첩경이라는 신화에 균열이 갔기 때문인데, 이러한 균열은 생물학의 영역에서도 예외는 아니었다. 예를 들어 광우병 위기, 농업 및 환경 분야에서의 위기는 시민대중들로 하여금 과학자들과 과학자 본위의 과학정책에 대한 확신을 상실하게 했다. 그 결과, 과학 정책의 수립에 민주주의적 가치와 사회적 정의를 반영하려는 시민운동이 미국에서 시작되어 이후에는 유럽으로까지 확산되어 갔다.[12] 1990년대에는 대중의 이러한 참여는 통신, 유전공학, 기후변화 연구, 나노 기술 등 첨단 과학 분야에까지 확산되었다.[13] 이와 같은 대중의 과학 참여는 주로 과학기술 정책의 수립과 의사 결정에의 대중 참여를 일컫지만, 분야에 따라서는 일반대중이 직접 과학연구의 실행에 관여하는 형태로 나타나기도 한다. 예를 들어 의학 분야의 경우 임상실험 단계에서 환자를 포함하는 일반 시민 개인의 참여가 필수적일 뿐 아니라, 환자협회 등의 형태로 조작화된 시민들은 치료법의 개발이나 설계에 직접 참여하기도 한다.[14]

생명공학 발전이 가져올 변화들과 그에 내재된 논란

앞에서 과학자들의 연구활동 지원에 관한 최초의 합의회의가 생명공학 분야에서 이루어진 데서도 볼 수 있듯이, 생명공학 분야는 그 어느 분야보다도 대중의 우려와 관심을 불러일으켰던 분야였다. 1970년대 초, 과학연구가 범할 수 있는 비윤리성에 대한 대중의 우려에 동조한 일군의 과학자들은 유전자 재조합 연구에 규제를 가할 것을 주장했다. 1976년에는 미국 국립보건원(National Institutes of Health)의 지원하에 있는 생명공학 실험과제들의 규제를 둘러싸고 날선 논란이 있었다. 국가별로 생명공학의 발전 지형도가 달랐기 때문에 생명공학의 발흥에 대한 대중의 반응 역시 국가에 따라 차이가 있었으나, 우려의 목소리는 공통적으로 제기되었다. 줄기세포 치료를 위한 인간 배아 복제 연구의 최일선에 있었던 미국의 경우, 복제 과정에서 버려지는 배아는 곧 잠재적인 생명을 낙태하는 것에 해당하는지 여부를 두고 치열한 논쟁이 제기되었다. 독일에서는 생명공학은 과거 나치 치하의 우생학의 기억과 연계되어, 그리고 위험요소가 큰 또 다른 기술인 원자력에 대한 관심과 연계되어 비판적인 반응을 대중들 사이에 일으켰다. 영국을 비롯한 유럽연합(EU) 국가들에서는 미국에 중심 기반을 둔 다국적 농업기업들이 주도하는 GMO의 안전성을 둘러싼 반대와 논란이 일었다.

생명공학의 발흥과 산업화가 가져다준 위와 같은 논란들은 충분히 이미 극적인 혜택과 더불어 심각한 고민거리를 안겨주지만, 장차 가까운 미래에 야기될 것으로 예상되는 논란들은 더욱더 복잡하고 심각한 측면이 있다. 대표적으로, 현재에도 점진적으로 시도의 폭을 넓혀가고 있는, 인간 유전자 조작을 들 수 있다. 인간 유전자 조작은 바로 출생 이후 사후적이든 아니면 출생 이전이든 인간의 유전자에 수정을 가해 질병을 예방 또는 치료하거나 신체적·정신적 특징을 개선시키는 것이다. 이론적으로, 인간 유전자 조작은 질병의 치료와 사전 예방에 획기적인 효과를 안겨줄 수 있다. 많은 경우에 신체 질환은 인체 내에서 합성되어 신체를 유지하는 물질, 즉 생체물질이 부족하여 발생한다. 환경적 요인, 예를 들어 영양분의 공급 등에 문제가 없는 경우에도 이러한 부족이 발생한다면, 그것은 해당 물질을 생성하는 세포의 기능 이상으로부터 기인하는 경우가 유력하다. 그리고 이러한 세포의 기능 이상은, 애초에 세포의 설계도, 즉 유전정보에 이상이 있었거나 후천적으로 그러한 기능이 손상된 경우로부터 기인한다. 기존의 의약품은 부족한 생체물질을 주기적으로 필요한 만큼 외부로부터 보충해 주는 것에 불과한, 결국 한시적인 미봉책일 뿐이다. 그러나 적어도 세포의 기능 이상이 유전적인 요인에 의한 것이라면, 질병의 원인이 되는 유전자를 사후적으로 바로잡아 그 질병을 고치거나, 사전에 제거하여 질병을 예방할 수 있는 것이다. 전자의 예로는 정상적인 유전자를 해당 기관의 세포에 삽입하여 신체 질환을 보다 근본적으로 치유하는 것을 들 수 있으며, 후자는 태아의 배아 단계에서 유전자를 조작하거나 여러 개의 배아 중 적합한 배아를 선택하여 태아로 길러내는 것을 예로 들 수 있다.

특히, 여러 개의 배아 중 목적에 부합하는 특성을 지닌 배아를 선택하여 의도한 형질을 지니는 신생아를 얻는 이른바 '맞춤아기'(designer baby) 시술은 이미 2006년 11월 영국에서 실행되었다. 정자의 세포핵과 난자의 세포핵이 합쳐서 형성된 수정란에서 유전자 정보를 검사해 건강한 수정란만 골라 자궁에 착상시켜 태아로 키우는 착상 전 유전자 진단(Preimplantation Genetic Haplotyping, PGH)을 통해, 낭포성 섬유증[15]이라는 유전병을 유발하는 유전자가 존재하지 않게 선택된 쌍둥이가 탄생한 것이다. 쌍둥이의 부모는 낭포성섬유증 유전자를 지니고 있었기에 이들의 자식 역시 부모와 마찬가지로 이 병에 걸릴 확률이 매우 높았지만, 애초에 문제가 되는 유전자가 없는 수정란만 골라 아이로 키웠기에 건강한 상태의 아이를 얻을 수 있었다.

이에 대한 찬반 여론은 첨예했다. 원천 예방을 통해 인류가 유전병을 정복할 확률이 높아졌다는 기대 섞인 의견 역시 있었지만, 검사를 위해 수정란에서 세포를 떼어내는 것이 과연 장차 태어날 아이에게 장기적으로 아무런 해를 끼치지 않을 것인지 더 지켜봐야 한다는 신중론, 그리고 유전자 진단을 통한 배아의 선별은 부적합 판정을 받은 배아의 파괴를 수반하기에 엄연한 살인이라는 적극적인 반대론 역시 만만치 않았다. 뿐만 아니라 맞춤아기 기술을 통해 질병 유전자를 제거하는 데는 원칙적으로 찬성하면서도, 그것이 지능·외모 등을 개량하는 데 사용될 가능성을 우려하는 여론도 적지 않았다.

아직까지는 반대 여론과 법률적 제약으로 인해 맞춤아기는 일부 유전질환에 대해서만 매우 제한적으로 시행되고 있다. 뿐만 아니라 생물학적 부모의 유전자에 존재하지 않는 특징을 아기에게 가미하는 식의 접근이 아니라, 부모의 유전자들이 결합하여 아기의 유전자가 생성되는 여러 가지 '경우의 수' 중 가장 적합하다고 판단되는 유전자를 지닌 배아를 선택하여 아이를 낳는 것이다. 그러나 맞춤아기의 탄생은 적어도 생명공학 기술이 제한된 범위 내에서이기는 하지만 아기의 신체적 특징까지 선택할 수 있는 단계까지 왔다는 것을 보여주며, 오래전부터 가능성이 제기되어 온 인간 유전자 조작이 현실 속으로 들어왔음을 보여주는 사례이다.[16]

1970년대 이후 생명공학과 관련하여 지속적으로 제기되고 있는 대중의 우려는, 생명공학의 발전이 야기할 수 있는 변화는 그 어느 과학기술의 경우보다 극단적일 가능성이 있음을 보여준다. 물론 어떠한 과학기술에는 필연적으로 양면성이 있다. 핵물리학의 평화적·산업적인 응용은 원자력 발전의 형태로 경제적인 전력 생산을 가능케 했지만, 그것의 군사적인 응용은 핵무기의 위협에 인류를 노출시켰다. 전자공학과 컴퓨터 공학의 발달은 정보통신 기술의 발달로 이어져 업무 효율과 생활의 편리를 가져다주었지만, 지능형 범죄와 인간 소외의 부작용의 원인으로 지목되기도 한다. 그러나 생명공학기술이 보여주는 양면성은 여타의 기술이나 발명의 경우에 비해 더욱 극단적인 측면이 있다. 생명공학기술의 의학적 응용은 바로 인간의 신체에 직접적으로 연관되어 있을 뿐 아니라, 인간의 생물학적 특성을 인위적으로 개량할 가능성과 직결되기에 그 파급효과 역시 여타의 기술이나 발명과는 비교할 수 없을 정도로 크다.

우생학의 예가 보여주듯, 인간이 유전적으로 개량될 수 있다는 믿음은 상당히 깊은 역사적 뿌리를 가지고 있다. 그러한 믿음이 과학자들뿐 아니라 국가의 정책입안자들에게 팽배했던 탓에 일어났던 비극에 관해서는 본서 8장에서 다룬 바 있다. 오늘날 우생학은 그 윤리적 정당성은 물론 과학적 타당성 역시 상실한지 오래이다. 그러나 생명공학의 발전으로 인해 각종 유전성 질병의 원인이 되는 유전자가 점차적으로 발견되어 감에 따라 정신병·알코올중독·범죄 등을 유전적으로 예방한다는 대의 아래 인간이 인간을 개량한다는 우생학적 사고가 암암리에 펴져나가고 있는 것 역시 현실이다. 이를 보여주는 실례가 현재에도 과학적 객관성을 빌미로 인간의 유전적 불평등을 강조하는 주의주장이 대중생물학보다는 엘리트생물학의 영역으로부터 꾸준히 제기되고 있다는 점이다. 예를 들어 DNA 이중나선 구조의 발견으로 분자생물학의 혁명, 나아가 유전공학의 토대를 제공한 왓슨은 일찍이 흑인들이 백인들보다 지능이 열등하다고 주장한 적이 있으며, 만일 뱃속의 태아가 유전적으로 동성애 자질을 지닌 것으로 판명

된다면 산모에게 낙태할 권한이 주어져야 한다고 말한 적까지 있다.

태어날 태아를 유전자검사를 통해 선별할 수 있다는 생명공학의 인간 개량적 사고는 인간을 유전적인 관점에서 등급을 매겨 선별적으로 탄생시키거나 개량해야 한다는 우생학의 관점과 분명 유사하다. 그러나 현대의 생명공학 기술을 통한 태아의 형질 개선은, 국가주의나 비인간적인 전체주의로 대변되는 과거의 우생학이나, 인종차별적이고 엘리트주의적인 왓슨류(類)의 주장과는 달리, 현대의 다원화된 사회에서 충분히 설득력 있는 명분을 지니고 있다는 데 문제의 복잡성이 있다. 우생학 운동의 명분은 '사회적으로 짐이 되는' 또는 '위대한 민족의 미래를 저해할 우려가 있는' 불량인간들에 대해 격리와 단종이라는 극단적인 조치를 취하는 것이 '생물학적으로, 나아가 과학적으로 합리적인 처방'이라는 것이었다. 그러나 이러한 시대착오적이고 엘리트주의적인 우생학 운동의 이념과는 달리, 현대의 생명공학 연구는 유전적 또는 후천적인 결함으로 고통 받는 개인에게 인간으로서의 새로운 기회와 행복을 선사한다는, 현대의 다원화된 사회의 지향점과도 부합하는 대의명분에 입각해 있다. 앞서 소개한 PGH를 통해 소위 맞춤아기를 출산한 여성은 난치병인 낭포성 섬유증 유전자를 보유하고 있었으며, 맞춤아기에 앞서 자연적인 방식으로 출산한 딸은 이 병을 물려받아 투병 중이었다. 따라서 PGH를 통한 배아 선별은 아기가 심각한 유전적 질병으로 고통 받거나 사망할 우려가 있어 아기를 낳지 못하는 부부들에게는 구원의 동아줄이 될 수도 있다. 이와 같은 경우에는, 인간의 유전적 형질을 인위적으로 개량하는 것에 대한 대중의 부정적 인식으로 인해 맞춤아기 출산이 전면적으로 금지된다면, 그것은 도리어 개인의 절박한 권리 추구에 대한 사회의 폭력으로 간주되어 또 다른 저항에 직면할 가능성 역시 존재한다. 이는 과거에는 성소수자는 종교적 규율은 물론 자연의 섭리를 거스르는 존재로 인식되어 그들에 대한 제도적·관행적 차별이 당연시되었던 것과는 달리 오늘날에는 그러한 차별이 교정의 대상으로 간주되어 가는 추세로부터도 유추 가능하다. 그러나 동시에 특정 배아의 선별은 선택되지 않은 배아의 폐기를 수반하기에 잠재적인 생명을 죽이는 행위와도 같다는 비판 또한 여전히 거세다. 윤리적인 관점에서 우생학과 반(反)우생학주의 간의 대결은 전체주의적 대의명분과 인간 개인의 존엄성 간의 충돌이었다면, 생명공학의 정당성에 대한 긍정론과 우려는 모두 나름대로 인간에 대한 존중을 기반으로 하고 있다는 데서 쉽게 어느 한쪽의 일방적인 정당성을 주장하기란 어려운 난제이다.

나가면서: 생명공학의 건설적 발전과 사회 복리 추구의 토대로서의 과학 대중화의 필요성

1970년대 이후 생명공학의 발전과정에서 제기되었던 문제들, 그리고 생명공학의 응용을 둘러싼 논란들이 보여주는 복잡성은, 생명공학이 겨냥하고 있는 주요 과제들을 추진하고 그에 대한 사회적 관리(governance)를 실행하는 데 있어 과학자들과 정책 입안가들은 물론 일반대중들까지 참여한 사회적 합의 도출의 과정이 필수적임을 보여준다. 예를 들어 생명공학의 응용은 유전 관련 장애로 인해 특수한 불행에 처해 있는 개인의 권리를 신장시키는 측면이 분명히 있다. 그러나 개인의 권리 추구가 어떤 원칙에 의해 어떤 수준까지 보장되어야 하는지는 과학기술의 이슈라기보다는 사회윤리의 이슈이며, 따라서 생명공학을 통한 인간의 권리 신장과 사회 복리 추구 역시 어느 수준까지 허용되어야 하는지는 과학자들만이 아닌 대중 역시 참여한 합의를 통해 설정되어야 하는 과제이다. 예를 들어 배아 선별을 통한 맞춤아기는 유전적 문제로 인해 자식을 가질 수 없는 부모의 불행을 해소할 수 있다는 측면이 있지만, 동시에 보다 우수한 자질을 지닌 아이를 얻기 위한 방편으로도 활용될 수 있다. 자식이 사회 내의 경쟁에서 유리한 위치를 점하기를 바라는 것이 부모의 본능적인 지향점이라는 점을 고려하면, 맞춤아기 시술에 대한 제한 없는 허용은 그러한 시술에 대한 부모들의 경쟁적인 수용으로 이어질 가능성이 있다. 그리고 생명공학을 이용한 첨단 의료시술은 일반적으로 고비용을 수반한다는 점에서, 맞춤아기의 혜택은 일부 부유층에게만 국한되어 일종의 부의 세습을 공고히 하는 수단으로 활용되어 사회의 불평등을 심화시키는 부작용을 낳을 수 있다. 따라서 생명공학의 응용은 비록 그것이 미시적인 관점에서는 인간 개개인의 행복과 권리를 신장시킬 목적으로 실행되는 경우에조차, 거시적인 관점에서는 규제가 요구되는 경우가 발생할 수 있다. 따라서 생명공학의 과제 설정과 실행에는 생명공학자나 산업계뿐 아니라 윤리학·사회학 등 다른 분야의 전문가들, 그리고 사회의 구성원인 일반대중 간의 합의가 필수적이다. 이러한 합의는 일견 생명공학계와 산업계의 관점에서는 족쇄 또는 불필요한 비용으로 받아들여질 수도 있으나, 사회적 합의를 거치지 않은 채 독단적으로 수행한 생명공학 연구가 사후에 대중과 정책적 재가의 획득에 실패하여 사장되는 경우에 발생할 수 있는 매몰비용의 발생을 예방해 준다는 측면에서 장기적으로는 과학계와 산업계에도 순기능으로 작용할 수 있다.

바로 이러한 논란과 이슈가 제기되는 시점에서 전문과학자와 일반 시민 각각 과학의 대중화를 향한 쌍방 노력의 필요성이 제기된다. 우선 일반대중·시민은 과거와 같은 방식의 직접 참여적 대중화를 시도할 수는 없다. 과거 19세기 말 자연학습은 아마추어들·어린이들·초등학생들·교사들에 의해 대중생물학 운동으로 승화된 바 있지만, 생물학 연구의 복잡성이 채집과 육종 수준을 넘어 분자 단위에서의 실험과 관찰에 도달한 지 오래인 지금은 전문지식과 장비, 그리고 재정적 지원을 등에 업지 않은 일반 시민 개개인 또는 그 집단이 생명공학 그리고 생물학 연구의 수행에 직접적으로 관여하기란 불가능한 일이다. 그러나 이러한 참여적 연구 수행의 난해함이 생물학에 대한 대중의 무관심을 촉진하도록 방치되어서는 곤란하다. 연구는 과학자의 몫이지만, 그러한 연구의 산물을 향유하거나 감수해야 하는 것은 일반 시민대중이기 때문이다. 과학에의 대중 참여가 지니는 위와 같은 기술적인 난제와 현실적인 당위성 간의 충돌을 고려하면, 생명공학에 대한 일반시민의 참여는 비록 직접적 연구활동의 형태로는 불가능하더라도 전문생물학자의 연구의 독려는 물론, 감시와 비판 기능의 고양에 초점을 두어야 한다. 구체적으로, 생명공학의 이슈에 대하여 전문과학자와 시민·일반대중 간의 합의제도는 현재보다 더욱 높은 수준으로 확대되어야 한다. 그리고 일반시민이 이러한 합의제도의 일원으로 자신들의 의사를 반영시키기 위해서는, 일반시민은 전문과학자들이 제시하는 정확하고 과학적인 지식을 바탕으로 생명공학의 쟁점과 이슈에 대한 자신의 판단을 도출할 수 있어야 한다.

이러한 판단을 위한 기본 바탕이 되는 것 중의 하나가 바로 과학적 지식이라 할 수 있다. 사실 자체에 대한 판단이 다를 경우 사회적·윤리적 해석의 결과 역시 달라질 수 있기 때문이다. 가령 아직까지도 논란이 지속되고 있는, 초기 배아가 과연 인간인지의 여부에 대한 과학적 판단은 배아 선별이나 인간 배아 복제에 대한 윤리적 판단에도 영향을 준다. 초기 배아는 인간이 아니라 단순한 세포덩어리에 해당한다면, 생명공학 기술의 과정에서 버려지거나 다른 용도로 활용되는 배아에 대한 보호의 차원에서 배아 선별이나 인간 배아 복제를 통제해야 할 윤리적 근거 중 하나는 사라지게 될 것이다. 반대로 배아를 인간으로 인정해야 할 과학적 근거가 확증된다면 배아의 폐기나 전용을 수반하는 생명공학 기술들은 인간 보호의 차원에서 엄격히 통제되어야 할 근거를 획득하게 된다. 이 문제는 현재까지도 명확한 결론이 나지 않고 있으며, 이는 인간의 유전과 생명현상에 대한 지식을 끊임없이 발전시키고 갱신해 가야 할 필요성을 보여준다.

아울러 과학계는 미시적으로는 위와 같은 합의제도가 소모적인 논쟁의 장으로 전락하지 않게 하기 위해서, 거시적으로는 대중과의 합의를 통해 생명공학에 대한 공적인 지원을 보다 높은 수준으로 확보하는 것은 물론 생명공학 연구의 성과물이 대중의 뒤늦은 반대에 직면하여 시장에서 사장되는 것을 예방하기 위해서라도, 생명공학 연구과제의 설정 단계에서부터 관련 지식의 전달과 해석을 위한 대중화 사업에 역량을 기울여야 함은 물론이다. 그러나 이러한 대중화 사업 자체는 과학계가 국가와 사회로부터 과학연구에 대한 무조건적 위임을 보장받던 시기에도 이미 실행되어 오던 것이다. 추가적인 관건은 생명공학 연구자들이 순수한 연구욕구의 발로에서, 또는 산업계와의 협업을 통한 이윤 추구 동기에서, 대중들로부터 생명공학 연구에 대한 우호적인 태도와 지지를 이끌어 내기 위해 생명공학 연구의 객관적인 실체를 은폐하고 선별적인 정보만을 대중에게 제공할 가능성을 최소화하는 데 있다. 이를 위해서는 연구 평가 및 지원 과정의 투명성을 제고할 수 있는 제도적인 장치를 마련하는 것은 물론, 연구자 개개인의 건전한 인문사회적·윤리적 소양을 제고하는 것 역시 요구된다. 과학에 대한 일반 시민대중의 지식과 이해 능력을 제고하기 위한 과학 대중화 활동 이상으로, 건전한 시민이자 전문가로서의 소양을 연구자에게 배양하기 위한 일종의 '과학자의 시민화'가 시도되어야 한다.

전후 과학계와 사회에 팽배했던 것과 같은, 과학을 위한 과학의 관점에서 모든 연구를 허용하는 위임적인 자세는 과학연구 과정에서의 비리는 물론 과학연구의 부정적 산물을 통해 개인과 사회에 해악을 끼치는 부작용을 불러일으킬 수 있음은 자명하다. 바로 그와 같은 폐해에 대한 문제의식과 저항이 1970년대 이후 과학에 대한 시민대중의 능동적 감시가 뿌리내리기 시작한 계기가 되었다. 그러나 동시에, 보다 긴 역사적 안목에서 볼 때, 당대의 대중 상당수가 전통적 관념에 의거하여 반대하고 기피했던 어떤 과학기술이 인류의 복리에 기여한 효과를 인정받아 오늘날에는 매우 자연스러운 것으로 받아들여지는 경우도 적지 않다. 18세기 말 영국의 제너(Edward Jenner)가 고안한 '우두법'(牛痘法)은 소의 고름을 사람에게 주입한다는 점에서 종교계는 물론 거센 대중의 반발을 샀으나, 인류가 수천년간 속수무책으로 시달려왔던 천연두로부터 천문학적인 숫자의 인명을 구제하였다. 따라서 대중은 과학에 대한 대중의 이해와 의견 수렴을 염두에 두지 않는 엘리트과학의 독단을 경계하는 것과 더불어, 과학이 인간 존엄성의 적극적인 달성에 기여할 가능성에 대해 스스로 닫힌 사고를 고수할 가능성 역시 경계할 필요가 있다. 이러한 균형 잡힌 판단을 위해서, 생명공학 지식에 대한 대중의 이해는 어렵지만 당위성을 띤 과제이다.

---

1) 생명공학 시대의 여정에 대하여, 정혜경, 『왓슨&크릭: DNA 이중나선의 두 영웅』 (김영사, 2013), 196-218; 정혜경, 『내가 유전자 쇼핑으로 태어난 아이라면?』 (뜨인돌, 2008), 20-57을 참조.

2) Daniel J. Kevles, "The National Science Foundation and the Debate over Postwar Research Policy, 1942-1945: A Political Interpretation of Science-The Endless Frontier," in Ronald Numbers and Charles Rosenberg, eds., *The Scientific Enterprise in America* (Chicago: Univ. of Chicago Press, 1996), 297-319.

3) Vennevar Bush, *Science-The Endless Frontier* (Washington, DC: Government Printing Office, 1945), 14-15.

4) D. H. Guston *Between Politics and Science: Assuring the Integrity and Productivity of Research* (Cambridge, UK: Cambridge Univ. Press, 2000).

5) Martin Lengwiler, "Participatory Approaches in Science and Technology: Historical Origins and Current Practices in Critical Perspective," *Science, Technology, & Human Values* 33 (2008), 193.

6) B. V. Lewenstein, "The Meaning of Public Understanding of Science in the United States after World War II," *Public Understanding of Science* 1 (1992), 45-60; idem, "Magazine Publishing and Popular Science after World War II," *American Journalism* 6 (1989), 218-234.

7) Lewenstein, 1992, op. cit., 61-62에서 재인용.

8) Warren Weaver, "AAAS Policy," *Sciencc* 114 (2 November, 1951), 471-472.

9) J. E. de Steiguer, *Age of Environmentalism* (New York: The McGraw-Hill Companies, Inc., 1997), 29-41.

10) Dorothy Nelkin, *Technological Decisions and Democracy: European Experiments in Public Participation* (London: Sage, 1977); Brian Wynne, "Risk and Environment as Legitimatory Discourses of Technology: Reflexivity inside Out?," *Current Sociology* 50 (2002), 459-477.

11) S. E. Kelly, "Public Bioethics and Publics: Consensus, Boundaries, and Participation in Biomedical Science Policy," *Science, Technology, & Human Values* 28 (2003), 345-347; D. H, Guston, "Evaluating the First U.S. Consensus Conference: The Impact of the Citizens' Panel on Telecommunications and the Future of Democracy," *Science, Technology, & Human Values* 24 (1999): 451-454; S. Joss, and J. Durant, eds., *Public Participation in Science: The Role of Consensus Conferences in Europe* (London: Science Museum, 1995).

12) Guston 2000, op. cit., 140-145.

13) Guston 1999, op. cit., 451-482; D. L Kleinman, ed., *Science, Technology, and Democracy* (Albany: State University of New York Press, 2000); D. H. Guston, and D. Sarewitz, "Real-time Technology Assessment," *Technology in Culture* 24 (2002), 93-109; C. A. Miller, "New Civic Epistemologies of Quantification: Making Sense of Indicators of Local and Global Sustainability," *Science, Technology, & Human Values* 30 (2005), 403-432.

14) Samuel S. Epstein, *Inclusion: The Politics of Difference in Medical Research* (Chicago: University of Chicago Press, 2007).

15) 낭포성섬유증(cystic fibrosis, CF)은 치명적인 유전병으로, 폐에 감염을 유발해 30세 무렵에 조기사망하게 만드는 질병이다. 이 병은 세포막을 통한 염소 수송에 관여하는 단백질을 담당하는 유전자의 이상이 원인인데, 유럽 계통의 백인 25명 가운데 1명 정도가 이러한 비정상적인 유전자를 가지고 있는 것으로 알려져 있다.

16) PGH는 유전적으로 건강할 것으로 판단되는 배아를 골라내는 수동적인 접근이다. 반면 배아의 유전자를 직접 조작하여 태어날 아이의 형질을 조작하는 접근 역시 이론적으로는 가능하다. 즉, 유전자 재조합 기술을 통해 태아의 DNA에 바람직한 유전정보가 담긴 DNA 조각을 삽입하면, 부모의 유전자에는 존재하지 않는 형질까지도 태아에게 선사하는 것이 가능하다. 그러나 이러한 접근은 기술적・제도적・윤리적 장벽으로 인해, PGH와는 달리 아직까지는 현실화된 바는 없다.

에필로그: 회고와 조망

프롤로그에서 상술했듯이, 과학자와 대중은 과학 발달의 두 축이다. 과학활동은 태생적으로 전문적 활동인 동시에, 과학지식의 사회적·문화적 권위 획득을 필요로 한다. 이에 본서에서는 지난 19세기부터 현재에 이르기까지의 영국·독일·미국을 배경으로 하여 생물학의 대중화 과정과, 엘리트생물학과 대중생물학의 공존 과정을 고찰했다. 그 과정에서 본서는 크게 두 가지 기준, 즉 과학 대중화 활동의 지향점(궁극적 목적)과 과학 대중화의 주체성(과학 대중화에서 대중의 역할)을 두 축으로 하여 각 과학 대중화 활동의 성격을 분석하였으며, 과학 대중화 활동에 내재된 그러한 성격이 과학의 발전, 그리고 시대의 변천과 함께 어떠한 방향성을 지니고 변모해 왔는지를 고찰하였다.

본서에서 살펴본 바에 따르면, 생물학 대중화 사례에서 참여적 과학 대중화는 식물채집 활동과 자연학습 이후로는 찾아보기가 어렵다. 이는 과학의 전문화가 심화됨에 따라 대중이 전문과학의 지식창출활동을 흉내 내기조차 어려워진 탓이 크다. 그 결과 과학자 집단과 여타 집단 간의 과학지식과 역량 측면에서의 간격이 갈수록 확대됨에 따라, 과학 대중화 역시 참여적 대중화보다는 계몽적 대중화의 측면이 두드러지게 되었다. 즉, 20세기 과학과 생물학의 수준은 이제 전문 과학자가 아닌 대중이나 대중화 운동가들이 지식 창출에 기여할 수 있는 단계를 넘어섰음이 드러난다.

과학 대중화 활동의 지향점 측면에서는, 18세기와 19세기의 박물학과 다윈주의의 대중화 활동에는 본질적 대중화와 도구적 대중화의 측면이 함께 공존하고 있었던 반면, 19세기와 20세기의 우생학, 국가 이념에 부합하는 국민/시민 양성을 위한 생물학 교육, 사회주의자 생물학의 대중화 활동은 특정 정치적 이념을 전파하고 구현하기 위한 도구로서의 과학 대중화의 성격을 강하게 띠고 있었다. 이러한 도구적 대중화는 과학과 생물학이 지닌 대중 설득 도구로서의 유용성을 전제로 하는 것이기에, 당시에 이미 과학과 생물학은 상당한 사회적 권위를 획득해 있었다고 해석할 수 있다. 그러나 동시에, 이러한 도구적 과학 대중화의 경우 그 대중화의 추진력이 과학 외적인 분야나 이념에 대한 운동가들의 열망으로부터 나왔다는 점은, 당시의 과학이 획득해 있던 사회적인 권위라는 것이, 과학 그 자체를 위한 과학 대중화, 즉 본질적 과학 대중화를 사회적으로 정당화하고 추진력을 확보할 수 있을 정도였는지에 대해서는 의문을 가지게 한다. 이러한 면에서, NSF로 대변되는 전후(제2차 세계대전 이후) 미국의 거국적 과학 진흥 체제하에서의 과학 대중화 활동은 본질적 과학 대중화의 전형에 가장 근접한 사례이자, 과학이 그 자체로서 지니는 존재 이유를 국가적 · 사회적으로 공인받은 시기의 과학 대중화 활동이라고 할 수 있다.

물론 이러한 거국적 과학 진흥 체제는 시민의 복리와 국부의 창출이라는 명분으로 무장하고 있었기에, 그러한 과학의 이념을 전파하기 위한 대중화 역시 일종의 도구적 대중화로 볼 여지도 있다. 그러나 이 시기의 과학 진흥 체제는 기초과학 연구를 통한 과학지식의 확대는 단기적인 관점에서의 실용성 여부와는 무관하게 장기적으로는 기술 진보를 가져다줌으로써 대중의 복리와 국부의 증진에 기여한다는 믿음에 입각함으로써, 지식 자체를 위한 지식으로서 과학이 지니는 가치에 대한 가장 강력한 형태의 정당화를 수반하고 있었다. 따라서 이 시기의 과학 대중화 역시 과학이 가져다주는 혜택에 대한 믿음을 강화함으로써 과학 자체에 대한 대중의 우호적인 태도를 증진하는 데 초점이 맞추어졌다. 이는 이전 시기의 도구적 과학 대중화 사례들과는 대비되는 것이다. 이러한 의미에서, 본서의 생물학 대중화의 사례들과 전후의 과학 진흥체제가 보여주는 큰 그림은, 생물학에서 과학 대중화가 일련의 도구적 대중화의 시기를 거쳐 본질적 대중화로 이행한 역사라고 할 수 있다.

이와 동시에, 18세기 근대생물학의 등장 이래 박물학에서 20세기 후반 생명공학의 시대에 이르기까지의 엘리트생물학과 대중생물학이 변모해 온 역사는, 대중이 과학연구자의 지위를 서서히 그러나 꾸준히 상실해 온 역사이기도 하다. 박물학과 자연학습 운동의 경우에서 보듯, 자연을 탐사하는 과학이라는 배에서 대중이 단순히 승객일 뿐 아니라 선원의 역할까지 분담했던 시기들도 있었다. 하지만 과학의 전문화가 진전될수록, 비록 과학의 승객으로서의 대중의 중요성은 여전히 유효했으나 과학의 선원으로서의 대중의 역할은 점차 축소되어 갔다. 대중의 그러한 역할 위축이 절정에 달한 시기가 바로 전후의 거국적 과학 경쟁 체제하의 시기였다. 아이러니하게도, 역사상 이 시기만큼 과학 대중화 활동이 이전의 시기에 비해 사회 전 방위적으로 그리고 제도적으로 신장을 이룬 시기도 찾아보기 어려울 것이다. 그럼에도 불구하고 이 시기의 과학 대중화는 난해한 과학적 지식을 이해 가능한 언어로 번역하여 대중에게 전달함으로써 과학이 가져다 주는 혜택에 대한 믿음을 대중에게 주입하는 데 치중하였을 뿐, 과학 연구와 정책의 수립에 대중의 의사와 피드백을 반영하는 것은 등한시함으로써 대중을 과학 발전의 수동적 수혜층, 즉 권한이 없는 승객으로 전락시켰다. 마치 풍요 속의 빈곤과도 같이, 당시의 대중과학에 대중의 목소리는 없었다.

그러나 과학이 현대사회에서 차지하게 된 위상과 지분이 높아질수록, 그리고 그러한 높아진 위상과 지분의 결과로 과학이 국가와 공공사회의 지원을 더 많이 확보하고 거기에 의존해 갈수록, 한편으로는 과학은 더더욱 대중의 영향에 노출되게 되었다. 현대 국가에서 대중의 정치·사회적 지위의 변동과정에 대한 탐구는 본서의 범위를 벗어나지만, 민주주의 체제의 정착과 대중사회의 도래는 정치 대표자의 선출뿐 아니라 국가 정책의 입안과 의사결정 과정에도 대중들이 참여할 수 있는 길을 열어주었다(정확히 말하자면, 참정운동과 시민운동을 통해 대중이 스스로 그러한 길을 쟁취하였음을 역사는 보여준다). 대중은 그들이 속한 국가와 공공사회의 형식적인 주권자로서뿐 아니라 의사 결정의 실제 참여자 또는 영향력 행사자로 부상하면서, 과학연구에 대한 국가와 공공사회의 지원에도 주권을 행사하게 된 것이다. 비유하자면 과학이라는 배의 승객 겸 보조 선원에서 단지 승객의 지위로 밀려난 바 있었던 대중은, 과학의 주요 선주의 하나인 국가와 공공사회의 주주의 지위를 획득함으로써 과학의 선주의 하나로 부활한 것이다.

오늘날 대중은 과학연구활동의 직접적으로 한 축을 담당하기는 사실상 어렵게 되었지만, 과학 정책의 의사결정 주체이자 감시자로 부활하고 있다. 이러한 대중의 부활이 과학의 발전과 대중 스스로의 미래에 어떠한 영향을 미칠지는, 그리고 다시 한 번 과학 발전의 중요한 존재로 부활한 대중이 그와 같은 지위를 강화시켜 나갈지 아니면 과학지식의 현란한 난해함에 좌절하여 그러한 지위를 스스로 포기하게 될지는, 대중이 과학을 얼마나 잘 이해할 수 있느냐에 상당 부분 달려 있다. 그러한 의미에서, 과학 대중화는 여전히 과학의 미래에 작용하는 중요한 요인이라고 할 수 있을 것이다.

감사의 글

한국연구재단 저술출판지원사업의 3년간에 걸친 지원은 필자가 본서의 저술에 전념할 수 있게 해주었으며, 덕분에 본서는 세상에 나올 수 있었다. 연구와 집필 과정에서의 스트레스로 인한 투정을 늘 친구처럼 감당해주신 어머니께 진심으로 감사드린다. 무엇보다도 가장 큰 힘이 되었던 것은 돌아가신 아버지의 신조인, 일근천하무난사(一勤天下無難事), 즉, 한결같이 부지런한 사람은 천하에 어려움이 없다는 가르침이었다.

정혜경

부산대학교를 졸업하고, 미국 위스컨신 대학교(매디슨) 과학사학과에서 석박사 학위를 취득하였다. 현재 한양대학교 창의융합교육원 부교수로 재직 중이다. 연구논문으로는 〈생태학의 지적 궤적으로 본 과학의 국제화: 린네 식물학에서 국제 생물 사업 계획에 이르기까지〉(한국과학사학회지, 2015년) 외 다수가 있으며, 저작으로는 ≪왓슨 & 크릭: DNA 이중나선의 두 영웅≫(김영사, 2006년), ≪내가 유전자 쇼핑으로 태어난 아이라면≫(뜨인돌, 2008년)이 있으며, 번역서로는 ≪우연을 길들이다≫(Ian Hacking 저, 바다출판사, 2012년)가 있다.

엘리트생물학과 대중생물학 사이에서

초판인쇄 2016년 4월 29일
초판발행 2016년 4월 29일

지은이 정혜경
펴낸이 채종준
펴낸곳 한국학술정보㈜
주소 경기도 파주시 회동길 230(문발동)
전화 031) 908-3181(대표)
팩스 031) 908-3189
홈페이지 http://ebook.kstudy.com
전자우편 출판사업부 publish@kstudy.com
등록 제일산-115호(2000. 6. 19)

ISBN 978-89-268-7422-6 93470